U0287250

国家科学思想库

科学文化系列

科学与中国

院士专家巡讲团报告集

第十辑

白春礼/主编

科学出版社

北京

图书在版编目(CIP)数据

科学与中国：院士专家巡讲团报告集．第十辑/白春礼主编．—北京：科学出版社，2015

ISBN 978-7-03-043357-2

Ⅰ.①科… Ⅱ.①白… Ⅲ.①科学技术-概况-中国-文集 Ⅳ.①N12-53

中国版本图书馆 CIP 数据核字（2015）第 030115 号

责任编辑：侯俊琳 霍羽升 张翠霞/责任校对：蒋 萍

责任印制：徐晓晨/封面设计：无极书装

科学出版社出版

北京东黄城根北街 16 号

邮政编码：100717

http://www.sciencep.com

北京厚诚则铭印刷科技有限公司印刷

科学出版社发行 各地新华书店经销

*

2015 年 3 月第 一 版 开本：720×1000 1/16

2021 年 3 月第五次印刷 印张：18 3/4 插页：2

字数：300 000

定价：68.00 元

（如有印装质量问题，我社负责调换）

序　言

十年前，由中国科学院牵头策划，并联合中共中央宣传部、教育部、科学技术部、中国工程院和中国科学技术协会共同主办的“科学与中国”院士专家巡讲活动拉开了帷幕。这项活动历经十载，作为我国的一项高端科普品牌活动，得到了广大院士和专家的积极响应，以及社会公众的广泛支持和热烈欢迎。十年来，巡讲团举办科普报告800余场，涉及科技发展历史回顾、科技前沿热点探讨、科学伦理道德建设、科技促进经济发展、科技推动社会进步等五个方面，取得了良好的社会反响，在弘扬科学精神、普及科学知识、传播科学思想、倡导科学方法等方面做出了突出贡献。

“科学与中国”院士专家巡讲团由一大批著名科学家组成，阵容强大，演讲内容除涉及自然科学领域外，还触及科学与经济、社会发展等人文领域，重点针对“气候与环境”、“战略性新兴产业”、“科学伦理道德”、“振兴老工业基地”、“疾病传染与保健”等社会关注的焦点问题和世界科技热点，精心安排全国各地的主题巡讲活动。同时，该活动还结合学部咨询研究和地方科技服务等工作开展调查研究，扩大巡讲实效。近年来，该巡讲团针对不同人群的需要，创新开展活动的组织形式，分别在科技馆和党校开辟了面向社会公众和公务员的“科学讲坛”这一科普阵地，举办了资深院士与中小学生“面对面”对话交流活动。这些活动的实施在激励青少年学生成长成才和献身科学事业、培养广大领导干部科学思维与科学决策、引导社会公众全面正确认识科学技术等方面都起到了积极作用。如今，“科学与中国”院士专家巡讲活动已经成为我国高层次的科学文化传播活动，是科学家与公众的交流桥梁，是科学真谛与求知欲望紧密接触的纽带，是传播科学的火种。

科技创新，关键在人才，基础在教育。进入21世纪以来，世界科技发展势头更加迅猛，不断孕育出新的重大突破，为人类社会的发展勾勒出新的前景，世界政治、经济和安全格局正在发生重大变化。随着人类文明在全球化、信息化方面的进一步发展，国家间综合国力的竞争聚焦于科技创新和科技制高点的竞争，竞争的重点在人才，基础在教育。胡锦涛同志在2006年全国科学技术大会上曾经指出，要“创造良好环境，培养造就富有创新精神的人才队伍”。是否能源源不断地培养出大批高素质拔尖创新人才，直接关系到我国科技事业的前途和国家、民族的命运。由于历史的原因，作为一个人口大国，我国公众整体科学素养水平相对较低，此外，由于经济、社会发展不均衡，公众科学素养存在很大的城乡差别、地区差别、职业差别。所以，我国的科普工作作为公众科学教育的重要环节，面临着更加复杂的环境。中国科学院应当充分发挥自身的资源优势，动员和组织广大院士和科技专家以多种形式宣传科技知识，传播科学理念，积极开展科普活动，把传播知识放在与转移技术同样重要的位置，为培育高素质创新人才创造良好的环境条件并做出应有的贡献。

中国科学院学部联合社会力量共同开展高端科普工作的积极意义，不仅在于让公众了解自然科学知识，更在于提高公众对前沿科技的把握，特别是加深其对科学研究本身的思想、方法、精神、价值、准则的理解，这是对大中小学课程和社会公众再教育的重要补充。只有让公众理解科学，才能聚集宏大的人才队伍投身于科技创新事业，才能迸发持续不断的创新源泉和创新成果。

《科学与中国——院士专家巡讲团报告集》第一轮的出版工作始于2005年，共出版了七辑，经五年工作的积累，第二轮出版工作已启动，已出版第七、第八辑，现第九、第十辑也付梓印刷。我们向社会公开出版院士专家的演讲报告文集，希望读者能够通过仔细阅读，深度体会科学家们的科学思想和科学方法，感受质疑、批判等科学精神和科学态度，理解科技的道德和伦理准则，把握先进文化和人类文明的发展方向，并在实际工作和社会生活中切实加以体会和运用。这也是中国科学院学部科学引导公众、支撑国家科学发展的职责之所在。

是为序。

周其凤

2014年冬

目 录

序　言（白春礼）

白春礼院士
坚持科技创新，建设生态文明/1

邱棣华教授
地球的能量：探索地震、海啸、火山爆发的原因/13

吴瑞华研究员
大（中）学生心理健康问题漫谈/37

仝开健
中国极地科学考察/57

王汉杰教授
气候变化与低碳发展/69

陈建生院士
寻找第二个“地球”/95

史军博士
餐桌植物园/117

黎乐民院士

化学的使命：创造财富、保障健康——从自发走向自觉/133

焦维新教授

月球与月球探测/151

杨　晔

菜市场的博物学——虾兵蟹将的故事 /181

乔轶伦

探秘蛇世界 /205

高登义研究员
走进地球三极 /219

刘忠范院士
纳米科技——从科幻到现实/251

坚持科技创新，建设生态文明

白春礼

纳米科技研究专家，满族，1953年9月生于辽宁丹东。1978年毕业于北京大学化学系，1981年、1985年先后获中国科学院研究生院硕士学位、博士学位。中国科学院化学研究所研究员，中国科学院院长，国家纳米科技指导协调委员会首席科学家和国家纳米中心主任。兼任中国科学院化学部主任，中国化学会理事长。1997年当选为中国科学院院士。同年当选为第三世界科学院院士。

先后从事过高分子催化剂的结构与物性、有机化合物晶体结构的X射线衍射、分子力学和导电高聚物的EXAFS等研究。从20世纪80年代中期开始从事纳米科技的重要领域——扫描隧道显微学的研究，研制成功扫描探针显微镜（SPM）系列。在纳米结构、分子纳米技术方面进行了较系统的工作。

Bai Chunli

白春礼

随着现代化进程的不断推进，人类发展从原始文明走向生态文明。但人类的工业化进程也使自然资源迅速枯竭、生态环境日趋恶化，直接威胁到人类自身的生存和发展。传统工业文明追求与自然资源供给能力、生态环境承载能力的矛盾日益尖锐，迫切需要创新发展模式，强烈呼唤科技的重大创新突破，支撑生态文明建设：推动经济结构优化和经济增长方式转变，实现能源与资源的节约和高效利用，加强生态环境保护，促进人们思维方式转变与生态伦理观的形成。

一、生态文明迫切需要科技创新

“科学”源于拉丁文 *scientia*，本义是知识和学问。随着人类对客观世界认识的深入，科学已发展为一种包含许多大的门类且相互交叉的学科，构成一个庞大的、多层的知识体系。“技术”由希腊文 *techne*（工艺、技能）和 *logos*（词，讲话）构成，意为工艺、技能，最早出现在 17 世纪，当时仅指各种应用工艺。到 20 世纪初，技术的含义逐渐扩大，涉及工具、机器及其使用方法等内容。科学和技术相互依存、相互转化。科学是技术发展的理论基础，技术是科学发展的手段；科学是技术的升华，技术是科学的延伸；科学提出发展的可能，技术变“可能”为“现实”。

至今为止，人类社会经历了五次科技革命：16 世纪中叶至 17 世纪末，以伽利略、哥白尼、牛顿等为代表的科学家，在天文学、物理学等领域带来了世界第一次科技革命；18 世纪中后期，以蒸汽机的发明与应用及机器作业代替手工劳动为主要标志的第二次科技革命；19 世纪中后期，以电力技术和内燃机的发明为主要标志的第三次科技革命；始于 20 世纪初，以进化论、相对论、量子论等为代表的科学突破引发的第四次科技革命；20 世纪中后期，电子计算、信息网络的出现带来的第五次科技革命。当今世界科学技术发展日益呈现出多点、群发突破的态势

（图 1）。某些领域基本问题率先突破，可能引发群发性、系统性突破，产生一批重大理论和技术创新，涌现一批新兴交叉前沿方向和领域，进而推动科技革命、产业变革。

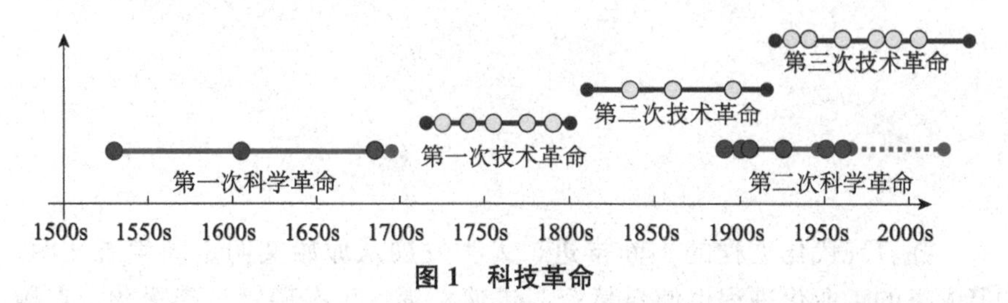

图 1 科技革命

当今科技发展日新月异，呈现出以下五个新的特征：①领域前沿不断拓展，学科间交叉、融合、会聚频繁，新兴学科及前沿领域不断涌现；②基础研究、应用研究、高技术研发边界日益模糊并相互促进融合，目标导向的基础研究与应用研发结合更加紧密，产学研合作更加深入；③转移转化研究、工程示范、企业孵化、风险投资、高技术园区等倍受重视，成果应用转化的周期越来越短；④全球科技竞争日趋激烈，人才、创新要素在全球范围内加速流动配置，国际科技合作更加广泛，知识共享和知识产权保护越来越受关注；⑤创新组织模式正在发生重大变化，网络和信息技术提供了强大的工具和平台，使创新无处不在、无时不在、无所不在，呈现出专业化、个性化、社会化、网络化、集群化、泛在化的新特征（图 2）。

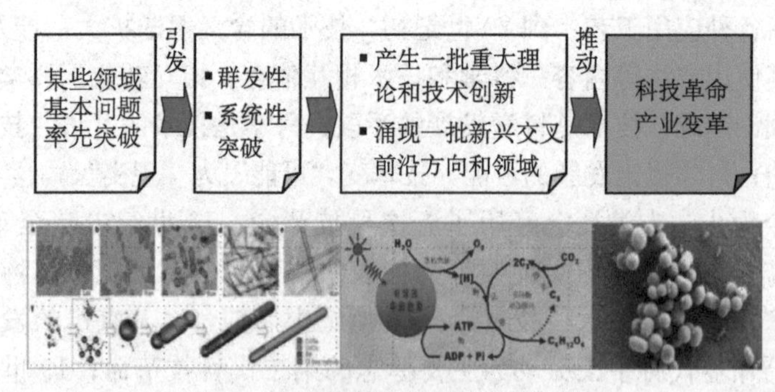

图 2 当今世界科学技术发展态势

现代化进程需求、科技发展内生需求，以及呈现的新特征，共同驱动新一轮科技革命和产业变革，孕育着若干学科领域的重大突破。科技进步将深刻改变人类生产、生活的方式和质量，深刻改造人们的思维方式和世界观；科技进步也加速了现代化和可持续发展进程，推动人类逐步从工业文明向生态文明迈进，成为人类文明发展的必然趋势。

在当今可能产生重大突破的若干学科领域中，包括基本科学问题、能源与资源、信息网络、先进材料和制造、农业、人口健康等领域，大部分领域的突破都与生态文明息息相关：在能源与资源领域，节能和化石能源清洁、高效利用，先进可再生能源开发，以及深部资源探测等；在先进材料和制造领域，从分子层面设计、制造和创造新材料，与直接数字化制造结合，将产生爆炸性的经济影响。例如，3D 打印技术经过 20 余年的发展，已形成规模 16.8 亿美元的新兴产业，并以年均 20%～30% 的速度高速成长。

二、我国生态文明建设方针及科技创新战略

新时期，我国提出了“五位一体”、生态文明制度体系和不唯 GDP 论英雄等生态文明建设方针，生态文明建设实践也呼唤科技创新战略部署和实施。

1. 新时期生态文明建设方针

党的十八大报告提出了“五位一体”的生态文明建设方针：全面落实经济建设、政治建设、文化建设、社会建设、生态文明建设五位一体总体布局，促进现代化建设各方面相协调，促进生产关系与生产力、上层建筑与经济基础相协调，不断开拓生产发展、生活富裕、生态良好的文明发展道路。该方针的确立为生态文明建设总体布局奠定了基础。

党的十八届三中全会进一步提出了“生态文明制度体系”，包括：紧紧围绕建设美丽中国深化生态文明体制改革，加快建立生态文明制度，健全国土空间开发、资源节约利用、生态环境保护的体制机制，推动形成人与自然和谐发展现代化建设新格局。建设生态文明，必须建立系统完整的生态文明制度体系，用制度保护生态环境：健全自然资源资产产权制度和用途管制制度；划定生态保护红线；实行资源有偿使用制度和生态补偿制度；改革生态环境保护管理体制。党的十八届三中全会对全面深化改革做出了部署，对加强生态文明建设提出了更高、更具体的要求。

我国纠正唯 GDP 论英雄的表述愈益明确坚决，在执政理念上为生态文明建设提供了制度保障。2013 年 6 月，习近平总书记指出“要把民生

改善、社会进步、生态效益等指标和实绩作为重要考核内容，再也不能简单以国内生产总值增长率来论英雄了”。2013 年 11 月，中央文件首次提出纠正“唯 GDP 论英雄”，提出“坚决纠正唯国内生产总值用干部问题”。2013 年 11 月，十八届三中全会决定中明确指出：完善发展成果考核评价体系，纠正单纯以经济增长速度评定政绩的偏向。对限制开发区域和生态脆弱的国家扶贫开发工作重点县取消地区生产总值考核。探索编制自然资源资产负债表，对领导干部实行自然资源资产离任审计。建立生态环境损害责任终身追究制。

2. 生态文明建设形势和任务

我国生态文明建设机遇与挑战并存，任重而道远，具体体现在：①世界范围内生态环境保护出现新态势、新特征。生态环境保护已成为各国追求可持续发展的重要内容和国际竞争的重要手段，绿色发展已成为全球可持续发展的大趋势。②我国生态文明建设已取得巨大成就。初步建立了能源资源节约、生态环境保护的制度框架和政策体系，资金投入力度持续加大，节能减排、循环经济和生态环境保护工作不断加强。③我国生态文明建设仍面临严峻挑战。生态环境总体恶化的趋势尚未根本扭转，表现在能源资源约束强化、环境污染比较严重、生态系统退化问题突出、国土开发格局不够合理、应对气候变化面临新的挑战。④推进生态文明建设是一项长期任务。我国将长期处于社会主义初级发展阶段，发展是第一要务，是解决我国所有问题的关键，推进生态文明建设要打持久战。

针对生态文明建设所面临的基本形势，我国生态文明建设任务艰巨，具体包括：①加快优化国土空间开发格局。坚定不移地实施主体功能区战略，大力提高城镇化集约智能绿色低碳水平，大力建设海洋强国。②有效减轻经济活动对资源环境带来的压力。下大决心化解产能过剩，加快推进产业转型升级，大力发展循环经济。③推动资源利用方式转变。狠抓节能减排降低消耗，狠抓水资源、矿产资源、土地节约集约利用。④切实提高生态环境质量和水平。坚决治理大气污染，大力治理水污染，加紧治理土壤污染，切实保护生态系统，积极应对气候变化。⑤加快生态文明制度建设。健全生态文明建设的法律法规，完善发展成果考核评价体系，健全市场体制机制和经济政策。⑥加快形成推进生态文明建设的良好社会氛围。加快培养生态文明意识，积极倡导绿色生活方式，有效发挥公众监督作用。

3. 科技专项战略部署

我国大力推进生态文明建设，迫切需要科技的有力支撑。这对科技创新既是重要机遇，也提出了更高、更迫切的要求。科技界要勇挑重担，攻坚克难，协力创新，不辱使命，为推动国家生态文明建设做出重要贡献。

当前，针对能源科技、资源科技、材料与制造科技、生态与环境科技领域的科技需求，国家部署了一系列重大科技专项，实施了大型油气田及煤层气开发、水体污染控制与治理专项和中国应对气候变化科技专项行动；发布了污染防治行动计划；讨论制订了土壤环境保护和综合治理行动计划。这些重大科技专项的部署和实施，将为我国生态文明建设提供科技支撑，极大地推动了生态文明建设的进程。

三、中国科学院生态文明科技创新布局及发展思路

习近平总书记2013年7月17日在中国科学院调研考察工作时，希望中国科学院不断出创新成果、出创新人才、出创新思想，进一步实现“四个率先”，即率先实现科学技术跨越发展，率先建成国家创新人才高地，率先建成国家高水平科技智库，率先建设国际一流科研机构。为全面贯彻落实“四个率先”要求，中国科学院及时启动并全面实施“率先行动”计划。

面向国家生态文明建设的新形势、新需求，中国科学院要进一步增强责任感和使命感，整合资源、凝聚力量，把生态文明科技创新作为“率先行动”计划的重要内容，通过推进战略性科技先导专项和“一三五”规划、建设卓越创新中心等重点工作，为国家生态文明建设做出应有的创新贡献。

1. 组织实施“率先行动”计划

在“率先实现科学技术跨越发展”方面，我们将以“一三五”规划和战略性科技先导专项为主要抓手，着力突破关键核心技术，提高科技创新能力和国际竞争力，在一些重要科技领域成为领跑者，在若干新兴前沿交叉领域成为开拓者，为经济社会发展和保障国家安全提供有力的科技支撑。

在“率先建成国家创新人才高地”方面，我们将以深化人才人事制

度改革和优化创新生态系统为主要抓手，造就各级各类结构合理、素质优良、具有国际竞争力的科技创新队伍，为社会培养十万余名毕业研究生和高素质创新创业人才，努力把中国科学院建成大师云集、英才辈出的大学校。

在“率先建成国家高水平科技智库”方面，我们将以改革运行机制和凝练重大选题为主要抓手，发挥高水平科学前瞻和技术预见的特色与优势，加强国际合作交流，建设国家倚重、国际知名的科技智库，在国家宏观决策中发挥建设性作用。

在“率先建设国际一流科研机构”方面，我们将以卓越创新中心和国际化推进战略为主要抓手，发挥集科研院所、学部、教育机构“三位一体”的优势，加快建设具有重要影响力、吸引力、竞争力的国际一流科研机构。

2. 深入推进战略性先导科技专项

战略性先导科技专项是中国科学院“率先行动”计划的一项重大举措，是集科技攻关、队伍和平台建设于一体，能够形成重大创新突破和集群优势的战略科技行动。

根据技术路线成熟程度、产出目标明确程度、组织实施方式，先导专项分为前瞻战略科技专项（A类）和基础与交叉前沿方向布局（B类）两类。目前已启动10个A类、5个B类先导专项。其中4个A类、2个B类先导专项与生态文明建设密切相关。4个A类先导专项为：低阶煤清洁高效梯级利用关键技术与示范；未来先进核裂变能TMSR、ADS；应对气候变化的碳收支认证及相关问题；热带西太平洋海洋系统物质能量交换及其影响。2个B类先导专项为：大气灰霾追因与控制；青藏高原多层圈相互作用及其资源环境效应。

战略性先导科技专项的部署在支撑生态文明建设中的作用日益凸显。例如，与国家有关部门、地方政府、高等院校紧密合作，中国科学院启动了“大气灰霾追因与控制”专项，在大气灰霾成因、控制技术等领域取得了重要进展。发现SO_2-NO_2复合致霾效应，提出优先控制NO_x排放的策略；根据京津冀地区PM2.5动态源解析的结果，提出了该区域大气污染防治的近期、中长期策略；解析珠三角PM2.5和二次有机气溶胶前体物来源，为珠三角PM2.5和灰霾防治对策出台提供了重要科技支撑；研发出适合我国国情的柴油车排放控制后处理技术系统，为快速提升我国柴油车排放标准提供了技术支撑；工业窑炉烟气控制技术突破，对冶金等传统行业发挥了重要作用。中国科学院已将“大气灰霾追因与控制”专项作为长期的研究领域进行重点支持，争取为国家的大气灰霾治理持续提供坚实的科技支撑。

3. 推动卓越创新中心建设

卓越创新中心建设是通过体制机制创新，将任务、队伍、平台紧密结合，形成“创新高地”和“创新品牌”，建成一批最具代表性的学术高地，达到国内同领域领先地位，成为同领域具有重要国际影响、特色鲜明、独树一帜的世界级研究中心（图 3）。到 2020 年，其总数将不超过中国科学院所有研究所数量的 1/3，约为 30 个。

通过遴选，先期启动 5 个卓越创新中心建设，包括量子信息与量子科技前沿、青藏高原地球系统科学、粒子物理前沿、脑科学、钍基熔盐堆核能系统（TMSR）。其中，青藏高原地球系统科学、钍基熔盐堆核能系统两个和生态文明建设科技相关。

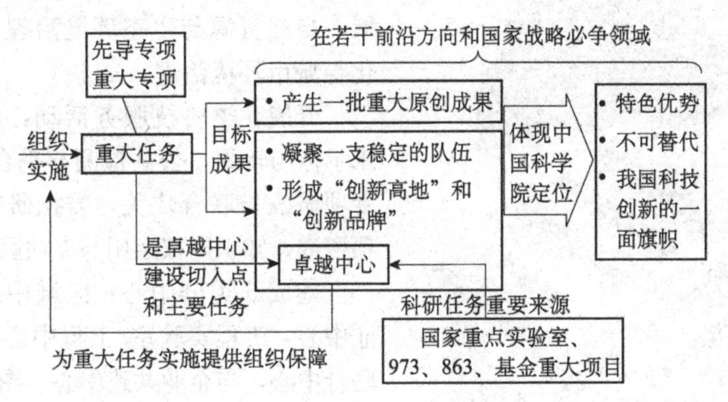

图 3　卓越创新中心建设图

4. 遴选新的战略研究方向

中国科学院从意向方面强化新的战略研究方向的遴选，进一步服务和支撑生态文明建设：①从状况监测、评估，到政策咨询、服务。将已有的研究基础和结论凝练提升为咨询建议，为国家或地方决策提供可行性方案，为国家生态文明建设提供支撑。②从自然生态，到城市生态。系统深入开展城市生态研究，服务国家城镇化发展。③从环境污染，到人体健康效应。加强环境污染人体健康效应研究，控制环境污染相关疾病。④从近海表层，迈向大洋深处。重视海洋蓝色国土，提高探测深海能力。⑤从常规能源，到非常规能源。重视在页岩气、天然气水合物等非常规能源上加强科研布局。⑥从关注国内环境，到全球资源环境保障。关注境外资源环境问题的研究。⑦从公益性研究，到提供系统性技术解决方案。针对产业系统攻关，为产业全链条生产过程“绿色化”“智能化”提供系统性技术解决方案。面向区域，集成区域发展、城市规划、生态农业、清洁生产、环境保护、物联网等研究力量，打造可持续发展区范例。

5. 构建科技服务网络

积极探索新的研发模式与转化机制，在现有工作基础上建立并完善辐射全国的科技服务网络（STS-Network）。建立中国科学院科技成果顺畅转变为社会财富的通道，使其服务中国经济社会发展，惠及全国老百姓。

图 4　科技服务网络

聚焦 5 个方面市场需求：新兴产业培育，支柱产业升级，现代农业发展，自然资源与生态环境治理，城镇化与城市环境治理。

开展 5 类科技服务活动：成套技术示范与转移，公共检测与平台试验，专项研发与联合攻关，委托研究与专项咨询，知识产权运用与专项服务。

建成 5 类分中心：区域中心，专业中心，工程实验室/工程中心，多所联合中心，与企业共建中心（图 4）。

目前，已经建成 31 个育成中心、8 个技术转移中心和 5 个科技创新园，分布在 21 个省（自治区、直辖市）；212 个野外台站、13 个植物园，长期开展自然生态系统监测、保护等工作。与国家林业局、中国农业科学院、中华人民共和国住房和城乡建设部等联合，建设了野外站联盟、植物园联盟。通过试点建立科技服务网络，进一步畅通成果转移转化渠道，构建“科技”和“社会经济”间的桥梁，在生态环境保护、清洁生产、循环经济等方面加强监测、技术研究、工程化示范等服务能力，为国家生态文明建设提供科技支撑。

参考文献

张高丽．2013. 大力推进生态文明，努力建设美丽中国．求是，24：3-11.

杨伟民．2012-12-12. 大力推进生态文明建设．人民日报．

地球的能量：探索地震、海啸、火山爆发的原因

邱棣华

邱棣华，北京工业大学教授，毕业于北京水利水电学院水利工程系。

1961年分配到北京工业大学，长期从事固体力学的教学、科研、技术开发等工作。曾担任材力教研室副主任、材力实验室主任、北京高校强度检测所所长、北京高校力学实验室协会主任、北京职工技协物理核心组组长等职。

发表科研、教学论文80余篇，曾获得国家科技进步二等奖1项，部级科技进步一等奖3项。担任主编、主审出版专著、教材21本。曾获市、校级优秀教学奖、学业辅导实效奖、教学德育奖等8项，获得校先进教师称号，北京市总工会先进工作者称号。被学生评为“我心中最优秀的教师”。

2012年参加中国老教授协会讲师团工作，2013年被中科院聘为主讲嘉宾。主要从事科普教育、青少年素质教育及社会教育的研究和推广工作，在全国各地开展讲座百余场。

Qiu Dihua

邱棣华

各位女士、先生和同学们，大家上午好，我今天报告的题目是“地球的能量：探索地震、海啸、火山爆发的原因”。我是一个搞力学的人，我想从力学角度阐述一下地震、海啸、火山的一些成因。当然，对地震一些具体情况的分析，我是外行，但我想从地震的力学原理来阐述一下。原来这个题目叫“地球怎么释放能量”。实际上，地球大多数物质都处于两个阶段，一个是聚集能量阶段，一个是释放能量阶段。聚集能量的时间相对比较长，实际上也是一个力学作用的过程；释放能量的时间相对比较短，有的人说是瞬间发生的，像地震、海啸、火山。的确，地球在瞬间释放能量，是一种力学现象。关于能量，下面我们从生活中的一些问题开始讨论。

我想从五个问题上来阐述。第一个问题是，地球的结构及板块漂移；第二个问题是，地震是地球能量的释放；第三个问题是，地震的破坏及启示；第四个问题是，海啸释放巨大的能量；第五个问题是，火山是地球减压阀。我们在生活中经常做饭打鸡蛋，打鸡蛋的时候，拿鸡蛋到碗沿儿上去碰。实际上，鸡蛋对于这个碗沿儿有一个力，这个力从力学角度来讲叫做作用力。可是鸡蛋破了，这是怎么回事？是碗沿儿对鸡蛋还有一个反作用力。这两个力——作用力和反作用力大小相等、方向相反，这是一对力。如果我们用的力气小，鸡蛋可能不会破，说明在打鸡蛋的过程中，鸡蛋壳具有抵抗外力的能力。这个力是鸡蛋壳内部发出的力，我们管它叫内力。鸡蛋之所以破，从力学角度来说，是因为鸡蛋抵抗外力的能力不如我们这个碗沿儿的能力强，所以最后鸡蛋破了，碗沿儿没有破。如果我们用鹅卵石敲击碗沿儿，肯定是碗沿儿破。还有一种衡量方法，这种衡量方法从力学角度来说，叫应力。我们所说的应力是单位面积上的内力，其实这种说法已经有点通俗化了，从力学角度来说，叫做内力的集度，就是内力在物体上分布的集度，我们把它叫做应力。作用力和反作用力、内力、应力，这三个概念后面我们要用到。一个结构或者一个物体，其应力集中的地方，或者叫应力非常大的地方，就是非常危险的地方。

下面我们说一下鸡蛋能量的释放问题。鸡蛋实际上是一个小炸弹，大家可能不太相信，因为炸弹的结构必须有一个封闭的外壳，而鸡蛋具备，鸡蛋是封闭的，里面迅速膨胀并且迅速释放能量物质，鸡蛋里面有鸡蛋清，有鸡蛋黄，它能不能释放关键看爆炸的条件。为此我做过实验，有一次我把鸡蛋放在微波炉里，放了大概有一分钟之多，微波炉就爆炸了，我打开一看微波炉里的玻璃盘全部被炸坏了。这是由鸡蛋爆炸引起的，也就是说，由于鸡蛋在微波炉里是从内向外发热，所以鸡蛋清、鸡蛋黄的膨胀速度远远高于鸡蛋壳的膨胀速度，于是就形成爆炸。今天我看到在场的有一些小朋友，小朋友们千万不要把生鸡蛋放在微波炉里，它会造成一场不大不小的爆炸。这就是鸡蛋因能量释放而变成一个炸弹的原理。大家都知道，夏天的时候，田地里的西瓜也会爆炸，甚至有一些鱼打上来放在太阳照射的田地里也会爆炸，这些都是一种能量的释放。

下面我们说一下鸡蛋的结构。鸡蛋的结构和地球是非常相似的，地球最外层的是地壳，鸡蛋最外层的是蛋壳，虽然有着同一个字，但其汉字读音不一样，一个是地壳（qiào），一个是蛋壳（ké）；再往里，鸡蛋的是蛋清，地球的就是地幔，同样都有液体状态，蛋清全部都是液态的，而地幔有一部分是液体的，有一部分是固体的；再往里，鸡蛋的是蛋黄，蛋黄实际上有一点像半固态，而地球的中心是地核，地核分为外核和内核，外核是液态，内核是固态。所以，你只要想到鸡蛋，就能够想到地球的结构。

现在我们看一看地球的结构分层。地球的最外边是地壳，地壳的厚度大概为 100 千米，有的地方比地壳厚一点，有的地方比地壳薄一点，地壳里面岩石是脆性材料；再往下面就是地幔，挨着地壳的地幔是固体状态，再往下大概 300 千米处是液体状态，像稠粥一样，地幔的厚度大概为 2900 千米；再往下是地核，地核分为内核和外核，外核是液体状态，厚度大概有 2000 千米，内核的厚度与外核相似。这就是地球的结构分层。

下面我们讲一讲魏格纳的漂移学说。魏格纳是德国的地理学家和探险家，他有一次从地图上发现南美洲和非洲有很多地方像地图的拼图一样可以拼在一块，后来他从地理角度去研究，就发现可以拼在一块，它们的矿藏、山脉走向、动植物都很相似，所以他就得出一个结论：所有大陆原来是一个整块。也就是说，现在的几大洲原来是合在一块的，所以魏格纳给它起名叫做盘古大陆。如图 1 所示，一个是南美洲，一个是非洲。从图 1 中可以看出，南美洲和非洲有很多地方是很相似的，是可以拼起来的。当然，魏格纳的漂移学说起初遭到很多科学家的反对，认为这是无稽之谈，但是魏格纳并没有放弃自己的观点，经过一段时间后，很多问题没有办法解释，包括地动的问题、漂移的问题，最后很多科学家又都同意了魏格纳的漂移学说，当然到现在为止这个漂移学说还只是一种推论。那么，根据魏格纳的学说，2 亿年以前大陆是一个整的板块，到了 1 亿 3500 万年前就逐渐分开，到了 6500 万年前就逐渐分离成了第二个状态，再之后就是现在的状态，这就是魏格纳的漂移学说。魏格纳从地理学家的角度分析了我们的盘古大陆是什么样子的，以及现在是什么样子的。

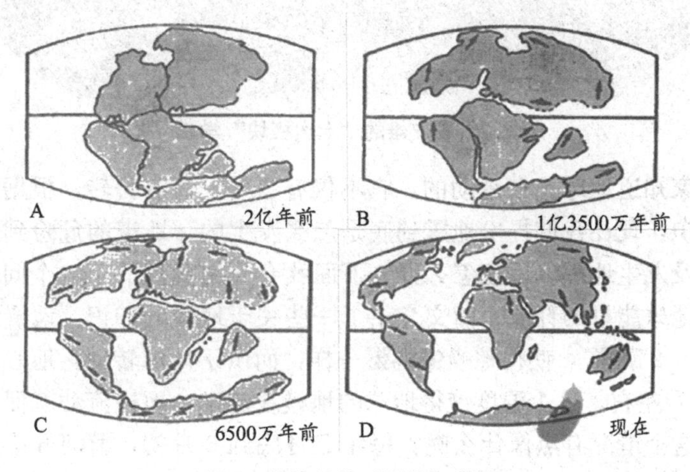

图 1　魏格纳的“漂移”学说

1968 年勒皮雄把整个地球划分成了七大板块（图 2）（当然也有六大板块的学说）。这七大板块中，亚洲和欧洲的叫做欧亚板块；太平洋沿岸的叫做太平洋板块；对于南美和北美，有的学者将其划分成一个板块，叫做美洲板块，也有的把它划分成两个板块，即南美洲板块和北美洲板块；印度和大洋洲划成一个板块，即印度洋板块，加上非洲板块和南极洲板块，一共划分了七个板块。当然，也有很多科学家把地球划分成 20 多个板块。板块和板块之间的连接是有缝隙的，而缝隙有三种边界类型：一种是汇集型的，也就是说这些板块互相挤压在一起；一种是离散性的，也就是说板块之间可以稍微分开一点，不是紧密地贴在一起的；还有一种是转换型的。这三种情况都使七大板块连接之处形成了断层。

图 2　勒皮雄的“七大板块”学说

大家知道地球是在运动的，它不仅有自转，还有公转，根据前文介绍的知识，现在我们提出地震到底是怎么发生的、地震的危险到底有多大，以及发生地震以后该怎么办。下面我会介绍我讲的第二个问题，即地震是地球能量的释放。前文介绍了一些关于地幔的知识，地幔的温度是 1200～2500℃，使得地幔像稠粥一样，而由于地球转动，地心温度高达 5000℃左右，这个温度使得地球的地幔在流动，地幔流动就促使板块漂移。这个情况有点像什么呢？每年 2 月底到 3 月初，黄河开冻，黄河开冻的时候，先是冰形成裂缝，由于黄河底下的水是流动的，所以冰块逐渐开裂以后，冰块在流动，在流动过程中冰块和冰块之间就会发生碰撞，这个很像大陆板块之间的流动。大家知道，黄河在开裂的时候，堤防人员是非常注意的，最害怕的就是冰块撞在桥墩上或者撞在对岸，因为冰块在流动过程中是有一个冲击速度的，在这个冲击速度下的冲击力是很大的，容易造成桥梁或者堤岸的一些破坏。在移动过程中，板块和板块之间会出现力学上所说的相撞，产生冲击力，而相撞过程中首先有接触点，这就像我们打鸡蛋一样，鸡蛋和碗沿儿都是圆的，它们之间的接触严格来讲是点与点的接触，这一点的应力很大，也就是说，它是非常危险的。从力学角度讲，地震之所以发生是由于板块的漂移，漂移过程中产生板块和板块之间的撞击，而这个撞击就引发了地震。

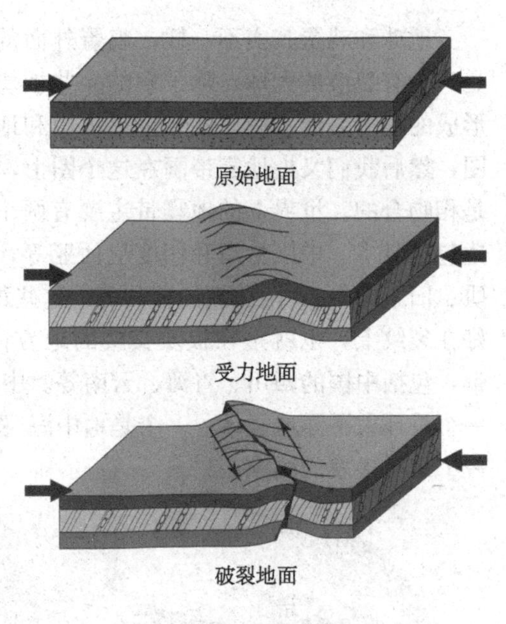

图 3　岩层的破裂和错动

接下来我们看一看地球最外层的地壳，看一看它的岩层破坏和错动。图 3 中第一个图显示的是原始地面，在没有受力之前是很平整的；第二个图是受力以后的，此时地壳会发生鼓动现象；第三个图显示的是破裂地面，由于地壳是一些脆性材料，在力的作用下它就会出现断裂。由于无数个断裂，在地球的表面就会出现很多断层（图 4），而这些断层发生的地方就是地震容易发生的地区。

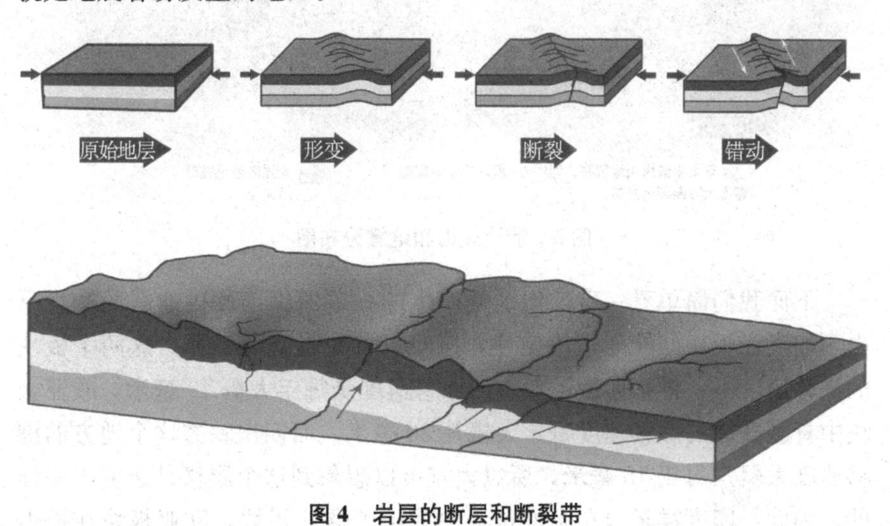

图 4　岩层的断层和断裂带

地球和鸡蛋其实不一样，鸡蛋外面的蛋壳是封闭的，而地球实际上是一个有裂痕的大球，除了它的一些板块外，还有板块在作用过程当中形成的很多裂缝。图 5 就是世界火山和地震分布图，其原先是地球裂纹图，然后我们又把地震带画在这个图上，最后发现地震带和地球的裂纹是相吻合的。世界上的地震带主要有两个：一个是环太平洋地震带，左边包括日本、中国台湾和印度尼西亚等，右边包括美国的西海岸（洛杉矶、旧金山等）、南美洲的智利等，这些都是地震多发地区，因为它们正好在裂纹上，也就是在板块交接的地方；一个是地中海-喜马拉雅地震带，包括中国的四川、青海、云南等。中国刚好在世界的两个地震带上，一个是环太平洋地震带，一个是地中海-喜马拉雅地震带，因此，中国是一个地震多发的国家。

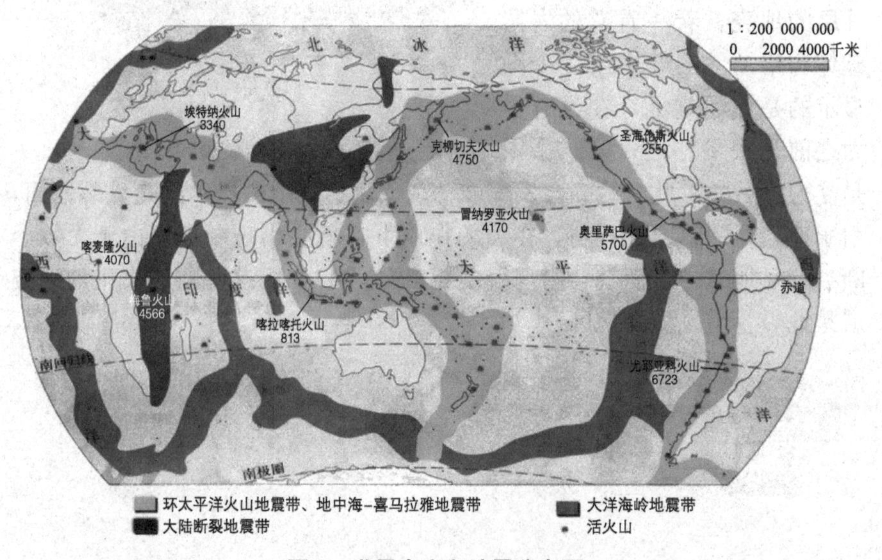

图 5　世界火山和地震分布图

下面我们简单看一看汶川地震产生的一些原因。汶川地震的产生是由于印度洋板块向欧亚板块俯冲，接触点首先是青藏高原。这两个板块的漂移速度不一样，印度洋板块的漂移速度是每年大概 40 毫米，欧亚板块中青藏高原的漂移速度每年大概是 30 毫米，而四川映秀这个地方的漂移速度大概是每年 15 毫米，所以大家可以想象到这个漂移是速度不一样的，因此，印度洋板块在俯冲过程中撞击了欧亚板块，欧亚板块在撞击过程中又撞击了映秀地区，该地区大地的裂纹就是它的一些裂缝，而汶川地区刚好处于龙门山裂痕地区（图6），此处主要有三个裂缝，映秀镇首当其冲。当时在板块漂移过程中由于板块互相挤压，汶川映秀这个地方的裂痕首先发生接触，而最早接触点的应力是最高的，这个点实际就是震源。地震主要有三种类型：一种是两个板块在水平方向上相互滑动，两个板块之间就出现了裂痕，于是造成地震，我们称为走滑型；一种是两个板块之间拉开，原来相连的一些地方在拉的过程中一下子就断开了，我们称为正转型；最危险的是两个板块的撞击，称为逆冲型。

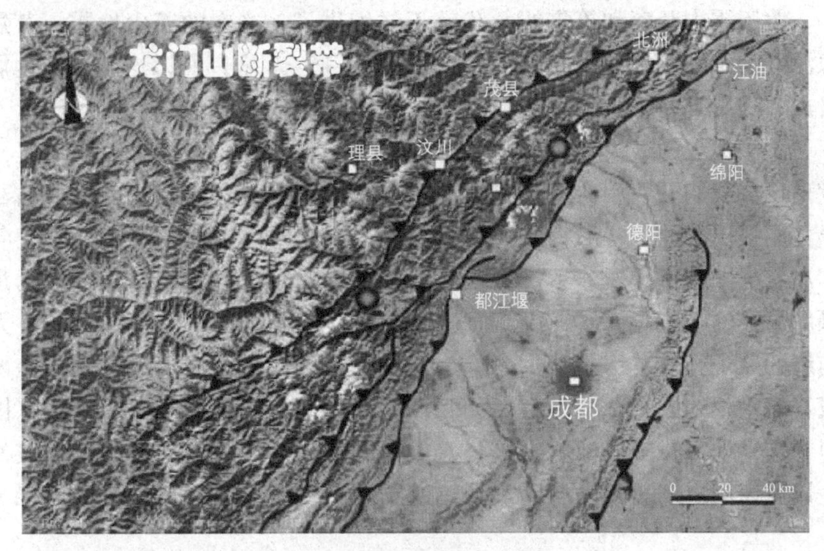

图6　汶川断裂带遥感图

现在所发生的地震，凡是造成重大损害的基本上都是属于逆冲型地震，如2011年3月11日日本发生的9级大地震就是逆冲型地震，2008年5月12日发生的汶川地震也是逆冲型地震，2013年4月20日雅安芦山所发生的地震同样属于逆冲型地震。

下面我们介绍地震的几个基本要素。一是震源，我们刚才讲的板块和板块在冲击过程中最先接触的那个点叫震源，即发出地震波的最原始的那个点；二是震中，即震源在地表的垂直投影点；三是震源深度，即震源到震中的距离。这是地震学上经常用到的三个主要概念。

我们简单说一下震源、震中、震源深度之间的关系。首先，震源肯定在断层上，因为它是板块和板块冲击过程中最早接触的那个点，所以震源一定会在断层中；但是震中不一定，震中可能在断层中，也有可能在地面上，总之，就是地面感受到地震波最厉害的地方。按震源深度从地震分级来看，一种是浅源地震，即震源深度小于60千米，这种地震危害性很大，我们国家发生过好几次浅源地震，包括2013年的芦山地震也是浅源地震，它的震源深度只有13千米；一种是中源地震，即震源深度为60～300千米；还有一种是深源地震，即震源深度大于300千米。一般情况下，震源越浅破坏力越大，但其影响面就越小，也就是说，如果震源深度深，它的破坏力相对较小，但它的影响面却比较大。

关于震中距离和等震线，我就不详细讲了。这次的芦山地震，其震源深度为13千米，震源到成都的等距线是150千米，所以这次芦山地震对成都的影响并不是太大，但汶川地震对成都的影响却比较大。

关于地震的规模，一般由两个量级来衡量，一个是震级，一个是烈度。现在我们一般用的里氏震级，是1935年美国地震学家里克特和古登堡共同提出来的。一般将震级和原子弹的吨位进行比对，比如，1945年广岛有一颗原子弹爆炸了，当时就把这个爆炸相比于5级地震，因为那颗原子弹的吨位是580吨级，而这次芦山的7级地震，大概相当于60万吨级的原子弹爆炸。震级每相差一级，能量相差大约32倍，每相差两级，能量相差大约1000倍。我们看1966年邢台发生的7.2级地震（图7），这个地震在咱们国家是第一次最有影响力的地震，当时这个地震发生以后，周恩来总理马上到现场，鼓励地震地区的人民自力更生，很多

图7 1966年邢台7.2级地震

物资源源不断地送到邢台。有一次，我到邢台给中学生讲课，讲到地震时，我问他们：你们这个地方曾经发生过一次地震，你们知道吗？很多孩子摇头表示不知道。凡是发生地震的地区就说明这个地方可能在地震

带，作为在地震带生活的人，应该警惕地震的再次发生，但是我看到邢台盖了很多高楼，这从预防角度来说是欠妥的。图 8 是 1976 年唐山发生的 7.8 级地震，这个地震在中国影响力非常大；图 9 是 2008 年汶川发生的 8 级地震；图 10 是 2013 年雅安芦山发生的 7 级地震。

图 8　1976 年唐山 7.8 级地震

图 9　2008 年汶川 8 级地震

地震共分为 9 级，4 级以下的都是比较小的地震，它们所造成的损害一点都不大，每年全世界发生的地震大概有 20 万次，有些根本感觉不出来，所以每年这么多次地震，人们在不知不觉中度过了。但是到了中震以上，也就是 5～7 级地震的时候人们便开始有感觉，感觉到晃动，发生放在桌上的一些器物从桌上掉下来等现象。7 级以上的就是大地震，会造成人员伤亡、房屋倒塌等，必须引起注意。

图 10 2013 年雅安芦山 7 级地震

地震规模的另一个衡量量级是烈度，指地震发生以后对地面破坏的程度，如房屋倒塌的情况，当然这一标准的衡量有时候不是完全统一的。比如，房屋建筑结实，有抗震措施，倒塌的情况就会轻些，反之，则房屋倒塌的量就会很大，死伤的人就会很多，但是基本上按照当地的建筑损失和人员伤亡情况来判定。

下面看一看 1976 年 7 月 28 日发生的唐山大地震。图 11 和图 12 是我从电影《唐山大地震》中截出来的，大家可以看一看，这是在电影拍摄过程中一些重型机械和房屋的倒塌。这次唐山大地震伤亡最多的是老人和儿童，据官方报道死亡 24 万人，实际上估计死亡人员有 40 万人，致残人员 16 万人。地震烈度是根据地震以后地面上建筑被破坏的情况来判定的。唐山地震发生以后，我跟着建筑考察团到唐山去，到了之后看到很多人在哭，的确可以说是尸横遍地，这场地震使这个百万城市整个都毁灭了，当时我们主要考察的是残存下来的房屋是哪种类型的。当时有一个紧急命令，为了防止出现意外事故，很多解放军和每三人组成的一些巡逻队到处去巡逻，保障了社会的安全。这次唐山大地震的确给人们留下了一个深刻的印象，对我们的教育也是非常深刻的。这次唐山大地震给我们敲响了警钟，所以从唐山大地震开始，我们就开始对地震进行研究，当时北京工业大学成立了一个地震研究所。这次唐山地震的房屋，破坏最厉害的就是这种砖砌的房屋，或者从建筑学来讲的话，它是以墙作为承重的，这种房屋是最危险的，造成的伤亡最大，因为大家知道这种房子在盖的时候，先垒山墙，山墙上架梁，那么地震来了以后，由于横波纵波作用，墙先倒，墙一倒楼板就垮下来了，楼板垮下来以后整个房屋就垮了。根据我们的调查结果，伤亡最少的是中国老式四梁八柱式建筑，因为这种建筑有8个柱子，支上柁，柁上加檩，檩上再带瓦，这种房子，地震来了以后，虽然它的墙倒了，但是这种墙是挡风墙，是不承重的，所以房屋架倒不下来，人来得及逃脱。

图11　重型机械的倒塌

图12　房屋的倒塌

所以，唐山地震以后，我看到北京市有很多建筑都改成了梁柱式，梁和柱先把它架起来，然后再去砌墙，而这种墙是不承重的，大家去故宫就可以看到，故宫都属于梁柱式建筑。

那么，从地震烈度来说，一共分成12个烈度，这里主要简单说一下9度。2013年四川雅安芦山地震是9度，到达9度就会造成房屋大量的破坏，包括铁轨都要变形，11度基本上是毁灭性的，山川就有改变了。图13所示的是1966年邢台地震后铁轨严重变形；图14所示的是唐山地震后桥梁全部被破坏；图15所示的是2008年汶川地震后的情况，可以看到房子基本被破坏了，山河改变了，造成了很多堰塞湖，而且由于堰塞湖是悬在山上的，所以它随时可能崩溃，一崩溃就会造成水灾。

那么，烈度和震源、震级的关系是什么呢？一般震级越大，震源越浅，地震的破坏力就越大，烈度就越大。另外，一个震级会有几个烈度区，就相当于炸弹爆炸似的，炸弹如果一爆炸，离炸弹越近的地方，它的损伤就越大，离得稍微远一点的地方，其损伤就稍微小一些。比如，像唐山地震，最后确定唐山震中烈度是11度，但是到了天津变成了7度，到了北京就变成了6度，如果再往保定这边走的话，可能烈度就变成4度或者5度了，所以离震中越远的地方烈度越低。

图 13　邢台地震后的铁轨变形情况

图 14　唐山地震后桥梁被破坏情况

图 15　汶川地震后的破坏情况

我们将汶川地震和芦山地震的烈度情况做个比较。图 16 所示的是汶川地震烈度分布区，成都在它的感应区内，成都承受的烈度大概是 7 度，所以成都是有感应的；图 17 所示的是芦山地震烈度分布区，成都不在它的感应区内，所以成都基本上就没有受到太大的影响。虽然都是地震，但是一是震级不一样，汶川的是 8 级，芦山的是 7 级，二是它们的地震烈度分布区是不一样的。

下面，我们介绍第三个问题——地震的破坏及启示。先讲一下日本地震。2011 年 3 月 11 日，日本发生逆冲型大地震，地震震级是 9 级，震中烈度是 12 度，其地壳破裂长度非常长，宽度又非常宽，持续的时间也非常长，所以日本这次大地震造成了非常大的影响。大家看，图 18 所示的是日本地震现场的一些废墟，这些废墟里面基本上都是铁皮和一些木头，由此可以推断出这些建筑都是由一些轻型材料建造的，这些轻型建

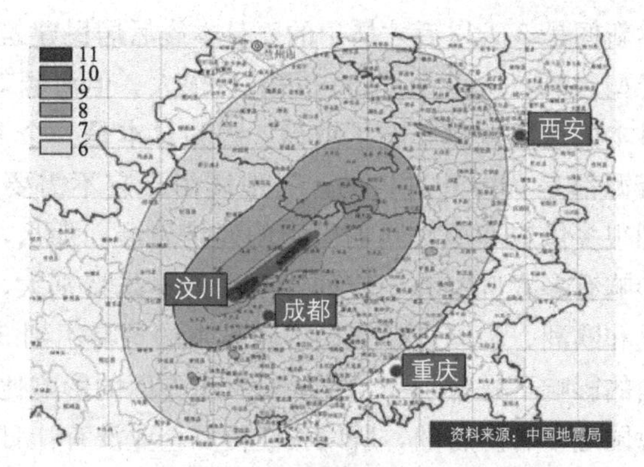

图 16　汶川地震烈度分布区

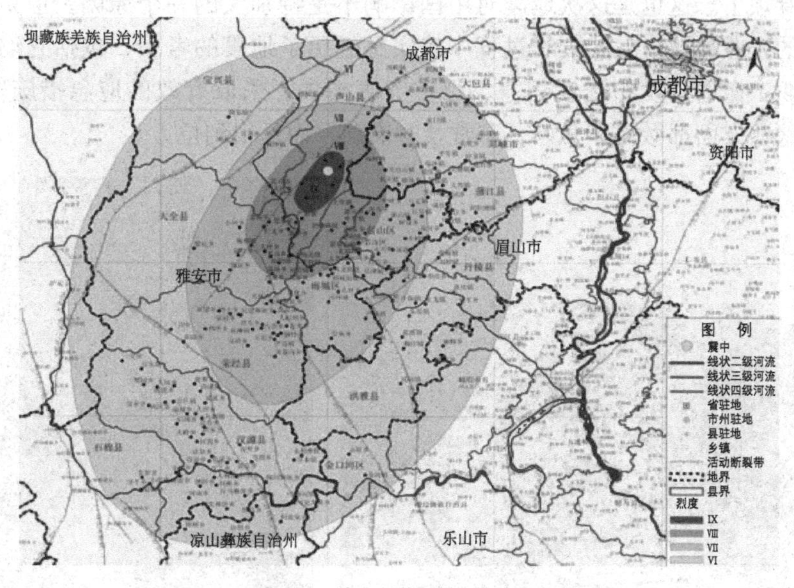

图 17　芦山地震烈度分布区

筑材料使这么大的地震造成的伤亡不是太大。图 19 所示的是日本这次地震以后出现的裂纹，可以看出裂纹很大，最大的地方宽度超过 1 米。这次地震使日本经济损失惨重，尤其是日本本岛的东海岸。日本本岛的东海岸是其重工业分布区，它的一些钢铁工业、石化工业、制造业等都分布在这个地方。我有一个研究生在日本工作，地震发生后第二天我给他打电话，问他情况怎么样，他当时在东京，说东京还没有什么事情，但第二天他就告诉我，听说日本核泄漏了，那个时候已经得到日本核泄漏的消息，当然新闻是3天以后才播出的。日本震后居民建筑也被破坏了，但由于它是轻型建筑，所以人员伤亡并不是很大。但海啸对其造成的损失却很大。日本的这次地震影响了世界，因为日本是一个资源很匮乏的国家，它的资源都是从国外进口的，一地震由于它不需要很多资源了，所以就影响到很多供应它原材料的国家的经济发展。那么，日本地震对中国经济的影响有多大呢？有一定的影响，但不是特别大，因为我们国家基本上都是和欧洲、美国进行贸易，和日本的贸易不到30%，所以日本地震对中国的影响不是特别大，主要是汽车方面的影响比较大。另外，对于日本，我国是早有防备的，所以我们很多企业没有让日本经济操纵，如果我们很多企业是由日本经济主导的，或者有一些公司是日本控股的，就麻烦了。这也是这次地震对中国影响不是特别大的一个原因。但是日本的企业在这个大的灾难过程中确实是经历了地震的考验，包括它们组织职工撤退、发布受灾信息、评估灾害损失、采取有效的应急措施等，在这些方面都做得非常好、非常及时准确，而且很到位。

图18　地震后的废墟

图19　地震后地面出现的裂纹

日本国民在这次地震中展现出了良好的素质。在这么大的灾难面前，人与人之间友善相处，相互救援，例如，在街上没有人站在马路中间，都是站在草坪或者便道上，所以它的交通通畅。另外，社会秩序非常好，没有发生抢劫、盗窃等重大刑事案件。我们看图20，发生了这么大的灾难，谁都想把自己的情况及时告诉家里，但是由于手机已经不能用了，所以大家都在排队到电话亭打电话，竟没有一点骚乱。再看图21，这个孩子看上去也就是 3 岁左右的样子，他躲在桌子底下，并不是很惊慌，而是很积极的样子。这一方面跟日本的国情有关，因为日本是经常发生地震的国家，所以人们的灾难训练已经做得比较好了；另一方面，从日本的国民素质来看，确实有很多值得我们学习的地方。

图 20　地震后排队打电话的日本人

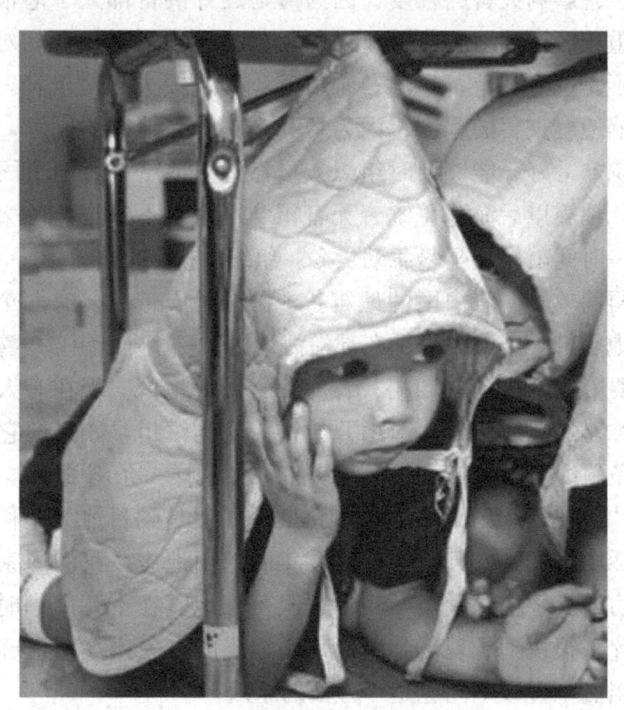

图 21　地震中机警的日本儿童

我们再看一看海地地震。海地地震是 2010 年 1 月 13 日发生的，海地处于加勒比海，在北美洲和南美洲之间，这次地震是 7.3 级，震级并不是太高，但震源深度为 8 千米，震源很浅，所以这次地震使海地一下子死亡了 20 多万人，还有约 20 万人受伤，是非常恐怖的一次自然灾害。

海地地震后大约 40 天，智利发生了一次非常大的地震，达到里氏 8.8 级。这次地震，震源深度比海地地震要深，但是震级比海地要高，释放的能量大概是海地地震的 500 倍。这次智利地震同时还引发了海啸。这次灾害导致大厦整体倒塌，居民建筑物严重破坏。

这两次地震，智利的伤亡人数不到 1000 人，海地的伤亡人数达到了 20 多万人，失踪 20 多万人。所以，美国媒体就此分析了三条，现在看来还是有道理的。第一，经济发展水平影响地震灾害的程度。地震本身不会杀人，是建筑在杀人，建筑倒塌以后把人砸死了。智利最差的房屋也是按照地震规划建的房子，而海地的建筑却是非常糟糕的。第二，地震发生的位置影响灾害的程度。因为海地震源离首都太子港很近，所以损失较严重；而智利地震的震源深度为 59.4 千米，其震源相对比海地要深，而且不是发生在首都，离首都较远，所以损失相对较轻。第三，防范意识影响地震灾害的程度。因为智利是一个多地震的国家，所以他们的防范意识非常好，能够及时组织人员撤退。地震以后两个国家的状态也不一样，地震以后海地总统杳无音讯，民众就不知道该怎么办；而智利总统第一时间就发出了紧急动员令，组织救援。

我们再简单看一看中国的地震。中国的地震带主要有两个：一个是环太平洋地震带，影响到中国东部沿海地区；一个是地中海-喜马拉雅地震带，主要影响到中国的四川、青海、云南等地区。现在有人发现，中国有一条神秘的斜线，即从唐山开始，一直到汶川，如果把它画成一条斜线，这条斜线上便分布着很多地震带，在这样一条斜线上，中国近 60 年所发生的地震，7 级以上的大概有 20 个，但是到目前为止科研还没有解密。从 2008 年的汶川地震到 2013 年的芦山地震，我们国家在救灾避灾方面能力增长很快，短短 5 年，这次芦山地震在十几个小时以后，救援队和医疗队很快到了现场，所以芦山地震的损失比汶川地震的损失要小很多，当然，震级不同也是一方面的原因。

下面我们简单说一下，如果发生地震，该怎么办。发生地震以后，首先我们应该镇定，面积比较小的房子是比较安全的，比如，家里的洗手间是最安全的。为什么呢？因为首先，洗手间的面积比较小，上面的楼板掉下来的话，也不会直接砸住你；其次，厕所里面有水，如果你闷在里面的话，可以有水维持你的生命；最后，你可以通过敲击管道呼救，所以相对比较安全。另外，中小学要经常举行防震演习，如果发生地震了，一定要保持镇定，不要惊慌，有些住在高楼的人，一发生地震就从楼上往下跳，实际上没有震死，也摔死了，所以这一点要特别注意。地震发生之后，千万不要到电梯里面，不要到阳台上，也不要到高楼比较密集的地方去，这些地方都是比较危险的。在学校最好到操场上去，操场是比较空旷的地方，比较安全，要避开电、火、水和山，这些地方比较危险。地震引发的次生灾害，有火、水、瘟疫及核泄漏等。

地震的前兆。地震是有前兆的，因为如果发生异常，气温会变热或者变冷，局部会出现地热，会出现动物的一些不安现象，如老鼠搬家、公鸡打鸣、大牲畜不进圈、狗狂吠不眠、冬天蛇出洞等。为什么会发生这些现象呢？因为这些动物对地震波很敏感，它们能够听到这种声音，而人类听不到。1979 年 7 月 28 日唐山地震发生前，有人就发现成群的黄鼠狼跑出来，还有人发现地里的老鼠成群地往外跑。震前那一夜，实际上是在 7 月 28 日凌晨，殷各庄有只狗不让它的主人睡觉，他的主人只要一躺下，这只狗就进去咬他，后来这个主人特别生气，就拿起棍子追这只狗，刚追出大门口，整个房子就倒塌了，后来这个主人非常感恩这只狗，之后他每次吃饭都和这只狗一块吃，因为当时他进去睡的地方正好是房子倒的地方，如果不是这只狗，他的命就丢了。

此外，有一个传说，我在这里给大家简单说一下。我去雁荡山旅游的时候，有一个寺庙的方丈接待我们并给我们讲了一个故事，也就是他的祖师爷的故事。他说原来这座庙叫山中庙，因为这座庙夹在两座山中间。他的祖师爷从小父母双亡，是一个孤儿，被这座庙里的方丈收养了，就成为这座庙里的和尚，叫烧火和尚。当时他的祖师爷十二三岁，就是做一点杂活，也不住在庙里，而是住在庙外面的柴房里。他每天打柴，然后就住在柴房里，这个柴房里还住着一窝老鼠，他的祖师爷有时候把剩饭给老鼠吃，所以跟这窝老鼠的关系非常好。这些老鼠有一些小动作，慢慢地他的祖师爷也渐渐知道了，包括它们叫的声音，他也能够猜得差不多。有一天夜里，他的祖师爷正在睡觉，突然被一个毛茸茸的东西弄醒了，他一看吓了一跳：在这个柴房里，房梁上、房梁底下、灶台上全部都是老鼠，而且坐在他面前的是像猫一样大的老鼠，当时他的祖师爷被吓坏了，但是通过这只老鼠传达的意思，他明白老鼠示意他赶紧逃走，跟他示意完之后，老鼠慢慢往外撤了，所以他也出了庙门想离开这个地方，但是他突然想到庙里还有许多他的师父和师兄，他想他一个小和尚叫人家走，人家绝不会走，于是他急中生智就用火镰把柴房点着了，这个柴房一点着，一冒烟，尤其是夜里，庙里的和尚也知道，于是他们就跑出大门看到底是怎么回事，要救火的时候看到这个小和尚（他的祖师爷）跑了，以为是这个小和尚点的火，于是这些和尚就出来追这个小和尚，所有和尚都追出来以后，两座山倒塌了，这个山中寺整个被埋住了，原来是地震发生了。这个方丈给我们讲的时候，说是他的祖师爷当时一个人救了全庙，这个庙才保存下来，现在他的祖师爷的舍利还在这儿，所以从这儿开始，这座庙就管老鼠不叫老鼠了，叫地龙，所以南雁荡山对一些老鼠是很尊重的。这个虽然是个传说，但是这个故事有它的科学性，因为老鼠、黄鼠狼、狗等动物能够听到地震波。大震前，大老鼠叼着小老鼠跑、蟾蜍弃巢而出等，这些前兆都有其科学性。北京工业大学对很多地震的预测也是利用动物，我们有一些鹦鹉，有一些猫，有一些老鼠。我国地震研究者李均之教授，做地震预报准确率达到了51%，而现在世界地震预报准确率只达到了3%，最高是30%，然而不幸的是，李均之教授已经去世了。地震的前兆是有它的科学性的。

下面，我用几分钟的时间讲一讲后面两个题目，即海啸释放巨大的能量和火山是地球减压阀，先讲海啸释放巨大的能量。日本2011年3月11日的这次地震所引起的海啸使日本损失非常大，那么日本地震引起海啸的力学原因是什么呢？是因为太平洋板块向欧亚板块俯冲，就在日本沿海出现了300千米长、150千米宽的海沟，形成海沟以后，所有的海水就要流到海沟里，流到海沟以后，其他的海水就要过来补充，这些补充的海水就形成了海啸。海啸最大速度可以达到每小时900千米，一般是480～900千米，这个速度相当于巡航飞机的速度，所以日本的这次海啸是防不胜防，它造成的损失是非常大的。

下面我们看一看日本这次海啸的一些录像。图22所示的是日本本岛东海岸大的漩涡，可以看到这个大漩涡里有一只船，这只船相对于海的漩涡来说是非常小的。日本青森发生海啸的时候，日本的一个女广播员，本来是能够逃出来的，但她觉得如果自己的一命能挽救更多人的生命的话是值得的，所以她坚持报道海啸，最后被海啸冲走了。

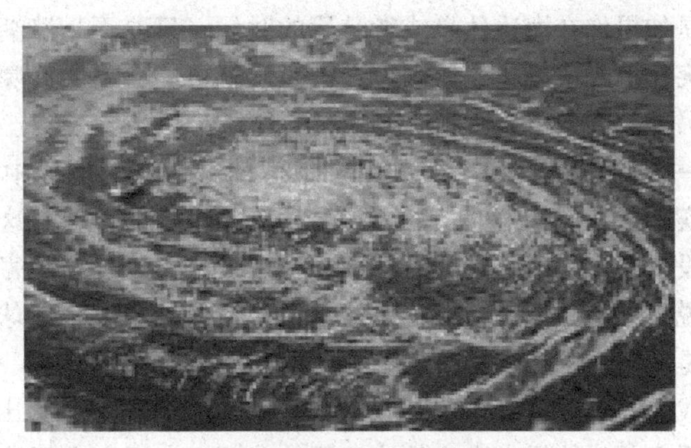

图 22　日本海啸中大的漩涡

日本的这次大海啸冲击了日本的城镇，图 23 所示的是海啸排山倒海之势，这次日本海啸最高海浪是 24 米，实际上最高是 60 米，海啸冲击地面的建筑设施，所以海啸对日本造成的损失比地震造成的损失还要大。日本的这次伤亡主要是海啸伤亡，共伤亡 14 063 人。

图 23　日本海啸排山倒海之势

下面我们看一看印度洋海啸。印度洋海啸所造成的损伤就比日本大得多，2004 年印度洋海啸造成印度尼西亚 20 多万人死亡，600 万人无家可归。一般震源浅，海啸威力就大；震源深，海啸威力相对就小。海啸的发生条件主要有三个：一是地震使深海出现垂直断层；二是震源深度小于 50 千米，三是里氏震级大于 6.5 级。一般浅海不会发生海啸。另外，从规律来看，大西洋和印度洋的海啸非常少，海啸主要发生在太平洋领域。海啸和地震的预测是一样的，到目前为止我们还没有非常好的预测。但是如果你在海边休息或者游玩的时候，只要不是涨潮落潮的时候，海水突然下降或者突然落潮，这个时候就可能会发生海啸，就要赶紧逃离。另外，大象可以听到海啸的次声波。

最后一个问题是火山，即火山是地球的减压阀。地球中心温度是5000℃，实际上地球本身就是一个高温高压的大容器。但是这么大的容器之所以没有爆炸，就是因为有海啸、地震及火山。这些灾害，对于某些地区来说是灾害，但对于整个地球来说却是保护了整个地球，所以火山实际上是地球的一个减压阀，使得地球能够保住平衡。

下面我们简单看一看冰岛火山。2010年3月20日冰岛火山爆发。火山岩浆实际上是从地幔中出来的液态状的东西。由于火山喷发以后会出现火山灰，火山灰会阻挡阳光照射地球，所以冰岛这次火山爆发后，当时欧洲飞机场有1万多架飞机停飞。之所以会造成飞机停飞，是因为火山灰所漂移的地方，一般在8000～12 000米，而这个范围正好是飞机飞行的最佳范围，火山灰容易使飞机的发动机停止。1982年曾经发生过一起这类事件。一架英国播音747客机，在印度尼西亚上空穿过火山以后，1台正式发动机和3台备用发动机全部停止，当时幸好下降一定距离后发动机又重新启动了，否则就是一次非常大的空难。

那么，冰岛火山喷发的原因是什么？原因有两个：一是冰岛地表与地幔内岩浆距离比地球绝大多数地方都近，另外，气候变暖，火山上覆盖的冰块逐渐融化，使得冰盖对火山地下地层的压力变小，使岩浆力量得不到抑制，高温岩浆的膨胀力非常大，很容易突破地壳较薄的地方而喷发；二是冰岛所处的位置刚好是欧亚板块和美洲板块相衔接的地方，这两大板块的挤压力大，容易产生裂纹，而这些裂纹容易造成地震，地震很可能会引起火山喷发，另外，刚好地球又处于活跃期，所以就造成火山喷发。

火山的岩浆对人的损害不是太大，只是火山灰对人的生活影响比较大，现在值得人类注意的问题是什么？现在世界冰川融化的速度在加快，由于气候变暖，很多地方的冰盖、冰山、冰川在融化，这些冰融化以后，海面就会上升，海面上升以后，可能会引发人类对所占地盘的重新争夺。例如，日本之所以会与韩国、俄罗斯发生领土争议，其中一个原因就是如果冰川融化，海平面会上升60米，到时日本就只剩下一个富士山了。实际上，冰川融化是人类的灾难。世界上的冰川主要分布在南极洲和格陵兰岛，其冰川融化速度在加快。冰川消融后，首先发生水灾，接着就是旱灾。现在大自然对我们人类已经发出了警示，也就是说，人类屡次向自然索取，破坏了地球的平衡，地球是通过地壳运动、海洋运动、气流运动、河流运动来达到新的平衡的，而这些运动同时会释放能量，造成自然灾难，实际上也是对人类强取豪夺的一种报复。我们人类，应该维护自然平衡，科学而有节制地向自然去索取，要爱护环境，这样才能够保证可持续发展。

今天就讲到这里，谢谢大家！

大（中）学生心理健康问题漫谈

吴瑞华

中国科学院心理研究所研究员。1967年毕业于北京师范大学教育系心理专业。1978年考入中国科学院研究生院学习，1982年毕业一直在中国科学院心理研究所工作，长期从事中小学学生学习过程和思维能力研究。在初中学生自学辅导研究中，完善了自学辅导心理学的理论体系和实际操作系统。参与的“小学生数学思维能力培养”的项目研究中获中国科学院科技进步一等奖。现任心理研究所继续教育学院副院长，兼职业技能培训部主任（心理所心理咨询师培训学校校长）。并担任共青团中央、中国科学院和全国少工委组织的“青少年走进科学世界”科普活动专家指导委员会委员。

Wu Ruihua

吴瑞华

谢谢各位来宾，很高兴能有这么一个机会，跟大家一块交流大中学生心理健康问题。今天来的有学生，也有家长，正好我今天有话要对家长说，因为我们的大中学生心理健康问题中很多问题跟家长有直接关系，本来有一讲叫“表扬和奖赏在培养学生健全人格中的作用”，是专门给老师和家长讲的，这部分内容对学生的心理健康很有帮助。我把其中的一部分内容渗入到这里来讲。

我在这个讲座中引用了一些历史故事，这些典故和故事未必完全符合史实，但我们也不必过于关注它们的真实性，只要使我们自己能从中得到一些启示，我认为也还是有益的。

心理健康问题已引起党中央高度重视，十六届六中全会《中共中央关于构建社会主义和谐社会若干重大问题的决议》就提到了心理健康问题：《决议》指出：“注重促进人的心理和谐，加强人文关怀和心理疏导，引导人们正确对待自己、他人和社会，正确对待困难、挫折和荣誉。加强心理教育和保健，健全心理咨询网络，塑造自尊自信、理性平和、积极向上的社会心态。”可见心理健康问题的重要性。

当前由于经济迅猛发展，对各行各业的要求也比较高，因此，各行各业、各个阶层的从业人员都感到压力很大，但这并不奇怪，而是一个时代的特征，是经济发展的风向标，我们要做的就是调整好自己的心态适应形势。最近一段时间以来，我给社会上不同的阶层的人都分别做过有关讲座，在讲座中我指出，人们出现心理健康问题，一方面给人们增添了麻烦，需要治疗，另一方面我们要逐渐适应新的形势，调整好自己的心态。总之，它也是社会发展的风向标，心理学是随着经济的起伏而起伏的。

要想完全没有心理压力这几乎是不可能的，我们要做的是调整好自己，适应社会。当然，学生是一个很特殊的群体，当前教育存在以应试为主要目的的现象，因此教育手段很不科学，这样很可能会使学生的身心受到很大伤害，这必须引起教师和家长的高度注意。我每年四月份都会到全国各地去做心理学讲座，讲高三学生如何在高考复习期间进行心理调试，以减轻过度的紧张状态以缓解心理压力。

高考在一段时期内是回避不了，为什么回避不了？我认为对高考进行改革是必要的，但是一定要清楚地认识到，现在高考除了科学性以外，还必须注意到它所起到的公平性的作用，如果在改革中没有充分关注到“公平性”，对社会发展的影响也是不利的。

心理健康的标准，如果从学术的角度来讲大家可能不太好理解，我从学术的角度，并根据我个人的体会，提出心理健康的两个标准。

“一是情绪平和，遇到不称心的事时能够比较快地将自己的负面情绪调节到积极的情绪状态中，对自己满意，有幸福感。”对自己满意也不是件容易的事情，有的人对自己总是感到不满意，实际上是自己的向往与实际脱节，由此引发心理健康问题。

关于幸福感，有很多人反映说现在幸福感少了，为什么呢？有的人进行研究得出的结论是，幸福感最强的时候是能满足基本生活需要的时候，满足了基本的生活需要是，特别感到幸福。而随着生活水平在提高，当你需要的已不再是基本生活需要了，你产生了更多的欲望，并和他人进行比较，一旦欲望得不到满足，一旦觉得在某些方面感觉“不如”别人时，你就埋怨，就会感到幸福感少，而实际上人的需要是比较容易得到满足的，而欲望往往是不容易满足的。比如，穿衣服，不甘于穿这个了，要穿名牌，名牌低一点的还不行，要穿更高牌子的。欲望是很难控制的，所以现在幸福感降低了。我们一定要对自己满意，有幸福感，这是心理健康的一个标准。

“二是人际关系和谐。并愿意不求回报地帮助他人，要与接触到的各种人和睦相处。”这里要注意“不求回报”几个字，如果你帮助别人只是为了得到回报，那不是帮助别人，而是投资。比如，有些父母对孩子过分关心，最后感叹到：我关心他关心到这个地步，他怎么这么对我，有必要吗？那么，你是真正关心他吗？这是在他身上投资。

以上是我提出的两条心理健康标准，合适不合适是另外一回事。作为一个心理学工作者，必须提出一些有操作性的标准来。

另外，现在我们对心理健康往往有一个误解。我们心理不健康了，想到找心理咨询师调整，需不需要呢？当然这是很需要的，这种咨询我们叫健康咨询。但是只有健康咨询是不够的，比这个更重要的是预防。我们讲身体疾病最主要的是预防，心理也是一样的，也要预防。心理健康问题产生的原因之一就是我们对自己不了解，每一个人的年龄发展阶段上的心理特点是不一样的，父母不了解孩子，甚至孩子自己也不了解自己，所以咨询有两种咨询，一种是健康咨询，一种是发展咨询，但是发展咨询一直没有被社会重视起来。比如这个年龄阶段的孩子，其心理发展特点是什么？很少有人咨询过。我讲科教兴国，科学跟教育连在一起，但是教育本身的科学含量是比较少的，教学还好一点，教育本身的科学含量是很不够的，希望大家注意这个问题。

首先讲一讲人生发展阶段，中学、高中、大学我们就合在一起讲了。先讲一讲初中。初中生一般 14 岁左右就有一个青春反抗期，16 岁进入拐点，19 岁恢复正常。青春反抗期伴随着生理的成熟。什么叫“青春期”？青春期实际上就是性器官发育并成熟的时期。了解这个定义很重要。我们中国人有一个习惯，一提起性、性器官似乎会觉得不好意思，但这明明是个很科学的问题，不重视这个问题，甚至有意回避是会出事的。我现在把这个问题公开地、科学地给大家讲一讲。所谓青春躁动期，就是性器官成熟了，很多人会躁动不安，这些都是生物学的知识，我不想讲太多。生理成熟了，个子也长高了，比父母高了，男孩子的男性特征也就表现出来了；性器官成熟了，女孩子的女性特征也表现出来了。但是他们经验不足，还没有独立的经济基础，成年人把他们当小孩看惯了，现在仍然把他们当小孩看。但是他们现在已经独立了，想让大人把他们当大人看，可是大人仍然把他们当做小孩看待，他们要求摆脱大人的束缚，这就是青春反抗期。对于青春反抗期，大家也不要害怕，在这个时期要加强沟通，但是他们什么话都不愿意跟父母说，而愿意跟朋友说，跟朋友说也行，也没有什么不好的，但是大的方面家长要了解他们，但不必要每一个细节都了解，别想控制他们。

青春期各种本能冲动高涨助长了青年统一性危机，另外，这一时期青少年身体发生急剧变化，他们总是花很多时间对镜左顾右盼，或者耗费不少时间整理自己的仪容。家长不要嘲笑他们，这是很自然的现象，男孩、女孩都如此。我们一般认为女孩比男孩更愿意照镜子，但实际上不是这么回事。有一个实验，即在某处挂一面镜子，然后偷偷在旁边配录像，最后看谁照镜子照得多，结果最后是男性照得多。男性采取隐蔽的办法照镜子，照得多。所以大家也不要奇怪了，为什么？因为青少年性成熟，他们要取得异性的好感，首先外部仪容就得改变一下，这是很正常的现象。

另外，进入青春期后，人们都急切地想了解自己在他人心目中的印象，是否符合他人的心意，并为自己将在社会中占有什么地位而苦恼，这些都是青春期的特征。这个时候他们要正确认识自己，认识自己在社会中担当的角色，不引起混乱，解决自我统一性的问题。青春反抗期过了，要解决统一性的问题，什么是统一性，统一性就是角色统一，对应角色混乱。每一个人都有不同的角色，青少年时期通常是一个不安定的时期，青少年处在童年和成年之间，面临一个独特的问题："我是谁?"心理和身体的成熟带来新的感觉、新的躯体和新的态度。

"我是谁?"人人都有这个问题。这里有一个小故事。释迦牟尼在修炼的时候，有一个人跑来很不礼貌地跟他说，你这么大本事，你说我是谁，释迦牟尼不讲话，那个人对释迦牟尼说了很多很难听的话，但释迦牟尼就是在那里修炼，他的大徒弟实在看不下去了，但是释迦牟尼一句话也不说，那个人说了很多侮辱性的话走了，大徒弟就问他："师傅，他这么侮辱你，你知道他是谁，你为什么不说呢?"释迦牟尼说："我怎么能知道他是谁？我怎么知道是昨天的他，还是现在的他，还是未来的他？今天的他就不是昨天的他，明天的他也不是今天的他，我知道他是谁呀?"每一个人都在变，这个故事说的就是这个意思。

另外，每一个人在社会中的角色都不一样。例如，一个孩子在学校里、在老师跟前是学生，在同学跟前是同学，在父母跟前是儿子或女儿，如果参加工作了，成了领导，在下属跟前他（她）就是领导，在领导跟前他（她）又是下属。一定要记住自己的社会角色，明白自己是谁，如果连自己都不知道自己是谁，这就是角色混乱了。在父母跟前乱发脾气，乱指责父母，他不知道他是儿子；在同事跟前教训同事，他不知道他是平等的同事；在领导跟前乱发火，他不知道他是下属。角色一混乱，心理一定是不健康的；角色混乱，是很痛苦的，因为社会上没有他的位置，他不知道自己是谁。现场父母都来了，跟你的孩子讲清楚这个道理。

还有个成年早期，成年早期是什么问题呢？亲近感对孤独感。今天我要给大家讲个新的概念，让大家知道什么叫孤独感。孤独感是你个人的行为，是你自己引起的，别人不会引起你的孤独感，自己可以看一看心理学家讲的孤独感及研究的结果。

成年早期的主要冲突是亲近感对孤独感。在这个阶段，个体感到自己在生活中有亲近他人的需要。发展心理学家对亲近感有专门的定义，即指"一种关心他人并与他们同甘共苦的能力"。没有这一条，你永远体现不了亲近感，你永远是孤独的。所以我据此下一个结论：一个从不帮助别人的人，他永远也体会不到亲近感，而只能体验到孤独感。

对有孤独感的人，你给他的东西越多，他越感到孤独，为什么呢？因为他不去帮助别人，违反人性。发展心理学是从人性角度、心理学的角度研究出来的，一个从不帮助别人的人，原来都以为我们应该去帮助他，跟他亲近一点，但实际上越亲近他，他越恨你，所以有一句古话叫做"爱生恨"。例如，父母对孩子特别好，所以孩子最恨的是父母，他认为父母管他管得太多。假如你快饿死了，我给你一碗饭吃，你一定会觉得我是个大好人，我把你领到家里养着你，两天不给你吃好的，你就要骂我了，这就是爱生恨，爱也适可而止。如果你的孩子有这种孤独感，首先要让他知道，那是因为帮助别人太少了；一旦感觉孤独感强的时候，我们就要提醒他：你帮助别人帮助得太少了，你只要一去帮助别人，真心实意不求回报，就一定会体会到亲近感。这是西方心理学家下的结论。我们东方智慧家也说过这个问题，老子说过一句话，即"己以为人己愈有"，意思是"我越帮助别人，我自己就越丰富"，也就是说我为别人做事，为别人做得越多，就是为自己做得越多，因为为别人做的事就是自己要做的事。有很多事情，你帮助了别人，替别人效劳了，你就赢得了信任，赢得了友谊，可以说，你得到的信任比你付出的更重要、更高一级，是更美好的东西，同时你也就体会到了亲近，再也不会感到孤独了。中西合璧，中西文化在这一方面完全合璧了。

所以，当你有孤立感的时候一定要去帮助别人。当你孤立感强的时候，就是提醒你要帮助别人了。所以，帮助别人收获的不仅是别人，还有你自己，你体会到了亲近感。父母希望我们每一个人都有这个头脑，将这一点记得清清楚楚，你就是幸福的人。

此外，还要了解自己的行为人格特征。行为人格特征可以划分为三种类型，即 A 型人格特征、B 型人格特征、C 型人格特征。这与血型不是一回事。A 型人格特征的人，有强烈的成就努力，竞争性强，说话元气旺盛，易动癖性以及有时间紧迫感，这种人事业上容易成功，爱争强好胜，但是带来的副作用就是易得高血压、冠心病，看看自己周围的人，不少有高血压、冠心病的，心情都比较急躁。世界上所有的事情都是两面的，有好的，也有不好的。

B型人格特征的人，主要是悠闲自得，不爱紧张，一般无时间紧迫感，不喜欢争强，有耐心，能容忍。这种人事业上不太容易上进，当然也有上进的，但是这种人身体还是很健康的，身心健康。

C型人格特征的人，不表现出愤怒，把愤怒藏在心里并加以控制；在行为上表现出与别人过分合作，原谅一些不该原谅的行为，生活和工作中没有主意和目标，不确定性因素多；对别人过分有耐心；尽量回避各种冲突，不表现出负面情绪特别是愤怒，屈从于权威。这种人总是往后退缩，但群众关系好。我们单位有一个人，他告诉我，他是典型的这种人格，只要选劳模，只要是群众投票选的，不是领导任命的，他一定比第二名高出一大截来，我都不敢找他帮忙，你找他做一件事情，他一定能够为你做三件事情，那个人太好了。

还有一个内向型和外向型，在不做心理测试的情况下我告诉你们一个判断方法，让这个人跟陌生的聊天，比如说跟我聊天，聊5～10分钟，聊完以后，你问他：你今天跟吴老师聊天，有什么体会？有的人说：别提了，我的眼睛都不敢看他，我的头都没有抬起来，手都不知道往什么地方放。那么，这种人过度关注自己，偏向于内向性的人。有的人说：我看吴教授头发白了，讲话挺有神气的。那么，这种人关注别人，偏向于外向型的。这种判断会有一定参考价值的。外向型和内向型大家注意一下。内向型的人，没有必要让他交太多的朋友，但是也不可能没有朋友，圈子小一点就可以了，但是绝不可能孤独一人，那样是绝不可以的。

第二次世界大战以前，心理学家承担着三项重要的使命：治疗精神疾病；帮助健康的人变得更幸福和更多产；发挥人的潜能。然而很不幸的是，直到现在心理学还是停留在更多关注治疗精神疾病，使不健康的人变健康这个阶段，这是大家所熟悉的，而后两项却很少有人研究。当然，也有研究的，比如，几年前美国就出版了一本书——《积极心理学》，讲的是怎么正确看待一个人，从积极眼光看待一个人。我给大家一个积极心理学的忠告，即要改变以往的观念，不要只看到小孩的缺点或不足，这是摧毁人性的，对教育也很不利。

心理调节以自我调节为主——针对问题。心理健康的调节手段有很多，其中改变自己的认知方式是调节心理健康的重要方式之一。

大家都知道唯物论、唯心论，而真正对人起作用的，不是现实世界，也不是你的主观世界，而是心理现实。什么叫心理现实？我给大家举一个例子，比如，这个玻璃杯，你怎么看？大家可能会说：不就是个玻璃杯吗？但我跟你们的看法不一样，这个杯子跟了我5年了，它能装多少水，水烫不烫手，保温多长时间，我都知道，跟你们了解的不一样。另外，如果让生产玻璃杯的人看这个杯子，他会说玻璃杯的型号和特点；让生产茶叶的人看，他说的会是喝什么茶叶、泡什么水等。同一个杯子，不同的人有不同的看法，这就是心理现实。心理健康与否，与心理现实有很大关系。

我给大家举个例子，是关于宋朝词人柳永的。对宋词感兴趣的人可能就知道，柳永的词填得挺好的，但是柳永这个人不安分守己，填词填得不想填了，想当官去，他托人给皇帝说。那个人跟皇帝说，柳永不想填词了，想当官，皇帝能不能给他一个官职，皇帝读了柳永的词，觉得这个人就是填填词，什么也干不了，让柳永还是填词去，当个填词人吧。如果你是柳永，你会怎么想？你是不是可能会想“糟糕了，官当不上了，我这一辈子算是完了，我怎么这么窝囊，谁也看不上我了”？但柳永的本领很强，他在很短的时间内恢复过来了，此后他在填的词后面加了几个字：御批填词人柳永。柳永心想：皇帝说我柳永还是填词去，做个填词人吧，那我就是御批填词人了。从此以后，他每一首词都写上御批填词人柳永，他的词一下子就发扬出去了。同一件事情，如果按照前者所想的，就可能一塌糊涂，从此一蹶不振；而按照后者，就会高兴起来了。所以，任何一件事情，不同的人有不同的看法，结果好坏关键是看我们是否采取很积极的心态来看待看似很消极的事情。我自己也遇到过这样的事情，下面给大家举个我自己的例子。

我曾经在东北长白山采过煤、当过老师，我的爱人从那里调回北京后，1974年北京人事局也批准我回来了，但当地人却不放我走，要知道从长白山那里回到北京，是一个什么样的变化，可领导就是不放，没有道理可讲，所以我当时的心情非常糟糕，心情很抑郁的，成天浑浑噩噩，几个月都没有缓过来。可是四年后（1978年），国家招考研究生，给我带来了很大的机遇。因为一方面由于想回北京，这给我带来了很大的动力，而如果当时就调回北京工作，就满足于当时还能过得去的日子，我可能就没有这么大的动力，也不一定参加考试了。另一方面多年来我养成了学习的习惯，坚持学习，所以也就考上了中国科学院心理研究所的研究生。你说这是好事还是坏事？如果当时我回来了，可能就没有动力了；可是让我留在当地我的动力就起来了，结果我考上中国科学院研究生了。所以，古语说，祸兮福所倚，福兮祸所伏，是很有道理的。世界上没有绝对好的事情，也没有绝对不好的事情，关键看你怎么看。

那么，怎么进行个人调节呢？首先，要了解自己，通过他人了解自己，了解自己不同人生发展阶段上的不同特点。可以通过家长、老师或同学了解自己，但通过他人了解自己千万不可以跟谁都说。几个好的朋友之间可以互相了解一下，跟好朋友聊几句天，听他的言谈话语，看他的神态就可以大概知道他的看法，这是项技能，是个人能力，是人际交往能力，希望大家也了解一下。一定要了解自己，了解自己处于什么年龄阶段，以及这个年龄阶段有什么特点，有时候可以看一看心理学的书，后来很多人让我给他们推荐心理学的书，我很苦恼，概不推荐，包括媒体也让我推荐过，我概不推荐，为什么呢？现在社会上的图书状况比较乱，良莠不分，真的好书被淹没了，我没有时间清理，所以我概不推荐，这得靠你们自己的一双慧眼了。

其次，增长与他人交往的知识。与他人交往，向他人倾诉，现代社会是一个信息社会，信息可以从网上得到，但更多的是要跟别人交往，不能把自己封闭起来。我们当学生时有一种情况，即如果说“这个孩子真老实，从不跟别人讲话”，这在当时是好的观点，但在现在看来却并不是一个好的观点。从来不跟别人交往的人，知道的信息量就少。我们不要去打听别人的隐私，不要交谈这些，可以交谈一下各自对当前形势的看法，对这个社会各种各样的热点问题的一些看法，发表一下自己的意见，互相切磋一下，然后互相提醒一下。一定要交往，包括跟自己的父辈交往。青春期以后，不要认为小孩看不起自己的父母了，孩子是愿意跟父母沟通的。对于父母，我们应该知道，孩子不是不愿意跟你沟通，而是因为我们家长现在对孩子控制太多。十几年以前，《健康报》问我怎么教育孩子，我说：六个字——多指导少干预。什么叫指导？他不知道该怎么做，你告诉他怎么做，这叫指导。什么叫干预？一件事情有三个方法或五个方法，他选取其中一个方法你不让，而非得把他做的事情纳入你自己的轨道，这就叫干预。与老师等比自己年龄大的人相处都有好处，跟年龄比你大的人相处，你可以得到更多的知识，但是这可能会使你的人格、性格成长缓慢。比如，我上学当时比一般人早，尽管学习能跟上去，但在其他方面，如与他人交往，对班级的贡献等方面都很不尽如人意，总是处在集体的边缘。在整个学习期间，知识倒是学了不少，但心理发展不够成熟，以后尽管自己注意到要往这方面发展，也取得了一定的进展，但整个是不尽如人意的。如从小到大我就不会主动关心别人，总是等着别人来关心我。所以童年期决定终身，这并不是理论上的词汇，我自己就是一个很好的例子。所以也要跟你的同龄人交往。总之，只要是合理、合法的，就要跟各种各样的人交往，一定要交往。

再次，承认现实，尊重现实，通过努力局部改变现实。这个很重要。刚才讲的柳永的例子就是这方面最好的例子。现在社会上的“拼爹”现象很严重，这绝对不好，绝对是一种腐败的事情，但是我们能管得了吗？你管得了吗？你天天骂，就不拼爹了吗？你与其有这个骂的功夫，不如多学习增加自己的知识与本领。

今天我来给大家讲课之前，还看了一篇文章，是一个澳大利亚人写的，他没有手、没有腿，怎么坚强奋斗呢？他最后提出，我们首先要重视的是解决方案，而不要纠缠在问题上。说到“拼爹”，也有不“拼爹”的。我给大家举一个例子，靠自己的本领上去的例子。

那一年，江苏如皋有一个高中毕业生高考写作文，写的是有关环境保护的，但他是用古文写的。一个十七八岁的孩子用古文写的作文，在批卷时，这下麻烦了，阅卷老师看不懂，于是逐级便提交到省里一所大学中文系古典文学专业的主任手里。这个主任很坦然说：我也看不懂。他查字典，查了以后，写了 4 页纸的批注，最后看懂了。他当时说：写得太好了，比我的水平还要高。这位老师敢于讲这句话，就证明了他心胸坦荡，光明磊落，是一个自信心很强的人。我自己的古文也还算是可以的，但是这篇作文四五百字中将近 100 字我不认得。让这个考生自己把这篇古文翻译成现代文，挂在网上，我这才看懂了。写的就是好，古文句句扣题。最后他的分数过了一本分数线，国内某一名牌大学看中了他了，该大学中文系古典专业想要招收这个学生，但他说：我的兴趣不在学古文，我的兴趣是学理工，我报的是理工学，我报的是东南大学建筑系，我还是学东南大学建筑系吧。东南大学一听，非常高兴，于是大学党委副书记副校长到他家去，亲自给他颁录取通知书。这个靠“拼爹”能拼得来吗？对于“拼爹”的，你发牢骚的功夫，还不如学一点东西，学一点一技之长。要承认现实，尊重现实，通过努力逐步改变现实，通过你的努力不是可以逐步改变自己吗？伟人改造环境，聪明人利用环境，柳永就是一个聪明人，他利用环境，我们一般人要适应环境，只有极少数不符合时代的人一天到晚发牢骚，不去改变自己，发牢骚永远改变不了自己，这一点非常重要，希望我们每个人都做好这件事情。

最后，不可追求完美。今天我在这里给家长说一句话，我们不能以完美标准要求孩子，我跟老师也讲得很多了。为什么不可追求完美，因为世界上根本就没有完美，完美是出自文学家的笔下，写诗歌，写散文，激动人心，好得不得了，但那是高于生活的东西，我们不能太当真，太当真你自己就痛苦了。追求完美是心理不健康的重要因素，我们只要把一件事情做得比较好、比较令人满意就行，下次还有提高的空间。其实，对于一件事，留有遗憾也并不完全是不好的事。记住，遗憾就是你以后活动的动力，面面满足，你就什么动力都没有了。

我在杂志上看到一个很有意思的故事，英国有一个18岁的小伙子摸彩票，中了500万英镑，5年以后23岁却自杀了。他自杀前写了一张纸，纸上写道：没有什么比你要什么有什么，能够得到一切东西，而没有生活目标更可怕的事情了。

千万不能太满足孩子，满足孩子的基本需要后，让他自己去闯，他有奋斗目标。什么都给他，得来全不费工夫，孩子没有生活目标，就要出事了。对于现在的高考，要不要拼高考？要拼，否则会失去有可能进入社会更高阶层的机会，但我也提醒大家一句，70%的工夫要用来拼高考，但一定要有20%～30%的自由的时间，从事你感兴趣的事情，这样你考上大学以后就会很幸福，因为你有了目标（你感兴趣的东西就是你以后的目标）一定要有自己的目标，并且目标是可以改正的。为什么很多人到大学以后很不幸福，有的甚至跳楼自杀了？原因很复杂，但失去生活目标也是其中一个不可忽视的因素。因为从小学到高中，他们就知道要上某某大学，别的什么都不考虑，等到真的考上了，对于上大学要干什么却一点也不清楚，无所作为，变得很痛苦。所以，不要追求完美。

我之前看中央电视台的节目，看到一位女士大概是劳动模范评上全国第一名了，很不错，但是这个人不能正确对待，她在电视里跟观众信誓旦旦地说：我这次得了第一名，以后就不允许自己再有别的名次了。话讲到这个地步还了得吗？因为取得这么高的成就，除了自己努力外一定会有某个客观的因素帮助了你，正如《红楼梦》中的词写的："好风凭借力，送我上青云!"但是后来没有这么个"风"，你没能再得第一名，这是很正常的，那该怎么办？你是上吊自杀，还是当祥林嫂，还是骗观众呢？这一点我们一定要注意。

父母千万不能以完美要求孩子，我给大家举一个我心目当中一个教育家的例子，哪怕这位母亲是个文盲，我也认为她是个教育家，她对自己儿子的爱，真是一种伟大的母爱。她的孩子很淘气，淘气到什么地步？幼儿园开会，幼儿园老师说她的小孩有多动症，最多只能坐三分钟，实际上这个男孩没有多动症，只是比较淘气罢了。她回到家后，孩子问："妈妈，老师说我什么了？"这位母亲说："老师表扬你了，说你能坐三分钟了，我相信通过你的努力，还能够坐更长的时间。"小孩听了特别高兴，晚上多吃了一碗饭。

上了小学这个小孩倒数第二名，开家长会，老师又批评了，最后回到家，孩子问："妈妈，老师说我什么呢？"这位母亲说："老师说你不是全班最差的，对不对？倒数第二就不是全班最差的，我相信通过你自己的努力，能够赶上你的同桌，全班第 22 名。"到了初中这个孩子又是淘气得很，最后老师给她的结论：你的孩子不可能考上重点高中。母亲回来，孩子又问她："妈妈，老师说我什么？"母亲说："老师说通过你自己的努力，一定能够考上你满意的高中的。"这位母亲真是一位伟大的母亲。后来孩子慢慢懂事了，最后高中考上了清华大学，拿到清华大学的录取通知书，这个孩子才哭了，说："妈妈从小就知道我是个什么孩子，我都清楚得很，就是因为你一直鼓励我，一直让我奋进，我才能有今天的成绩。"我们倒过来想一想，假如每次家长会后母亲都批评他、打他，以后他可能会一事无成甚至步入歧途。所以说，世界上不可追求完美。

出现任何生活负面事件时，首先要考虑到事件能产生的最坏后果，再做最大的努力去弥补。我们日常生活中讲，千万不能把什么事情都往好的地方想，这里有个心理学实验，这个实验是怎么做的呢？我们刚上大学的时候，觉得这个实验很有意思，即两个盒子，一大一小，小的正好是大的二分之一，形状都一样，但质地不同，而肉眼是观察不到这种差异的。这两个盒子顶端都有一个钩子可以挂在手指上，以比较大盒子和小盒子哪个重。实验的第一步是在眼睛看着的条件下，掂量轻重，在这个条件下100%的人都说是小的重。第二步是把眼睛蒙起来，不让你看到，问是大的重还是小的重，这是就是随机了，有的说是大的重，有的说是小的重。根据统计结果就是基本一样重。因为这两个盒子就是一样重，为什么在眼睛看着的情况下100%的人都说是小的重呢？这是个心理定势的作用，我们的眼睛看到的两个盒子不一样大，正好小的是大的二分之一，又看到外观上什么都一样，我们做这个准备的时候，一定觉得大盒子是重的，一定是有这个心理准备的，但结果一挂下来，一和小盒比较，那我们肯定觉得大盒子轻，小盒子重了。这个实验就是告诉我们心理定向、心理准备给大家带来的结果是不一样的，正因为这样，对待生活中出现的负面事件，如考试不合格、车祸等，首先要考虑到事件能够产生的最坏后果，再做最大的努力，如果出现了比预料好的结果，我们就很高兴；相反如果你先往好处想，一旦坏的结果超出你的预期，给你的打击将会非常大，希望大家任何时候都要做到这一点，先做最坏的打算。

在合适的环境中进行感情的宣泄，哭、骂、摔些价值不高的东西，要有这个过程。不能不宣泄，但要在合适的环境，不能开会的时候、上课的时候乱喊乱叫，那是不行的。现在的心理咨询室中，有的地方已经有宣泄室。我曾经到一个地方的监狱去讲课，监狱里让我去参观，有很完善的沙盘，有宣泄室，一部分服刑人员也可以去宣泄一下，一部分警察也可以去宣泄一下。另外，不要轻看哭的作用，哭对人的健康很有好处，女同胞可能很有体会，为什么呢？心理咨询其中一个作用就是让你宣泄，让你说，说了哭一通，眼泪一擦，尽管问题没有得到解决但心情舒服多了；男士也可以哭，俗话说“男儿有泪不轻弹，只是没到伤心时”，就是范围少一些，不要经常哭，偶尔可以哭一哭，宣泄一下。此外，眼泪还有个好处，眼泪中分泌的免疫物很好，眼泪里面有很多免疫的化学物质对人的健康很有好处。一定要注意该哭时哭，该笑时笑。

学习情感的转移、升华。比如，假如你失恋了，感情压抑得很，这时候你可以学一门技术或者学书法来转移情感。居里夫人就是最好的榜样。居里车祸去世了，居里夫人压抑着巨大的悲痛，继续进行实验，第二次获得诺贝尔奖，成为世界上少数几个两次获得诺贝尔奖的科学家。第二次获得诺贝尔奖是她感情升华的结果，所以我们要进行感情的升华，做自己感情的主人。

如果真有问题的话，可以适当去看一看心理咨询师，但是自己能调节的时候，尽量自己调节。我到外面去讲课，有人提问说："吴教授，你自己学习了一辈子的心理学，现在又是心理咨询师、培训学校的校长，你有心理不健康的时候吗?"我说："很简单，我首先是一个正常人，一个正常的人一定有心理不健康的时候，我跟你们不一样的地方就是，第一我比较了解自己，同时我具备一些调节的知识，可以给自己进行调节，这样我从不健康的阴影中走出来的时间要短一些。"一般来说，人的情感是有周期性的。我有时就跟与我接触较多的人说："最近我心情不好，可能要发火。"这样他们就有精神准备了，一旦我发火，周期来了，他们不理我就行了。月有阴晴圆缺，人有悲欢离合，人总有高兴的时候，也有不高兴的时候，了解了就清楚了。

前面讲的是我归纳的，后面是香港的一个临床心理咨询师讲的，临床的更可贵一点。这就是要去看和听现在在这里的事物，而不是是沉溺在应该、曾经或将来会发生在这里的事物中。就是要活在当下，不要过分关注过去怎么样、未来怎么样、应该怎么样。要表达自己当下的感受和想法，而不是考虑应该如何感受和思考，没有什么应该不应该，有一些想法、行为以后，要考虑其是否符合法律标准、是否符合道德标准，就是考虑这个事情。

有这么几句话，一是"百善孝为先，原心不原迹，原迹贫家无孝子"。百善孝为先，孝顺老人，看你有没有这个孝心。家里穷，有一块豆腐给老人吃，就是有孝心，这个叫做原心不原迹，不论你的行为；富人家吃大鱼大肉，却把一块豆腐给老人吃，就是不孝顺。同样是一块豆腐，在贫家吃不上的时候给老人一块豆腐就是孝顺，所以原心不原迹，"迹"就是行为。二是"万恶淫为首，论迹不论心，论心世间少完人"。看你在这个方面有没有做坏事，至于你怎么想的，不要苛求别人，如果一旦想都不让想了，那么世间就没有完人了。

所以我们也是，你自己表达你自己的想法，而不是考虑你应该如何感受和思考，只不过你的行为要考虑法律、考虑道德，这个要注意。体验自己的感受，而不是应该有的感受，现在有什么感受就是什么感受，就是尊重现在，要求自己需要的，而不是等待别人的许可。自己要去承担风险，打破安逸，而不要只会选择安全，该闯的闯，要有一定的闯劲，尤其是男孩子，父母不要呵护得太多。

这里家长和教师要注意，教育学生一定要以表扬和奖励为主，以批评和惩罚为辅，因为表扬和奖励对学生的健全人格起到了十分重要的作用。中国人不太善于表扬，认为一表扬就落后，一表扬就骄傲，骄傲了就落后，其实这是错误的，表扬和落后之间没有任何联系，之所以会出现那种情况，是因为第一，你不会表扬，会表扬的话，会起到很好的作用，我前面举的那位母亲的例子就是很好的例子，希望大家一定要记在心里。另外表扬以后后续工作没有跟上。《积极心理学》中讲："养育孩子并不是纠正他们的弱点和错误，而是要认同和培养他们的力量，包括用以改善自己缺点、像大人一样的意志。"积极心理学的基本前提："人类的优点和长处与缺点和脆弱一样真实。过于关注那些脆弱的方面会使我们忽视人类做得好的方面，从而导致看待人类的角度出现偏差。"这些话都是非常重要的。但我们必须注意，表扬一定要实事求是，千万不可不负责任地说恭维好听的话。研究证明，表扬没有做到实事求是，反倒容易培养孩子不诚实的行为。

前苏联教育家苏霍姆林斯基说："教育技巧的全部诀窍就在于抓住儿童的这种上进心，这种道德上的自勉。要是儿童自己不求上进，不知自勉，任何教育者就都不能在他的身上培养出好的品质。可是只有在教师首先看到儿童优点的那些地方，儿童才会产生上进心。"

但是有的缺点也是不容易改变的，缺点和优点是一个矛盾的两个方面，二者是对立统一，相互存在的，没有缺点就无所谓优点，没有优点也无所谓缺点，所以我们这里不过分强调改正缺点。我给大家举个例子。孔雀开屏大家都觉得好看，是不是？但是孔雀开屏的时候也是孔雀最丑陋的时候，为什么？因为孔雀开屏的时候是露着屁股的。所以，一个人只看到别人的缺点，而看不到别人优点的人，就犹如孔雀开屏专门看屁股一样，一定是个心理阴暗的人，要退避三尺离他远一点。

还有几分钟的时间，我给大家举一个我们大家崇拜的文人，起码我是很崇拜他的，即苏东坡的例子，讲一讲苏东坡在逆境中怎么适应环境，丰富自己生活的。苏东坡改变了宋词小家碧玉的风格，把词推向非常浩瀚的大情境中去，如"大江东去，浪淘尽，千古风流人物"已经改变了"凄凄惨惨戚戚"的小局面。但是他这个人一生很不得志。他在年轻的时候，也是比较张狂的。大家知道有这么一首诗，"稽首天中天，毫光照大千。八风吹不动，端坐紫金莲”，意思是苏东坡觉得自己修炼得很不错了，于是他把这首诗写给他的和尚朋友佛印，佛印也毫不客气，写了两个字让其家人送回来，苏东坡一看气坏了：佛印写了“放屁”两字，苏东坡心想“我写得这么好，你竟然说放屁”。于是第二天他找佛印理论去了，过江去了以后，佛印没有见他，就把这首诗写到前面，改了一句话，改为“稽首天中天，毫光照大千。八风吹不动，一屁过江来”。佛印说因为他讲“八风吹不动”，我写个“放屁”，他就受不了，就跑过来找我了，所以我改成“一屁过江来”。所以苏东坡讲，他自己还没有修炼好，继续修炼。

下面我再讲个故事。苏东坡是欧阳修的晚辈，在苏东坡年轻的时候看到欧阳修写了一首词，觉得欧阳修对自己评价过高，具体是欧阳修写诗道：“书有未曾经我读，事无不可对人言。”意思就是“尽管我读了很多书，但也有很多我没有读到的书”。苏东坡一看，心想戏弄戏弄这个前辈吧，苏东坡参加应试，欧阳修是面试官，苏东坡在考试的时候，侃侃而谈，还不断引经据典，而苏东坡引的这些典故欧阳修都没看到和听到过。后来将苏东坡收过来以后他们俩成为同事，于是欧阳修聊天问他：“小伙子，你怎么看了这么多书，这些话是从哪儿来的？”苏东坡说：“想当然耳。”即是他自己说的。他用自己的话把欧阳修给“涮”了，欧阳修又跟苏东坡接触几次以后，决定不再理他了，说不能与此厮再见面，可能是欧阳修觉得因为他学问太高了。不过苏东坡还是很尊重欧阳修的，他曾把欧阳修写的一些文章恭敬地用楷书抄录下来。

但是到了晚年，苏东坡是怎么改变的呢？我们读一首词《水调歌头·明月几时有》，其前面的引子是“丙辰中秋，欢饮达旦，大醉，作此篇，兼怀子由”，“兼怀子由”就是想念他的弟弟，他的弟弟不在身边。我们一般人团圆的时候，一般是这么想的：这一杯酒祝我的弟弟身体健康，他要是在身边就好了，我总想念我的弟弟。而苏东坡的感情是“不应有恨，何事长向别时圆，人有悲欢离合，月有阴晴圆缺，此事古难全”。我们在欣赏苏东坡这首词中脍炙人口的名句时，不要忘了这些名句的背景，所以要学习他这种浩大的胸怀。

你看他的一生：贬宁远军节度使，惠州安置，居三年泊然无所芥蒂。又贬琼州别驾，居昌化。因为他反对王安石变法，皇帝把他弄到监狱里，最后要杀头，是谁救了他？还是王安石救了他，这确实是文人惜文人，我们不管他的政治态度如何。苏东坡在这种被贬的情况下，看他是如何适应自己所出的环境的？京城的官贬到宁远，想吃肉，不买肉给他，而买羊骨头给他，但他面对生活不躲避，动脑筋想着怎么把这个羊骨头做好吃了，最后竟吃出个羊蝎子出来。书法能表现一个人的心情，有一幅书法大概是"寒食帖"，是苏东坡写的，他当时的心情悲愤得很，刚开始字写得不大，最后写得不由自主，字越写越大，后面的字是前面字三倍之大，足见他那时的悲愤心情。可是在这种情况下，他竟能够把生活处理得这么好。后来被贬到惠州去，尽管也有人看不起他，可是他跟当地老百姓相处得很好。苏东坡对饮食还是很认真的，最后发明了东坡肉。东坡肉很好吃，怎么来的？带着眼泪来的，是苏东坡在一贬再贬，悲愤不得志的情况下做出来的。他大概在这个地方写了一首诗，诗的意思说他一天能够睡到五更天，睡到五更天以后，打更的这个人，不敢太大声，怕把苏东坡惊醒了，而轻轻地打，他的这首诗后来传到了京城里，他的政敌一看他生活得这么好，睡得这么香，又把他贬到海南去了。苏东坡在海南继续他的生活，又发明了东坡肘子。苏东坡的人生经历难道不值得我们认真思索的吗。

另外再说几句"尊严"，每一个人都有尊严，《现代汉语词典》中对其的解释是"尊贵庄严；可尊敬的身份或地位"。这是从人文角度下的定义，可是从心理学的角度来看没有任何可操作性，解释得不具体。我从心理学角度为"尊严"下了一个具有可操作性的定义，不管是否合理，我认为尝试一下还是可以的，即能理性、平和地对待各种人和事，展示着自己文明、有道德、有修养的姿态，不求回报地帮助他人，获得了他人的尊重。

最后，奉劝家长几句，孩子与异性相处的时候，最好慎用"早恋"这个词，因为它不是一个很科学的概念，很难界定。此外，要做细致的工作，不可采取生硬的态度和手段，否则容易出现各种意想不到的问题。社会心理学中有一个罗密欧朱丽叶定律，即年轻人谈恋爱，外界干预，想拆散他们，他们就更容易在一起，这叫做罗密欧朱丽叶定律。爱情心理学中有一个概念，即挫折吸引力，意思是在恋爱中的伴侣受到外界干扰或外界强烈干预时，恋人们在感情上会变得彼此依赖，他们会重新作出安排，把自己和爱人的联系作为每天需要优先考虑的事情，但分开的时候会感到分离焦虑。大多数人对他们的恋爱感到强烈的移情作用，许多人宣称他们甚至可以为爱人去死。所以，大家处理这种事情的时候一定要慎重，只能智取不可强攻。

还有一个概念，即爱情的驱动力。我们以前把爱情当做一种情感，其实从它是一种驱动力。情感是可以控制的，而驱动力几乎是无法控制的。浪漫之爱是一个动机系统——一个基本的交配驱动力。驱动力为一种神经状态，它能激发和指导行为获取特殊的生物需要，进行生存或繁殖。所以年轻人如果走到这一步，我们只能智取不可强攻。

对学生而言，在和异性交往时要了解权利、义务和责任之间的关系。无论什么时候谈恋爱是权利，但任何权利都要与责任和义务联系起来，如果不能承担责任和义务也就不存在这种权利了。所以处理好这三者之间的关系再从事相应的活动才能做到身心健康。

今天就讲到这里，谢谢大家。

中国极地科学考察

全开健

安徽和县人，回族，1953 年生。职业书画家、摄影师，科普作家。1987 年毕业于安徽师范大学美术学院，现为中国科普作家美术委员会委员，中国海洋学会科普推广与咨询部主任，中国书画家联谊会会员，北京传统书画研究会副会长，专职从事海洋科普工作 30 余年，编撰和组织编撰科普图书多部，其中《走向海洋》科普丛书获国家图书奖提名奖、《图说海洋知识》获全国青少年优秀图书二等奖等多项奖项。多年来，主持或参与国内外大型展览的设计共 14 次；创作设计画册、图书封面 200 余册；在《人民日报》《光明日报》《中国国家地理》《书法之友》《中华盛世》《大自然》《海外文摘》《海洋世界》等报刊发表摄影、绘画、书法作品数百余幅。

Tong Kaijian

仝开健

很高兴在这里能和同志们交流一下我国极地考察的一些情况。我很荣幸地在2004年参加中国第21次南极考察和2012年参加第5次北极考察。我为什么说荣幸呢？这两次考察都非常有意义。这次在南极考察是我国第21次南极考察，我国13名勇士登上南极Dome A的最高点。这是人类第一次登上南极的最高点。我就说他们和杨利伟一样都是英雄。这是很有意义的，而且时间是最长的。我们那次去的是一船两站，中山站和长城站都去了，五个多月的时间，一般四个月的时间。然后2012年的第5次北极考察也是很有意义的，也是时间最长的。因为我们在北半球，到北极的时间比较短，我们那次考察是三个月的时间，前四次是两个月的时间。为什么说这次有意义呢？这次是我们国家第一次通过白令海峡，穿过北方航道到达大西洋，到冰岛国。从地理上看，以前我们要到大西洋去的话，要从好望角、印度洋那边绕过去，就是绕得很远，这是我们第一次通过走北方航道，从俄罗斯的领海通过，这是很有意义的。

我今天就结合我自己的亲身经历给大家谈四个问题：先简单介绍一下南北极的基本自然属性和自然习惯，然后讲一讲我们国家对南北极考察的意义，也就是说我们为什么要进行南北极的考察，第三点我想对我们极地考察有个大体上的回顾和我们站在什么地方，第四点展望一下今后我们国家如何开展极地科学考察，最后谈一谈我的一些亲身感受。

极地作为地球系统重要的组成部分，人们逐渐认识到它们作为地球最重要的能源和热汇，支配和调节了全球物质和能量的运输交换，对于全球气候与环境演变产生了举足轻重的影响。尤其是几十年来，在全球变暖大背景下，极地环境正在发生急剧的变化，由于这个变化对全球气候和环境产生巨大的影响，已引起世界各国的普遍关注，并由此进一步促进了极地环境科学的考察兴趣。我国以政府行为进行南极考察是在

1984年。

下面讲一讲南极的概念。南极的总面积是1400万平方千米，平均海拔2350米，常年冰雪覆盖98%，就是说南极的冰占全球冰的90%，平均厚度是2450米。大家知道南极的极点是地球的自转轴与地表结合的地方，在南纬的66度33分以内是南极圈，我们现在在南极有三个站，其中有两个是在南极圈以内，我们的长城站是在南极圈以外。南极有极昼和极夜，就是我们在夏天的时候大概有三个月的时间，基本上都是白天，图1就是我们在南极拍摄的极昼太阳轨迹。到南极冬天的时候，它是有三个月的极夜，就是24小时都是黑天。

图1　南极夏季极昼太阳轨迹

南极是三无大陆：无领土主权归属、无土著居民（人们都是各个国家的考察队员）、无高等植物（在南极圈以内基本上没有植物）。有三大冰架：罗斯冰架、融尼冰架、艾默里冰架。

南极有四最：冰层最厚（上千米）、陆地最干燥、气候最冷、风速最大。这个是冰山，这个冰山的下面要比水面上的大得多，大了五倍（图2）。南极和北极有区别，南极有冰山，北极没有冰山。因为北极没有陆地，冰山的形成主要是陆地冰原崩溃滑下来的。北极有冰原，南极有冰山，这是南北极的差别。南极是最干旱的，地球上最干旱的大陆，年降雨量50毫米，低于撒哈拉沙漠。另外南极是冷极，南极是地球上最冷的大陆。

图2　南极冰山

在1983年的时候，俄罗斯东方站测它的最低温度是零下89.2℃，内陆最高温度是零下40℃。这是我们在零下40℃进行作业，零下40℃以下，一哈气很快结冰了，那个环境非常恶劣。南极是风速最大的大陆，我们在长城站的时候，长城站有一天夜里突然刮起 12 级以上的大风，然后我们全体队员起来卸直升机的机翼，不卸的话，就刮跑了。暴风雪是经常性的，它能够达到每秒 100 米的风速，是 12 级台风的三倍。

南极基本上没有植物，就是南极圈以外，有一些低等植物，但是动物主要是企鹅。常见的企鹅有四种，即阿德里企鹅、帽带企鹅、金图企鹅、帝企鹅，其中帝企鹅是最大的。还有一些动物如海豹和一些鸟。最多的是磷虾，磷虾很多，但磷虾很小，多数是红颜色的，非常鲜艳（图 3）。磷虾总量在 7 亿～8 亿吨，总量是地球上最大的。另外，南极的矿产中油气储量最大，还有煤、铁、铜，南极大陆架有着丰富的油气资源，21 个海洋盆地的石油储量估计达到 2030 亿桶。

图 3　南极磷虾

南极是最大的淡水资源库。南极 90%以上常年被冰雪覆盖，我们去的时候有的海岸露出来一些陆地，占了全球 90%以上。如果南极冰融化，我们地球的水要增加到 6 倍，那么好多国家，我们沿海的城市也都被淹没了。这个淡水可以供全人类用 7500 年，但是它不可能融化，一万年积累的冰不可能融化。

北极它也是在北纬 66 度 33 分以内的区域，总面积为 2100 万平方千米，陆地和岛屿约占 800 万平方千米，主要包括加拿大、芬兰、冰岛、挪威、俄罗斯等几个国家。北极主要是北冰洋，没有冰山，它不在极地中心点，它还是基本上在北极圈以外，相对来说温度没那么低，积雪不像南极那么厚，气候也没有南极那么恶劣。它的海水占 1400 万平方千米，企鹅是南极的象征，那么北极熊是北极的象征，现在随着北极冰雪的融化，北极熊在逐渐减少。

北极和南极一样，也有极光和极昼。北极绝大部分被冰雪覆盖，冰的平均厚度是 3 米，冬季覆盖海洋总面积的 73%，有 1000 万～1100 万平方千米，夏季覆盖 53%，但是逐年在下降。北冰洋中央的海冰已持续存在 300 万年，属永久性海冰。这个到若干年以后，还能够保持多久？北冰洋面向大西洋，又宽又深，背面开口白令海峡又浅又窄，白令海峡进去，它是低盐海流流经的，相对来讲，结冰的几率大一点。

北极的动植物就多了，因为它是在各个国家，相对来说纬度低一些，主要是海象、北极熊，还有海棠。北极最大的资源是石油和天然气，北极圈地下已发现的油气储量相当于 2330 亿桶的量，已经发现的储量中有 85%为天然气。

格陵兰的冰在融化，到 2090 年，科学家预测在极点有一些冰基本融化，走北方航道现在很畅通，气候变化是真实的，因为我们经过第 5 次的极地考察，北极的冰都在逐渐地缩小。气候变化严重，每年幅度很大，而且气候变化正在进行。

我讲第二个问题，南北极科学考察意义所在，也就是说我们为什么进行南极考察，它的意义就在于极地与人类生存发展息息相关。南极围绕着资源开发与领土主张的竞争，现在还是暗流涌动，而北极大规模的开发与利用已进入了实质性的准备期。

南极是战略必争之地，因为它区域广阔，又没有归属权，同时它是一个难得的科学考察地区，还有巨大的资源价值、独特的地缘价值、不可估量的战略价值。

科学考察从这几个方面进行。一个是南极属于纯洁的自然环境，是南极地区得天独厚的条件，研究全球环境变化必须以南极环境为基准点，南极大陆几千米厚的大冰盖是反演古环境的极好地方。全球气候变化是当今举世瞩目的重要课题，南极地区气候变化是全球气候变化的关键区域和敏感区域。

再一个问题是南极地区的臭氧层空洞，这也是只有南极有，北极没有。它与中国环境的演变也是有很大关系的。南极的存在和演变与中国有着密切的关系，地质学家研究，南极洲及古冈纳大陆的演变对于认识中国的地壳演化、动植物的形成和分布，以及成矿规律都具有重要意义。再一个是南极生态的考察，南极生态系统比较独立，而且基本上保持着原生态，没有人去破坏，这样的话，就为生物学家的研究提供了一个良好的环境基础。

关于南极资源，前面我们也说了，它的铁山可供使用200年，最大煤矿5000亿吨，淡水库占世界储量的72%，磷虾很多，石油、天然气也很多。

南极地区最多的资源是矿产，南极是世界的战略要地，南极大陆未来的开发利用已经成为各国关注的焦点，各国瓜分南极的主张和借口应运而生，目前主要在于夺取南极大陆丰富资源，尤其是能源。各国都是投入巨资支持南极考察，其重要的目的之一就是战略意义，跻身南极，为未来着眼。

我们国家是在1983年加入南极公约国的，但是1983年之前我们国家没有立足之地，所以在1983年堪培拉召开南极条约国际大会的时候，我们没有表决权，但是我们是联合国的理事国，却在南极没有表决权。我们可以参会，但是到了表决的时候，就把没有表决权的国家推出会场，尤其是那一次对中国人的刺激非常大，所以回国以后，很快就向国务院打报告要进行南极考察。1984年我们海军的J121舰和向阳红10号两艘船进行第一次南极考察，建立了第一个中国南极考察站——长城站。

可以看到，实质性存在活动在加剧，美国在南极保持着3000人，我们国家现在有三个站，其中有一个昆仑站，只是入夏的时候去考察，也就是30人左右，美国在南极3000人，它的占有率最多，在南极点就有美国最大的一个站。俄罗斯出台“海洋战略规划”，印度、法国和韩国等也积极筹建新的考察站和考察船，我们国家正在建第四个南极考察站，也在造新的极地考察船。

权益和资源是各国地区考察的核心问题。最先有27个国家在南极建立考察站，最多时达100多个国家，目前有40多个国家常年在南极增加考察站，先后有英国、澳大利亚、智利、挪威、阿根廷、新西兰、法国等七个国家正式宣布对南极地区的领土主权的要求，美国和俄罗斯虽然没有提出来，但都声明不放弃对强化其在南极实质性存在的行动和南极领土要求的主张。澳大利亚、挪威、阿根廷和智利向联合国提出了南极大陆架划界，所以说取得南极事务的国际决策权是国家的神圣使命，我们必须要进行南极考察。

北极是一个自然环境与人文社会相互作用的世界。因为它周边是八个国家，迫切需要开展北极航道、法律、经济、治理、地缘政治及国际极地合作等课题的研究和国际交流。我们 2012 年冰岛交流，同时我们准备在冰岛建一个北极考察站，冰岛准备在上海建一个极地研究中心。

再来看北极的气候变化。近 30 年来全球气候变暖在北极地区尤其明显，过去 100 年间北极的气温升幅是全球平均水平的两倍，北极海冰面积缩小，厚度变薄。据最新估计，北冰洋夏季无冰期可能在 10 年内出现。海冰融化使得极地丰富的油气、矿产和生物资源开发利用的可能性大大增加。据估计，北极地区石油储量达到 900 亿桶，天然气 47 万亿立方米，液化天然气 440 亿桶。北极权益争夺加剧，北极海冰的快速消融和全球能源匮乏加剧了极地权益的争夺。北极的周边，俄罗斯、加拿大、美国和北欧纷纷调整北极的政策，频频制定战略。这几个国家按照联合国海洋法公约，都在争取 200 海里的主权，北极公共的地方所剩无几了。

北极海冰的快速融化使得北极的航道可能在 10 年内开通，实际上 2012 年年底的时候，我们已经走了一遍。它要经过北方航道商业运货，到欧洲和北美走的航线缩短 3000 多海里，相当于 9000 多千米。

如果南北极冰覆全部融化，中国东部的海岸线将后退 400 千米，那么我们国家的广州、厦门、上海、青岛、天津——人口最集中的地区、经济发展的地区将成为汪洋。

我讲第三个问题，我国的南北极考察的回顾。前面也说了，我国南极考察是在 20 世纪 80 年代开始的，在 1984 年之前有一些科学家跟着澳大利亚的考察团、跟着日本考察团进行南极考察，到了 1984 年 11 月份，我们建了第一个南极考察站——长城站。当时去了海军的补给船 J121 和向阳红 10 号，大概有 500 个官兵和科学家。1989 年建了第二个考察站就是中山站。在 2009 年 1 月份又建了中国的南极第三个考察站，长城站。我国 2013 年已经是第三次南极考察，第五次北极考察，九个年度的北极黄河站考察，这些考察都取得了丰硕成果，加入了所有重要的国际极地组织。

南极的中山站，中山站在南极圈以内，它在南纬 69 度 22 分，它是

1989年2月26日建立的，建筑面积近3000平方米。中山站附近有一个企鹅岛，全是帝企鹅，现在被澳大利亚作为生活保护区保护起来。这是南极的冰川和融冰，这个照片，大家看像不像龙？我给它取名叫冰龙（图4），当拍完了这张照片以后，一看没有了，就是它融化了。这是一瞬间拍到的。

图4　冰龙

这是很重要的实践，就是我们国家的科学家秦大河与美国、英国、法国、俄罗斯和日本五个国家组成徒步横穿南极的伟大壮举，当时带了20多条狗拉着雪橇，回来以后都死了。他们不管到这五个国家哪儿去都是总统接见他们，我们国家当时也是相关主席接见。南极极点气候很恶劣，他们是徒步，历时220天，艰苦跋涉5986千米，就是徒步走过去，完成了人类历史上唯一一次横穿南极的壮举，非常了不起。

2005年1月18日凌晨0点15分（中山站时）确定Dome A最高点，位置是南纬80°22′00″，东经77°1′11″。我前面说了，这个也是伟大创举，就是人类第一次登上南极的最高点，非常了不起。最可怕的是什么呢？就是它的冰缝，掉下去1000千米，那是根本找不到的，最可怕的就是冰雪把冰覆盖了。所以开头走的人特别危险，当时我们是带了4辆雪地橇，8个雪橇车，13个人，离南极最高点还有200千米的时候，我们有一位同事突然就有高原反应，然后没有上去，最后登上去的只有12个人（图5）。后来由美国的飞机，从澳大利亚送回国，非常了不起。大家知道杨利伟这个名字叫得很亮，但是谁都不知道李院生，他和杨利伟一样都是我们的英雄。

图5　冲击南极冰盖之巅

我们国家现在唯一一艘极地考察团“雪龙”号（图6），为我国极地考察立下了汗马功劳。它是在1993年乌克兰购进的，当时是用李鹏总理基金买的这艘“雪龙”号，很贵，当时花了几千万，1994年开始投入使用。它是21 000吨的排水量，167米长，9层楼高，地下吃水9米，里面有好多生活设施和娱乐设施，篮球场、游泳池、邮局等。因为到南极去的话，在船上毕竟要有一个月的时间。底下有足球场那么大，所以它带来了两架直升飞机、八个集装箱、两个小艇，大家带了好多油和淡水以及中山站、长城站的食物供给。我国现在准备在2015年投入建造1万多吨的考察船，它的性能要比现在的水轮船好得多。

我们现在已经在建造的新的极地破冰船，可以说是全球最大的，别的国家都不大，都是几千吨，我们的是1万吨，续航2万海里，并且是双向破冰。我们2012年第五次北极考察，我们离北极点很近了，但是没有进去，冰压着不敢走。因为它是一面破冰，不可以两面破。如果新造的船出来，就一点问题没有了，就可以进去了。如果一面破冰的话，困在里面出不来，所以走到北纬87.33度之后没有敢进去。

图6　“雪龙”号破冰船

我们到了长城站以后就想，我们对南极考察已经20年了，我们想做一点什么事情，给后人留下什么东西，最后策划在登陆点立了一个标志性的石碑，从策划到最后立成是四天的时间，由我负责刻碑。立起来以后，举行了揭牌仪式，周边八个国家都参加了揭牌仪式，在中央台新闻联播播过这个。

北极考察首次是1999年，第二次是2004年，在挪威建了黄河站。它有一块区域，各国都在那儿建了考察站，我们在那儿也建了考察站，每年都要去。然后2008年第三次，2010年第四次。南极每年去一次，北极不是，北极现在进行第五次北极考察。

应冰岛总统的邀请，“雪龙”号破冰船访问冰岛，在冰岛逗留了两天时间。第二天，冰岛总统一直参加我们的活动，他参观“雪龙”号破冰船的时候，只是他和夫人、司机三个人，然后邀请我们129人的考察队到冰岛的官邸。我们在冰岛做了一场中冰极地科学研讨会。

大家可能记得2007年左右，俄罗斯在北极海底插了一个旗帜，我们想，我们在北极点做一些什么呢？我们就从青岛带的咱们国家的泰山石，在那儿刻，刻完以后就把它扔到了北极的海底，让后人知道，咱们国家曾经在什么时候到了北极。这个碑后面刻了我的名字、领队的名字和首席科学家的名字，刻了三个人的名字。

我讲第四个问题，就是我们国家未来极地应该做些什么。我们国家极地工作战略任务将从科学认知基地向促进北极合作和南极开发利用转变，我国极地考察的重点要向环境长期监测和资源利用调查转变；科学研究要向围绕气候变化、宇宙起源等重大科学前沿问题进行转变；同时，我国将进一步加强战略、立法和政策研究，这方面我们国家很薄弱，要加强这个方面的内容，要积极引导资本和工业力量进入南北极，为和平、可持续利用南北极做出更大的贡献。

下面我谈几点感想。第一个我想去过南极考察的人员，人们的思想境界会提高，为什么这么说呢？一个是它的环境。再有一个，我们在单位都有权利职责，但在那个地方，真的只有这个思想：我们所做的一切都是代表祖国，要为国争光。当我们看到靠了码头，看到我们的华人在码头举着国旗，唱着国歌，唱着《团结就是力量》时，我们心情特别感动。中国人现在站起来了，真的是站起来了。就是说大家不分是教授，还是年轻的科学家，不分职务的高低，有重活脏活都抢着去干。我想起了首次考察时《人民日报》1985年发表的社论，“爱国，求实，创新，拼搏——南极精神真正的内涵”。

第二点南极是国际的大家庭，为什么这么说呢？南极没有国土之争，我亲身感受到大家有什么困难，就是都来帮助，无代价地帮助。有两个例子，一个是我们一位考察队员到了长城站的时候，突然阑尾炎发作，要做手术，我们站上没有手术室，就找到智利的医生一块帮我们做的。当然最后手术是我们协和医院的一个年轻医生做的。他很怕，因为阑尾找不到，阑尾应该是很小的手术，他做了八个小时，最后准备放弃了，后来找到了。还有一个，我们前面说了，13 名勇士，离最高点不远的地方，有一位考察员，突然高原反应不能再继续往前走了，美国无代价地把他送到澳大利亚。再有一个例子，就是在我们的前两次，也就是第 19 次南极考察，韩国的科学家到长城站，傍晚的时候，他们要回去。我们的气候预报员说你不能回去，马上要有暴风雪，回去很危险。他们没有听，结果两条船走散了，另一条船始终找不到，一个非常年轻有为的科学家始终没有找到。出事以后，周边八个国家有飞机的出飞机，有船的出船，全部搜索，都是很和谐的国际大家庭。这是我的第二点。

第三点，南极是一片净土，为什么呢？它没有人破坏，一切都是很自然的。我们跟这个企鹅的接触，咱们可以看到，任何动物都不怕人，因为没有人威胁它。我们抽烟带着烟盒，把烟灰弹回烟盒里面，然后带回站上的垃圾箱，最后要把这些垃圾带回国，不能在南极留着。我们那次带了 30 吨的生活垃圾和 600 吨的建筑垃圾，而南极的一草一木都是不能带的。

气候变化与低碳发展

王汉杰

气候与环境问题专家，空军装备研究院航空气象防化研究所博士生导师，中国老教授协会常务理事，国杰老教授科学技术开发研究院院长，中国人民解放军气候变化专家委员会副主任，中国气象学会气候变化与低碳发展委员会委员，世界气候变化研究计划（WCCP）和国际地球-生物圈计划（IGBP）中国委员会委员。王汉杰教授长期从事生态环境恢复与重建，气候预测，气候变化等方面的教学和科研，取得了非常丰硕的研究成果，他目前已经出版了理论专著7部，发表了中英文论文百余篇，曾获国家科技进步二等奖一项，省部级科技进步二等奖2项，三等奖2项。另外，王教授还先后到美国、荷兰、加拿大、澳大利亚、日本、英国等地的11所高校或者是科研院所学习和讲学、访问，对东西方文化均有较深入的了解，国际视野广阔。

Wang Hanjie

王汉杰

谢谢大家，我今天讲的题目是“气候变化与低碳发展”。

气候变化大家都听说过没有？肯定听说过，现在这个词快成为“流行语”了。目前大家说的气候变化主要是与气候变暖相联系，气候变暖是变化的一种，变暖是变化，变冷也是变化呀！我今天就把气候变化、低碳发展和十八大提出来的生态文明建设这些联系在一起，说一说个人在这个方面学习研究的一些体会。

我是中国气象学会气候变化与低碳发展委员会的委员，也是中国人民解放军气候变化专家委员会副主任，但是，今天这个报告既不能代表国家气候变化专家委员会，更不代表军队气候变化专家委员会，这只是我个人的一些研究心得和体会，给大家分享。目前，围绕气候变化的原因、程度、范围、时间、结果等问题还有很多不同的意见，有较大的争议，有不对地方请各位批评指正。

今天讲三个方面的问题：

第一，气候和气候变化的不确定性。

第二，气候变化与低碳发展。

第三，关注气候变化，实现科学发展。

第一个问题是从科学的角度谈谈气候变化的不确定性。我的专业是气候变化与气候模拟，所以天天带一帮研究生在转气候模式，这个我应该是有发言权的。我认为依据气候模式预测的气候变化有很多不确定性。你说 10～20 年期间气候会快速变暖，海平面就升高 7 米，这有点耸人听闻，大家不要相信这种话，相信这种话日子就无法过了。也有一些专家说要变冷了，就像《后天》电影描述的那样，这个也是杞人忧天。

第二个问题主要是结合我们现在的一些社会经济发展动态讲讲低碳发展。低碳发展是一个热门话题，因为气候变化说来说去是由于空气里面的二氧化碳增多了，二氧化碳与工业排放密切相关。我们叫温室气体，它可以增加大气温度。所以就把气候变化和低碳联系起来了。你少排一点二氧化碳，不就不变暖了吗？不是这个概念，这是简单的线性的思维方法，事实上这里面的关系很复杂。

第三个问题谈谈关注气候变化，实现科学发展，党的十八大提出要坚持科学发展观，实现科学发展。我今天把三个方面的问题连在一块来讲，希望能够对大家有所帮助。

先讲第一个问题，气候预测和气候变化的不确定性。这里又有三个层次：

（一）温室效应和气候变暖，温室效应会造成气候变暖。

（二）科学问题政治化的背景和进程。

（三）围绕气候变化的外交博弈。

温室效应和气候变化，什么是温室效应？温室效应就是空气里面有一些气体成分是温室气体，空气大家都很清楚了，氧气、氮气是最主要的。但是还有一些气体比如说二氧化碳，甲烷，就是沼气，还有氧化亚氮，这些都叫温室气体。为什么叫温室气体？就是大气里面有了这种气体，就使得大气像一个温室一样，温室是什么概念？就是太阳的短波辐射能进来，长波辐射散发不出去。就像被子一样捂上了，长波辐射散不出去就升温了，就像是花房和温室一样。大家看图 1 就清楚了。图 2 是温室气体的最早研究人员瑞典化学家 Svante Arrhenius（1859—1927），他于 1896 年提出大气中温室气体的温室效应。

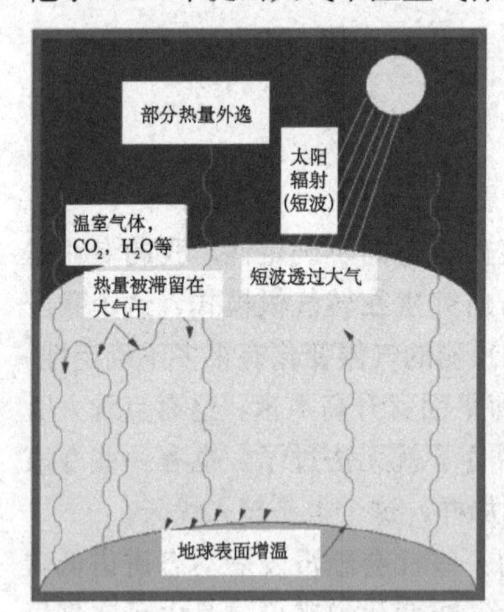

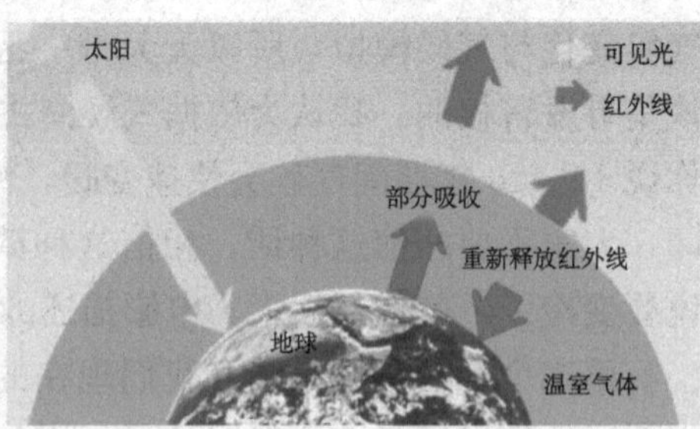

图 1　温室效应示意图

图 2　早年提出温室效应的瑞典化学家 Svante Arrhenius

下面两幅图片就是温室，图 3 是在昌平小汤山拍的，图 4 是在平谷郊区拍的，是农民做的大棚，大棚也是一种温室，就看这个玻璃和塑料纸，太阳照射能照进来，棚子里出的热量散不出去，就是这个道理。如果说大气里面的温室气体，如二氧化碳、甲烷等增多了，就相当于给大气盖了一层又一层的塑料薄膜，地球大气就会变暖，气候变暖就是这个概念。

那么，温室气体为什么会增多?图 5 是在美国夏威夷的一个观测站，从 1957 年开始最早观察大气中的二氧化碳浓度，从 1957 年开始观测，到现在为止，这个图是 2006 年发表的，到 379ppmV，ppmV 是衡量计算二氧化碳浓度的单位，是百万分之一，换句话说就是有 100 万份的空气，里面就有 379 份是二氧化碳。图中可见：工业革命之前的 1840 年前后，就是鸦片战争那个时候，空气里面二氧化碳长期稳定在 280ppmV，如果当时是 280，现在是 379，今年最新的观测到 400，比 280 多了很多很多了，就说明空气中的二氧化碳确实增加很多了。大家想想工业革命之前没有二氧化碳排放，特别是发明了蒸汽机以后，大量的煤炭在燃烧，石油在燃烧，现在的情况更严重，看看北京的汽车，大家就知道了，这些都在排放二氧化碳，那空气中的二氧化碳当然要上升了。

图 3　小汤山温室

图 4　郊区大棚

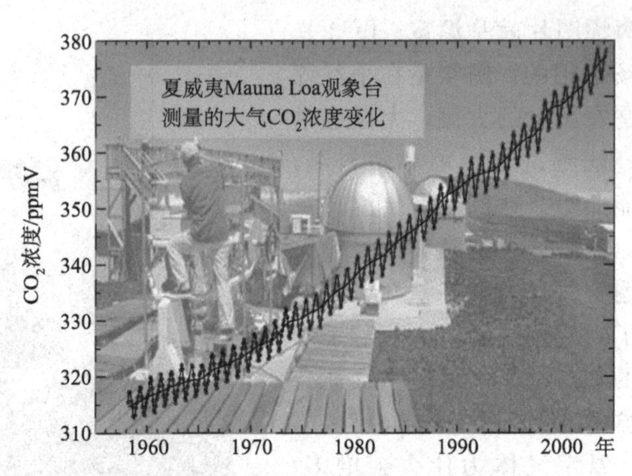

图 5　夏威夷观测站 CO_2 浓度观测数据

这个曲线还反映了 CO_2 浓度的季节变化，二氧化碳低的时候是夏天，为什么？夏天植物光合作用吸收二氧化碳，那么冬天叶子掉了，我们还要取暖，还要烧锅炉，所以冬天是比较高的，微小的变化是季节变化，但是总的趋势一直在升高，一直升到 400ppmV。今年夏季我看到 CO_2 浓度瞬间观测数值的确达到过 400，有的时候是 390，日变化和季节变化都很明显。所以大气中二氧化碳浓度增加是事实。

图 6 是我们国家的观测，我国最早的观测站在青海的瓦里关，1990 年开始观测的，和夏威夷的观测曲线是一样的，也是不断上升，也反映了季节变化，说明了二氧化碳增加，或者是温室气体增加是事实。

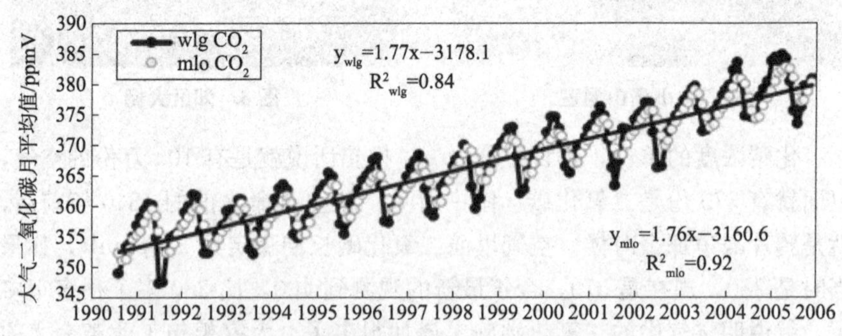

图 6　青海瓦里关 CO_2 浓度观测站数据

图 7 说明二氧化碳浓度和人口的关系，人口越多，CO_2 浓度增加越快，几乎是线性关系。人口在增加，二氧化碳的浓度也在增加，说明人

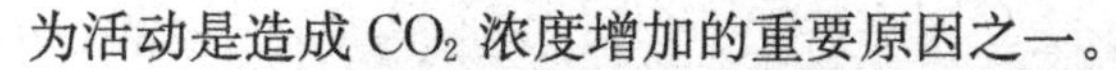
为活动是造成 CO_2 浓度增加的重要原因之一。

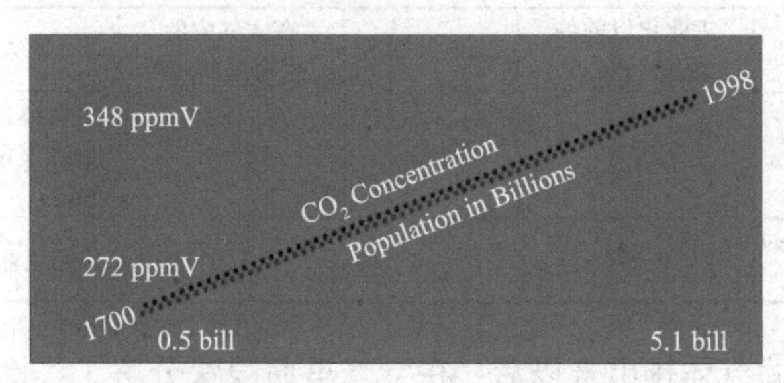

图 7　工业时代以来大气二氧化碳浓度同人口增长的比较

所以，IPPC（政府间气候变化专业委员会）报告说：气候变暖是人口增加造成的，图 8 是二氧化碳排放的主要来源，主要是能源生产，大家看看。能源生产占 21%，家畜家禽占 18%，其他的各种燃料开采、农业等，说明能源是第一位的。

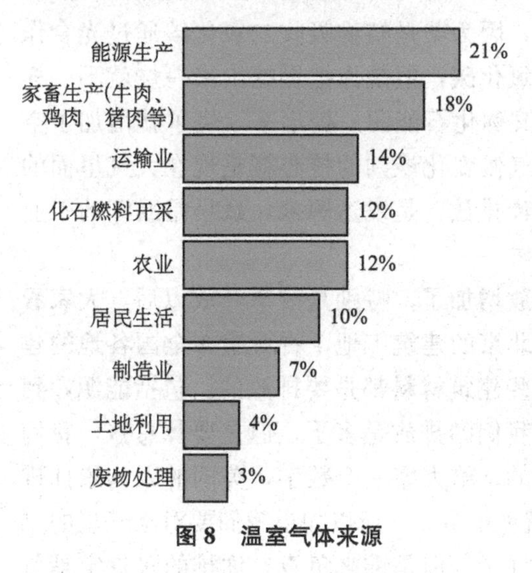

图 8　温室气体来源

表 1 就是大气中的各种各样的温室气体，二氧化碳是第一位的，前三位占据了温室气体的 94%，温室效应的 94%，后面还有氟氯烃，它是冰箱和空调排出来的，这些东西虽然很少，但温室效应很强，如果说二氧化碳的温室效应是一，氟氯烃的温室效应可达 2 万多了。但是它在空气中的含量很少，再加上近年国际社会限制氟氯烃排放已初见成效，一般可以忽略不计。

表 1　大气中温室气体含量

温室气体	工业化以前的浓度/ ppmV	2006 年浓度	在大气中的生命周期/年	人为来源
二氧化碳（CO_2）	278	385	120～150	化石燃料，土地利用（毁林，开荒，人类生产、生活（生物呼吸）

续表

温室气体	工业化以前的浓度/ ppmV	2006年浓度	在大气中的生命周期/年	人为来源
甲烷（CH_4）（沼气）	0.7	1.9	12～15	生物体的燃烧；动物肠道发酵作用；水稻种植
氧化亚氮（NO_2）（笑气）	0.275	0.3	120	化肥工业，尾气排放

有些温室气体排出来以后，在空气里面很快分解了，比如说甲烷，有12年就没了，有的是几千年，几万年的，但是二氧化碳是120年左右，就是说二氧化碳在大气里面可以滞留120年。换句话说，现在空气里面的二氧化碳不单单是你现在排的，还包括120年前排的。这个就是我们下面要说的了，120年前谁排的，是发达国家当时搞工业革命，120年前我们是半封建半殖民地的国家，我们没有工业，老百姓就烧一点柴，烧柴的二氧化碳是可以循环的，因为柴是植物吸收二氧化碳通过光合作用形成的，不增加大气里的二氧化碳，但是你把煤挖出来一烧就不一样了，你把煤、石油、天然气（又称化石能源）挖出来，烧了就增加了空气中的二氧化碳。现在国际上气候变化谈判的核心就是现在大气里面的二氧化碳谁负责？要按历史累计排放，是发达国家，最早是欧洲的工业革命，发明蒸汽机开始的。

当然这几年我们国家的排放增加了，特别是改革开放以后，大家看看我们的高速公路建设，看看北京的建筑工地，看看遍布全国各地的建筑工地上的钢筋水泥，生产这些建筑材料都是要排放的。包括能源，到处是灯火辉煌的城市。这几年我们的排放是多了，但是要算总账，我们要算人均累计平均，我们是少的。给大家一个数字，美国的人均累计排放是20吨，我们是4吨，这就差很多了。所以如果我们要对空气里的二氧化碳减排，大家不要排了就好了。但是谁来负责？你排的多肯定是负主要责任，因为这个大气是没有国界的，不需要护照，不需要签证的，地球是在旋转的。要强调减排CO_2，所以《京都议定书》要求发达国家与发展中国家区别对待，人类需要共同减排，气候是人类共同资源，但是要有区别。你不区别，大家都一刀切，你减50，我减50，那就不合理了。

工业化以来大气中的温室气体浓度迅速增加这个事实不容否认。现实大气中的二氧化碳等温室气体主要是西方发达国家工业化进程中的无限制排放造成的，现在要限制排放，要低碳，过去没有这个说法，一开始工业革命蒸汽机谁烧煤多，谁排放多，谁就“先进”，否则是“落后、愚昧”。所以，当时是无限制排放，没有任何限制的，工业化进程越来越快，你造一个蒸汽机，我造两个，你的火车跑 100 公里，我的跑 200 公里那才好，哪想到要限制二氧化碳排放？没有那个概念。

温室气体浓度增长和人类活动密切相关，人口多了，盖房子多了，修铁路多了，开汽车多了。温室气体是近代气候变暖的主要原因吗，是唯一原因吗？刚刚我给大家看了那个图了，大气里面的温室气体增多了，大气就增温，这是实验室里做出来的，只要二氧化碳浓度增加它就增温。但是，空气温度受好多种因素影响，不光是二氧化碳，太阳辐射不影响吗？洋流不影响吗？火山喷发不影响吗？这些现象太多了。这个是值得我们认真研究对待的，是唯一原因吗，是主要原因吗？现在的回答基本上是否定的，大家看图 9。

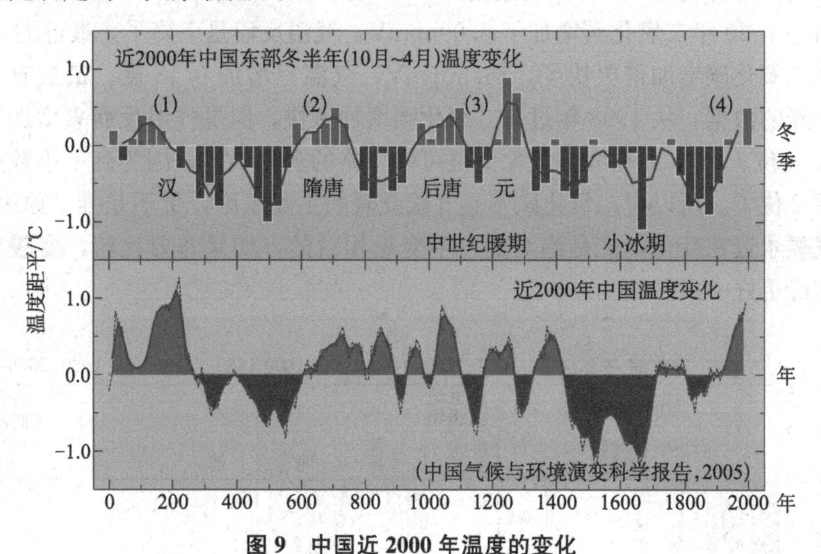

图 9　中国近 2000 年温度的变化

图 9 是我国东部（上图）及全国（下图）冬半年 近 2000 年气温距平的演变，图中曲线反映了某一历史时期（如汉、隋唐、后唐）温度比现在高一度，而另一些时期（南北朝、五代十国期、明、清朝中期等）比现在低一度，图中显示：近代温度是有所增高，特别是 1998 年前后，说起来是近百年。增高多少？不到 1 度。IPCC 的报告是 0.74 度。但是

我们回头看看，在我们国家的元代和后唐，一直到隋唐，这个时候温度不也升高了吗？增温幅度有0.5，也有0.6，0.7，0.8不等。为什么？那个时候有什么温室气体？你说现在是温室气体的原因，那个时候有什么？再往前到公元200年，汉朝的时候，这时的增温是1度，那个时候有什么温室气体？

中华民族有5000年文明史，这个图是用树木年轮，花粉，石洞里面的石笋等多种方法解析出来的，它们的变化与温度雨量有关系。把近代200年有温度表、雨量计记录时它们的变化，根据近代的温度、雨量进行订正，就成了这条曲线，这个是很可靠的，这个图清楚的说明，二氧化碳，温室气体不是造成气候变暖的唯一原因，更不是主要原因。影响气候变化的因素太多了。

图10是近1万年全球温度的变化，说明历史上也是有气候变暖的。在不同的时间段气候都有变暖。下面我还会讲到，如果把历史资料分成30年一段，这个30年，气温增加0.17度，二氧化碳增长了2.66ppmV，另一个30年二氧化碳增加了6.09ppmV，气温反而是下降了。最近的30年二氧化碳增加得更快了，15.5ppmV，气温只增加0.18度。最近有一个新的数据，从1998年过来二氧化碳增加更快，但是气温反而只增加了0.05度，0.05度在我们气象上是可以忽略的观测误差，因为到了小数点后2位了。所以说二氧化碳不是气候变暖的主要原因，更不是唯一原因。气候永远在变化，变是绝对的，不变是相对的，如果非要比较，变暖比变冷更好一点。

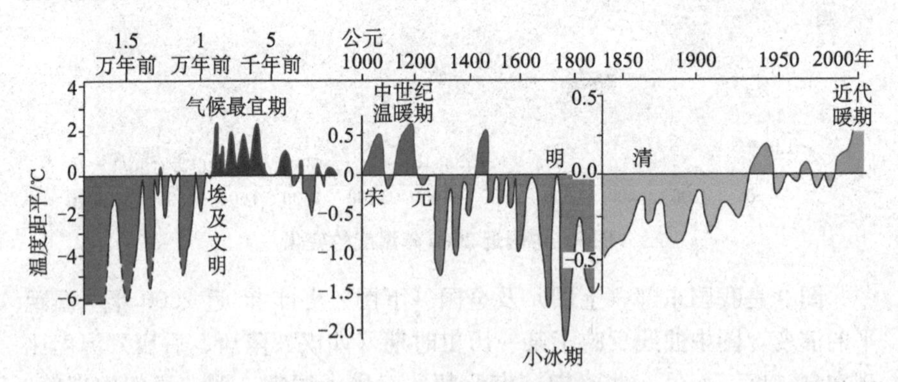

图10　近1万年来全球温度变化

气候变化的因素很多，再看地球在太阳系中的位置，太阳辐射本身是变化的，它有一个轨道进动，其周期是 23 万年。太阳偏心率，即地球围绕太阳旋转的轨道是椭圆形，有时扁一点，有时圆一点，其周期是 10 万年到 40 万年，这就造成地球有时离开太阳近，有时远，这也是造成气候变暖（或变冷）的原因；还有地轴的倾斜，倾斜的角度决定了地球接受到的太阳辐射也不一样，所以这三个是气候变暖的天文因素。

海洋因素之一是洋流，图 11 就是海洋洋流。当这个红色的暖洋流强度增强，流过某一国家的近海时，附近的气候会暖和一点，蓝色的冷洋流流过的时候会冷一点。

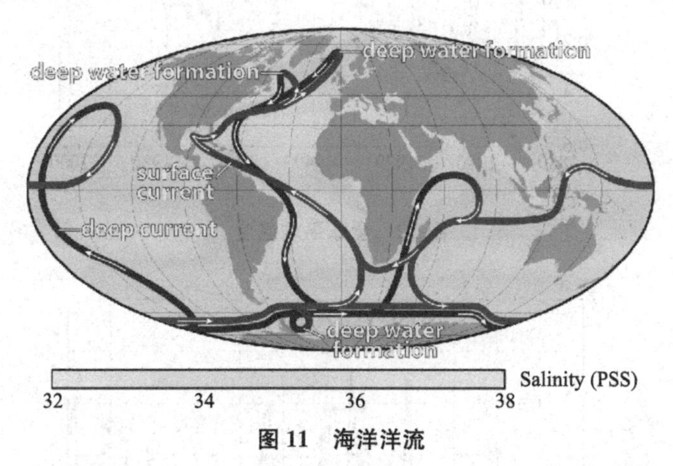

图 11　海洋洋流

还有气象站的观察误差。我 70 年代在县气象站工作，那个气象站离县城很远，当时自行车要骑半天，要到县城里面买一个肥皂很费事。现在县城扩展多快，很多气象站被大楼围上了，我不知道大家有没有体会，可以到你们的老家看看，你想想看，当时的气象站在荒郊野外，观测的温度和现在气象站在大楼中间观测的温度一度吗？那差多了，所以误差零点几是很不稀奇的。

大家看图 12，全球的气象站算下来温度是增加了（图 12），如果把美国的 48 个站平均（图 13），温度没有什么增加，为什么美国不增加？因为美国不像发展中国家城市扩建那么快，气象站就在那里，不动的。我是 87 年去美国，现在有 20 多年了，我今年又去了美国，城市还是那个城市，马路还是那条马路，没什么变化。他们的城市扩建没有像我们这样突飞猛进，一日千里，这个图在我的书里也引用了，说明了影响气候变化的因素很多。自然原因，人为原因，海洋，陆地，火山，太阳，自然变率。温室气体当然是有影响的，但它只是很多因素之一。气熔胶、土地利用、城市化，都是影响气候变化的因素。

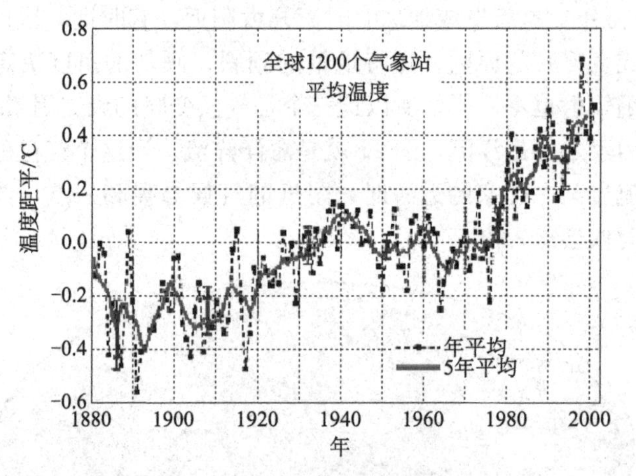

图 12　全球平均温度

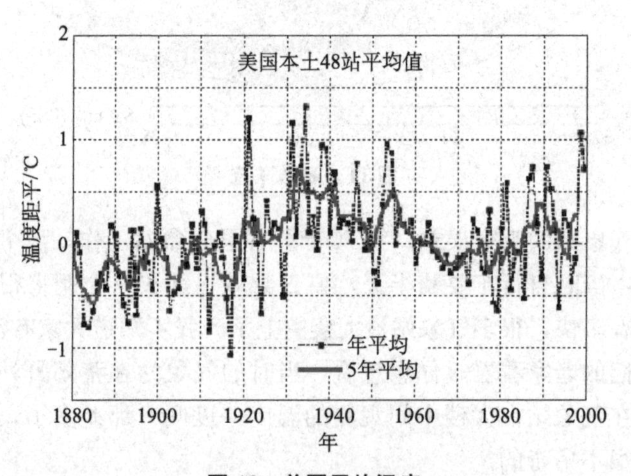

图 13　美国平均温度

如果把这些东西夸得太大了，老是盯住二氧化碳，我们下面就很被动了。为什么？因为我们国家的碳排放是世界第一，图 14 是模拟气候变化的气候模式，用来模拟气候变化的各种因子，你看看这个有多复杂。从文字上解释，植被、海洋、土壤、河湖、工业排放、土地利用，现在把社会和经济发展也放进去了。这么一个复杂的气候系统，用像图 14 这样的偏微分方程来求解，这就是模拟气候变化的气候模式原始方程组，这个方程组是非线性偏微分方程，然后在地球范围内把地球表面划分成若干网格，网格的大小根据预报精度、模拟范围的不同需要，从几公里到几百公里不等，大家想想全世界有多少网格？再把大气还要分成若干层，在每一个层上，每一个网格里面求解这个偏分方程。而这个偏微分方程本身是无解的，只能通过计算机把它离散，把微分变成差分，方程右边的各强迫项有些是未知的，需要各种简化和假设，这个我估计有数学基础的都知道，本身就有误差了，所以，依据气候模式模拟的未来气候变化有很大的不确定性。

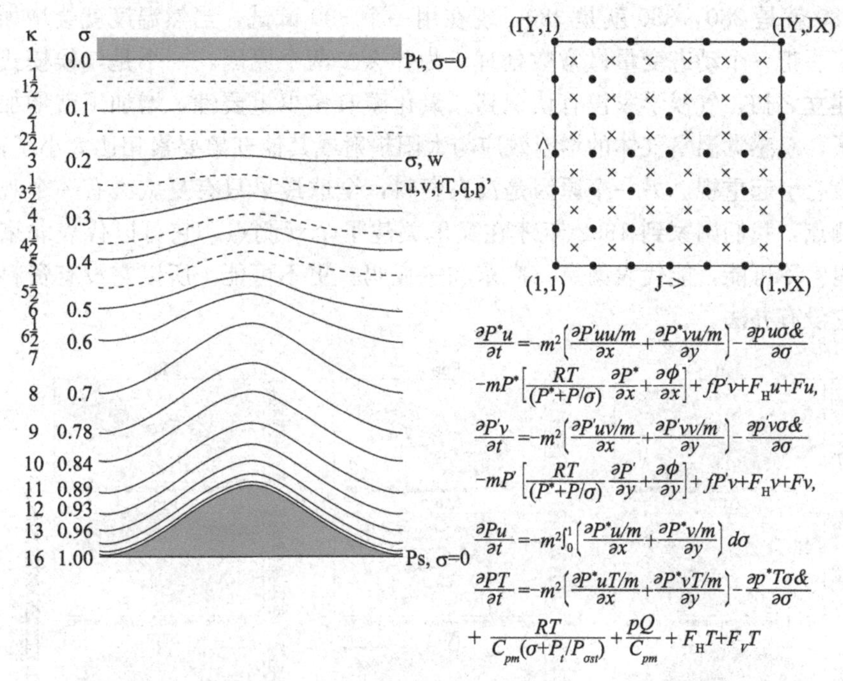

图 14 偏微分方程数值化求模拟气候变化的原始方程组（右下方公式）、大气垂直分层（左图），以及地球表面格点化（右上方图）

方程式左边是计算得到的温度、湿度、降水、风等多个气象要素，对时间积分后就是天气预报，长时间积分就称气候预测。你想想这个方程有多少误差，它本身就是不确定的，世界上最先进的 36 个气候模式曾经做过比较。而且方程组右侧各未知项需要进行所谓参数化假设，你有你的参数化方法，我有我的方法，有很多的方案；比如说城市化造成的地面粗糙度变化，你给赋值 0.3，我给赋值 0.25 也可以。全世界 36 个模式预测的未来气候变化幅度都不一样最低增加 0.4 度，最高增加 6 度，你信哪一个？都是权威机构，哈佛大学模式，欧洲中心模式，我们国家的模式是中国科学院大气物理研究所，我信谁啊？只能说它是不确定的，有很多不确定因素。

卫星监测显示（图 15），地球大气中的二氧化碳浓度在变化，夏天少，冬天多，城市多，农村少，就是说二氧化碳浓度是一个动态变化的数值。CO_2 浓度作为增温强迫项放到方程里面不应该是一个常数，它是动态变化的。但是现在的气候模式都是把二氧化碳浓度做常数处理的，280 就是 280，380 就是 380，现在用一个 390 试试，当然温度就会增加了。把一个动态变量做常数处理，为什么？两个原因，一个是气候模式建立之初，气候学家没有认识到二氧化碳有多少重要性，增加了就增加了，总感觉温室气体的增温效应与太阳辐射或其他气象要素相比太小了，没有引起重视。另一个原因是没有资料，全球最早只有夏威夷有一个观测点，我们国家到 1992 年才在瓦里关建了个观测点，它可以代表北京吗？不可能，能代表南京，广东和三亚吗？更不可能。所以它没有资料它没有办法。

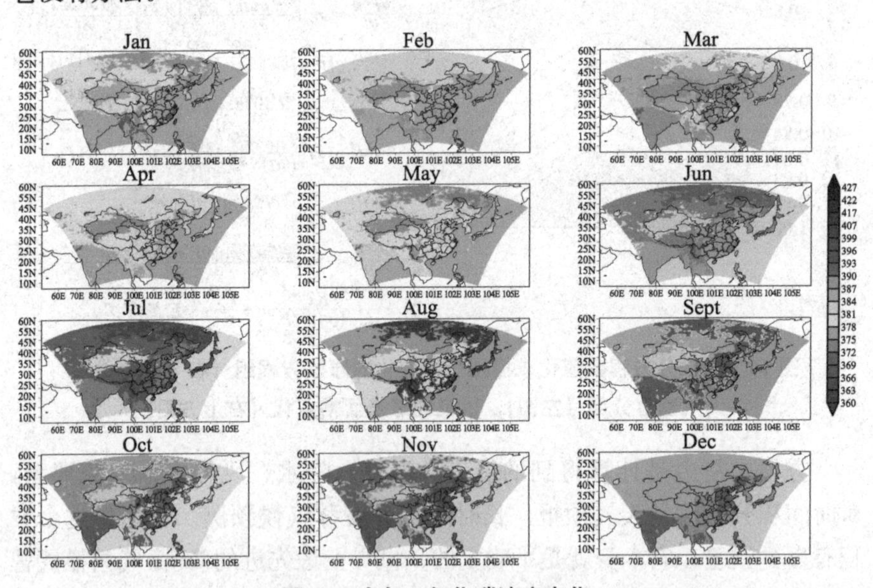

图 15　全年二氧化碳浓度变化

现在有卫星观测了，它可以把二氧化碳水平分布不均匀，放模式里面去了，这个工作我是刚刚做的，做出来以后就不一样了，如果考虑到二氧化碳观测这个增温就没这么多了，如果把二氧化碳是作为常数放进去，我再把这个动态变化的 CO_2 放进去，这个蓝色就是减温，就是增温没有那么多，有多少？10%。就是说传统的气候模式，由于把二氧化碳做常数处理，把气候变暖的效应扩大了 10%。这只是其中一点，或者说是我找到的气候模式一点不确定性因素，还有很多很多。所以，我们只能说对未来气候的预测，完全依靠气候模式是不行的，它只是一个研究工具，其中有很多的不确定性，这个是我要说的一点。

另外，我提醒大家注意最近的一些现象，2008 年南方冰冻，我们部队的装甲车跑去铲冰，过去是没有那么冷的。2009 年冬季低温，2011 年的早雪，北京 11 月 1 日下雪，2013 年春季低温，大家都很有感觉，到 3、4 月份还是这么冷，这些是否在传递气候变暖结束的信号？只能说是一个问号。最近英国《每日邮报》、英国气象局的报告，全球变暖 16 年前就停止了。丁一汇院士最近指出：海洋表层温度变化是 15 年来全球变暖出现减缓和停顿的主要原因。最近 15 年，1998 年开始，如果说全球变暖，应该说是没有什么了，是减缓或是停顿？什么原因呢？你看 1998 年到 2012 年，全球地表温度每 10 年上升 0.05 度，远远低于 1951 年以来每 10 年上升 0.12 度的增温，10 年上升 0.05 度，这仍在气象观测的误差范围之内。

这是不是在传递气候变暖减缓的信息给我们？北京大学钱维宏教授的观念我很赞成，世纪之交确实感觉慢慢暖了，但是你想想，温度变化的年变化、日变化遵守正弦变化曲线，一天之中，在 9、10 点钟开始暖，到 10 点 11 点最暖，你怎么不说这个温度会一直暖下去？因为你很清楚，一天温度的变化周期是一个正弦周期，下午一定要下来。温度的年变化也是这个概念了，3、4 月份开始回暖，5 月份更暖一点，你怎么不预测温度会一直暖下去，因为你也很清楚这个是年周期，到 10 月份温度一定会下来。但是对气候变化的周期长度我们不知道，它的周期是 10 年，是 100 年，有人说大概是 10 万年，科学到目前还不知道气候变化的周期是多少，当你认识他的周期率的时候你不怕，你不知道他的周期你就害怕了，就是这个道理，所以我很赞成钱先生这个观念。

我们总结一下，人类活动释放的温室气体对气候变暖是有贡献的，这个毋庸置疑，但温室气体的增温效应是在实验室做的，不能代表开放大气的情景。更不可以把所有的气候变化就归结于二氧化碳，这个承担太沉重了。综合考虑各种因素以后，气候是变暖还是变冷？尚难定论。气候永远在变化，变是绝对的，不变是相对的，但是变化速率可快可慢，变化幅度可大可小。

不要老想着气候马上会变得越来越暖，日子没有办法过了，而且气候变暖1～2度的后果不是灾难性的。历史的数据很清楚，唐朝、汉朝的时候都比现在高1度，特别是唐朝，当时我们非常繁荣，一些历史证据证明，过去在西安、宁夏一块气候很暖，那不是很繁荣吗？我听过一个故事叫八水绕长安，长安当时是水草丰美，现在不行了，那个时候不是很好吗？如果是一定要比较，变暖比变冷好。

欧盟设置了一个气候变暖的2度的界限，认为2度以后就不得了了，这个是耸人听闻。又把这个2度和二氧化碳的450ppmV联系起来，如果大气的二氧化碳浓度到了450ppmV，气候模式一算就是2度，把这个连上了，这更是把枷锁套上了。为什么？现在大气的二氧化碳浓度已到400ppmV了，到450ppmV还只剩50ppmV，大气中最多再排放8000亿吨CO_2，全世界200个国家去分，给你分多少？如果说你超过这个就不行了，这在政治上是别有用心的。

影响气候变化的不确定因素很多，现在气候模式是无法包括所有因子。就是上文讲到的那个方程组。它本身那么复杂不够，还有很多的东西没有考虑，模式本身还存在很多的缺陷和人为假设，模式本身就需要假设，要简化。依据模式预测，将450ppmV大气二氧化碳浓度等同于2度增温缺乏足够的科学支撑，科学上说不通的，这就是我有关温室气体和气候变化的一些结论。这些问题科学家慢慢研究就行了，问题是二氧化碳排放涉及社会经济的发展，所以这个科学问题被政治化了。

气候变化，气候模拟，气候预测这是个科学问题，像我们干气象的这些人就干这个事，全国有37000多名气象工作者，天天在研究这个东西，但是现在不是这个概念了，把气候变化问题和社会经济政治联系起来了，国家原来就一个气象局，一个气候中心，现在据我所知，环保部成立了气候变化中心，林业部也有气候变化中心，发改委也有气候变化中心，我们外交部还有一个气候变化特使，所以现在科学问题变成政治问题了，为什么会这样呢？

二氧化碳等温室气体增加会引起气候变暖，应对气候变化的根本措施就是要减少人为的温室气体排放，但是温室气体排放涉及能源和消费，而能源是国民经济和社会发展的动力，事关国家的重大经济效益和发展空间，让哪一个国家减排，让哪一个国家关闭工厂？所以保护气候环境和经济社会发展始终是一对矛盾，是贯穿气候变化谈判问题的核心。气候变化问题作为一个科学问题被政治化也是必然的。

IPCC，就是政府间气候变化专门委员会，这些年全球的气候变化问题是以他们为主来进行研究，发布报告，事实上是根据西方政治家的需要在发布报告。有关气候变化的一些大事记，大家记得一个是《京都议定书》，一个是《气候变化框架公约》，这两个文件是非常好的。当时大家认识了这个问题，就提出来，特别是《京都议定书》，提出来要减排，发达国家要率先减排，美国减多少，日本减多少，欧盟减多少，加拿大减多少，这个都是定的。因为我们是发展中国家刚刚开始排放，发展中国家可以不承担减排义务，但是要向他们学习，要自觉减排。

我们很赞成这个东西，但是美国不赞成，他不干，他不签署《京都议定书》，前面签后面就退了。大家想想美国的人口不到世界人口4%，3亿人，但二氧化碳排放占世界总排放的25%，如果说他不减排，他不按《京都议定书》去做事，那别的国家减有多大意义？而且，当今世界上任何事情，如果美国不参与，美国持反对态度，你干得成吗？

另外一个问题，就是发展中国家的问题，我们国家过去在历史上没有什么排放的，真正的排放是改革开放以后，特别是近10～20年，排放量迅速增加，我们现在总量比美国多了。但是，我们是一个发展中国家，处于发展的上升期，美国是发达国家，他的基础设施都做完了，我20年前去过美国，今年又去，那个公路还是那条公路，了不起挖一块补一下，城市建设也没有多大变化。我们这几年建了多少高速公路，建了多少高楼大厦，路上跑了多少汽车，多少火车，包括高铁。在这种情况下我们要承担同样的减排责任？一个是奢侈排放，一个是发展排放的问题，再说直观一点，美国人要减排，大不了不做一等舱了，做经济舱，就是这个概念。我们要减排就是要工厂停工，一关工厂工人就没有饭吃了，这是不一样的概念，所以要求减排是“共同但有区别的责任”。

现在的国际气候谈判就是谈这个东西，就是共同但有区别的责任。这些年有很多关于气候变化的谈判，大概是从79年开始谈，天天都在谈，谈到后来，最后是《京都议定书》的一些标准，给美国定的是7%，欧盟是8%，美国现在不但不减还要增加。美国是1998年签署了《京都议定书》的，2001年又单方面退出。

《京都议定书》要求发达国家要向发展中国家转让一些技术，一些新的能源，燃煤技术可以少排放一点二氧化碳，汽车制造技术少排放一些尾气，他们有技术，我们不行，让他转移技术给我们他也不干，只卖给我们大豆和飞机，别的不卖。让他提供一些基金，帮助发展中国家，在哥本哈根大会上奥巴马跑去高调说给1000亿，300亿紧急资金，结果用了半年多时间才拿出4000美金。

围绕气候变化的国际谈判，从哥本哈根，谈到天津，谈到南非，谈到卡塔尔的多哈，谈到德国的伯恩，谈来谈去非常困难。就是发展中国家和发达国家的对立。发展中国家也不是我们一个，还有印度、巴西、俄罗斯，被称为金砖四国，最近的金砖四国还在杭州开气候变化会议。金砖四国对气候变化的问题的认识和理解与发达国家存在明显差距，所以，气候谈判的路程很长，最近的一次多哈会议，听说取得了积极成果。主要成果是从法律上确立了《京都议定书》的第二承诺期，因为《京都议定书》到2012年就结束了，现在到第二承诺期，就是坚持了共同但有区别的责任，这句话坚持了。对我们来讲是一个胜利，维护了公约和议定书的基本制度框架，这个是多哈会议最重要的成果。这个成果说明发达国家承认了《京都议定书》，过去都不承认，《京都议定书》就要废了，没有什么共同但有区别的责任，现在达成了这个成果，承认共同但有区别的责任，发达国家提供基金和技术，这个是多哈会议协议的前一段。但是在多哈会议上发达国家淡化其历史责任和共同但有区别责任的原则的倾向进一步明显，口头上承认了，内心根本不同意。

但多哈会议也传达了以下明确信息：发达国家自身减排和向发展中国家提供资金，转让技术的政治意愿不足，这是今后国际社会应对气候变化面临的诸多问题，会议上说了，因为没有什么约束力，会上说了共同但有区别的责任，承诺提供资金和技术，会后什么也没有，气候变化谈判都是这样。

最近的一个信息就是2013年4月15日，中美气候变化联合声明，中国和美国坐在一起发了一个联合声明，大家看看这个话有多少实际意义。“中华人民共和国和美利坚合众国共同认识到：对比日益加剧的气候变化危害和全球应对努力不足，需要一个更具针对性的紧急倡议”。这是联合声明的第一条，“需要一个倡议”，倡议什么？什么时候倡？没有，不是白说吗？第二条，“过去几年，双方通过双边和多边渠道，包括在联合国气候变化框架公约进程和经济大国论坛下开展了富有建设性的讨论”。讨论达成了那些共识，没有共识，只有讨论，有用吗？第三条，“双方还认为关于气候变化强有力的科学共识强烈要求采取对气候变化有全球影响力的重大行动”，什么重大行动？谁行动？怎么行动？不知道。但是有声明总比没有好，有声明说明中美开始坐下来，在想这个事了，过去我们和美国不谈这个事的，谈不拢的。为什么谈不拢？这个就是从哥本哈根大会上留下来的后遗症。

在哥本哈根大会上奥巴马跑去高调地说为应对气候变化捐1000亿美元，300亿应急资金。然后说我们美国人均二氧化碳排放要减80%，发展中国家减20%就行了，但是我们不同意，为什么不同意？大家算算这个账，现在美国的人均排放是20吨，他减80%还剩20%，就是他可以排4吨，我们现在是2.5吨，减20%，还有80%，就是2吨。意思是美国可以排4吨，我只能排2吨，如果说我们签了这个协议就是21世纪又一个“不平等条约”，为什么你美国人每人可以排4吨，我中国人每人只能排2吨？所以说这个事情就僵了，哥本哈根会议上说中国人傲慢，不通情理，胡搅蛮缠。

平心而论，如果是站在美国的立场上，提出这么一个条件，他减80%，你减20%都不干，怎么办？意思就是说气候变化谈判的难度很大，不可能在短时间内有实质性的进展。

到2013年5月3号的波恩会议，气候变化谈判遇阻，发达国家不愿为全球变暖负责，多哈会议有一点成果，到了5月3号又没了，所以目前我们国家面临的减排压力很大，西方国家妖魔化中国，说中国不通情理，傲慢。那么，为了气候变化和温室气体减排的外交斗争越来越尖锐，越复杂。中国已无可推卸地走向斗争的最前台，我们排放量世界第一，或者叫处于风口浪尖，漩涡中心。任何与气候变化，与节能减排有关的国际会议和行动没有中国参加等于白扯。所以我们要珍惜制定国际规则的机遇，当然我们也不能胡搅蛮缠，下面我们会讲，我们承担了很大的牺牲，我们国家在节能减排方面做了很大的努力。珍惜制定国际规则的机遇，确保在未来的气候谈判国际舞台上有一席之地。有话语权，有决策权，过去在很多的国际舞台上我们没有话语权，我们说了不管用的，在这个问题上我们国家是有话语权的，也有决策权，这个是我们值得珍惜的。

再一个是要不要高调唱响气候变暖？科学界有一些专家说气候变暖了怎么样怎么样，目前缺乏足够的科学依据，就是我刚刚说的。那个模式有很多不确定性，二氧化碳也不是气候变暖的唯一因素，要谨慎行事。高调气候变暖是损己利人的事，损人利己我们不可以干，损己利人更不干了，你越说气候变暖，那个减排压力更大，就是给自己的脖子上套一根绳，打了一个结。况且气候变暖这个东西是不确定的，不是说的那么邪乎的，所以气候谈判的路很长很长，但是我们不怕，谈就谈。这个是第一个问题，就是气候与气候变化的不确定性，我希望大家从中间认识到一个理念。

第二个问题就是气候变化与低碳发展、生态文明建设之间的关系。

刚刚说了半天，气候不变暖了，或者是变暖了与二氧化碳没有什么关系，那还要不要减排？那还减排什么？不减排我们日子不是好过了吗？不是这个概念。这个里面有一个逻辑纠结，气候变暖要减排，不变暖要不要减排？肯定要。不能高调气候变暖，但是必须高调节能减排，低碳发展。为什么？我们看下面一些数据。

我国的能源结构、发展方式存在严重问题，绿色消费、低碳发展势在必行。另外，要大力宣传我国节能减排低碳发展的重要成果，“给力”气侯谈判外交。这是两个层面的问题，我们国家的能源结构发展方式存在很大的问题，举一个例子，最新的统计表明，我们单位GDP能耗是日本的10倍，美国的6倍，比印度还高3倍。2010年我国GDP总是5.8万亿美元，日本是5.47万亿美元，差不多。但是我们的能源是日本消耗的4.6倍，2010年的最新的统计显示：我们比日本高6倍，也就是4到6倍的概念。

我国是一个粗放型的，资源消耗型发展方式，高投入，高消耗，高排放，难循环，低效率，这个大家应该有体会的，我不多说了。包括我们的建筑，马路今天建了明天“开膛”，楼房今年建了明年拆了，对吗？严重的环境形式突出表现在：主要污染物排放强度大，容量大，远远超过环境容量。水、大气和土壤环境受到不同程度的污染，有些地区相当严重。

水环境、大气环境、土壤环境，污染都是很严重的。这些数据是比较新的，2005年、2004年的数据就更厉害了。2010年七大江里只有长江和珠江水质良好，其他的就不能谈了。这个是我 2011 年到安徽阜阳（图 16 左 1），你看河流的污染，2011 年天津的海河（图 16 左 2）。2011 年北京的小清河（右 2），2010 年云南滇池（右 1）。据北京市环保部门公布的数字，流经北京南部的河流，多数都是 5 类污染水质。还有海洋赤潮，空气污染，这个大家更有体会了，特别是北京的雾霾。

图 16　安徽阜阳颍河、天津海河、北京小清河、滇池

我们现在的汽车拥有量远远不如美国多，美国 1000 人中 800 辆车，我们北京是 245，全国平均是 30，245 就到这种状态了，而且大家购车的热情还一直不减，这个事情就说明我们治理空气污染的路程非常长，这个是在我家门口的车。这两张图的比较，这个是 2006 年，当时的沙尘暴非常强（图 17 左）；2012 年还有一次沙尘暴，少一点了（图 17 右）。但是汽车污染更厉害了，为什么？环境缺少治理，从内蒙古到河北这一块造了很多的林，沙尘是少了，但是汽车污染又增加了。

图 17　2006 年沙尘暴、2012 年沙尘暴

现在说说大家关心的 PM2.5，PM2.5 就是在空气中悬浮的颗粒物，不大不小的东西，这个东西为什么影响人体健康？空气中悬浮颗粒大大小小很多，大的能够被鼻腔黏膜或者是口腔黏膜粘住了，进不到内脏器官；比 PM2.5 还小的，1 点几的，这些东西可以进到血液里面去，他会被肝脏过滤了，当然它也是有害的，但是恰恰就是 PM2.5，黏膜又粘不住它，血液又溶解不了，就在肺泡里面滞留，所以危害就大了，就影响了肺功能的呼吸。

PM2.5浓度不同条件下的天空状况（图18），最严重是PM2.5等于35的时候。我们看到要比这个多的多了。图19是卫星反演得到的全球PM2.5分布，在我国东部的京津冀地区最高。说明PM2.5治理的难度很大，大家不要期望，明天后天，明年后年就会好了，北京市计划2015年在十二五规划里面本市空气中的PM2.5降低到65微克/立方米。2030年降低到35微克，35微克就是刚刚这个状态，那么这个和国际上的标准差距很大。国际2000年的标准就是35微克，欧盟2010年的标准是25微克，在美国这个数字是最高了，不可以超过这个的，平常就是15到20这个范围，我们到2030年才可以有这个标准，所以我觉得还是很难，特别是京津冀地区。土壤污染的状况也很严重，特别是重金属污染，化肥农药污染，这对食品安全非常重要，要引起高度警惕。

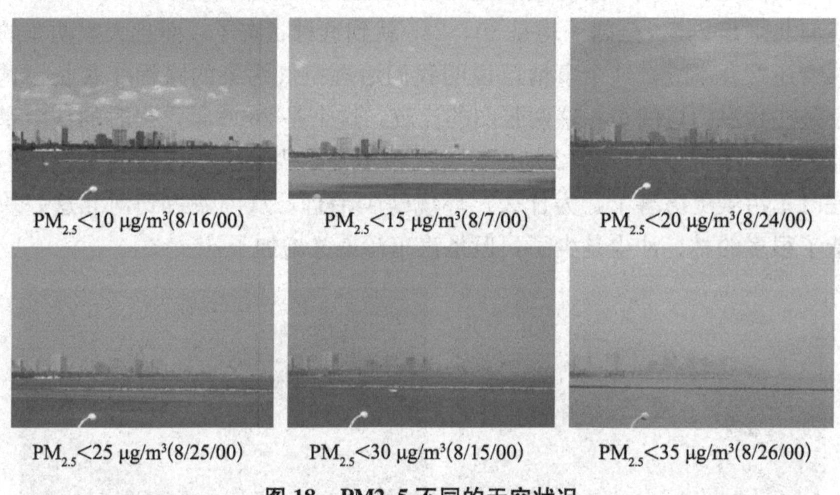

图18 PM2.5不同的天空状况

另外，我们要大力宣传我国在节能减排、低碳发展方面取得的重要成果，这个既有外力也有内力，外力是国际上对我们的压力，内力就是我们经济发展方式需要转型，能源消耗结构不合理，确实浪费严重，我们做了不少工作，从十二五规划纲要就开始了。党的十七大开始讲气候变化问题，十八大提出生态文明建设。从1990年到2005年，我国单位GDP二氧化碳排放量下降了46%，计划到2020年，二氧化碳排放强度比2005年下降40%到45%，这个是十八大制定的目标。没有哪一个国家敢做出这么明确的，这么强度大的减排指标，我们是做了很大的努力。工程院最新报告的能源结构的中长期战略规划指出，煤要大量减少，可

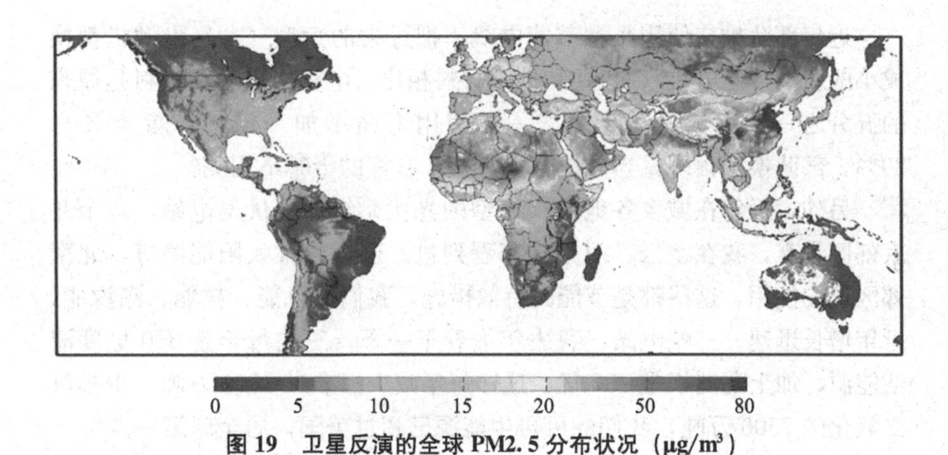

图 19　卫星反演的全球 PM2.5 分布状况（μg/m³）

再生能源迅速增加，这样就可以使得污染问题得到很大的缓解，好多小水泥厂、发电厂都爆掉了。

为了减少大气中的 CO_2，还有一个值得一提的工作就是造林，我国的三北防护林带建设，长江中上游防护林，规模之大，都是世界上绝无仅有。我本身是做这个工作的，曾长期参与固沙绿化工作（图 20），造林就可以增加绿地吸收二氧化碳。这是我们当时承担国家“973”项目，在沙漠搞绿化的，本来是沙丘，树种上了，这些围栏草场，也增加了陆地生态系统的固碳功能。

图 20　本书作者（左 1）在固沙绿化现场工作

近年部队推广使用小型节能电机。把过去的大型（左）电动机都换成小的新型节能电机（右），和传统材料相比，电机使用的铜材料是原来的五分之一，重量是三十分之一，使用寿命增加一倍，节能30%～80%，部队换了很多，当然地方也在换，有好的干嘛不用呢？

另外，近年在城乡各地推广小型的光伏系统，光伏发电站，这个北京郊区都有，我在密云、门头沟都看到过。还有各种太阳能路灯，北京郊区也在使用。这些都是节能的有效措施，我们的风能、核能、潮汐能，近年增长迅速。三峡电站，我去年去看了一下，三峡每年是850亿度清洁能源，加上葛洲坝是987亿，这样每年减少标准煤3100万吨，少排放二氧化碳7500万吨，我们的可再生能源已超过美国，居全球第一。

最后一个问题是讲“关注气候变化，实现科学发展”。

气候变化我们要关注它，要知道它是怎么回事，要把这个事情说清楚。建立应对气候变化的机制，促进经济发展方式转型，我们现有经济发展方式必须转，不转是不行的。实现科学发展，这是十八大制定的目标。

有很多的名词不一一展开了，譬如：低碳发展，绿色发展，可持续发展，科学发展，那么，这些东西都和气候变化连得上，生态文明建设是十八大提出的一个新的行为规范，我们要规范我们的言行，加强生态文明建设，促进低碳发展，绿色发展，可持续发展。低碳发展和绿色发展还有一点差别，绿色发展不仅仅是多种树，节约能源，节约资源，也有“绿色”的意思。只有低碳和绿色发展才是可持续的，不然就不可持续的，发展到一定程度资源没了，孩子们没有吃了，没有用了，就是不可持续。科学发展是作为一个政治术语、政治口号提出来的，事实上包括上面提到的低碳、绿色和可持续的内容。

低碳经济是三赢经济，促进经济和社会发展，节约资源和能源，保护生态与环境，促进生态文明建设。把气候变化和低碳发展联系起来，除了来自外部的压力，我国内在的需求战略，客观上顺应了应对气候变化的要求，后者反过来又促进我国自身需要的绿色和低碳发展，这样就把这个关系理顺了。应对气候变化是转型发展的推动力和战略机遇。无论对气候变化有多少质疑，绿色消费，低碳发展战略应该是坚定不移的。

节能减排低碳发展需要从每个人做起，从点点滴滴做起，我建议大家看一下科技部的全民节能减排36招，从衣食住行用，都可以做到，身体力行是每个人的责任。衣食住行用都与低碳发展，节能减排相联系。如：选用节能洗衣机，少用一点洗衣粉，这些都是节能。每天少抽一支烟，每月少喝一瓶酒，也是低碳节能。少坐电梯，少开车，多走路，都可以减排。

网上有一个节能计算器，我今天没有开车，坐地铁了，马上就可计算出少排多少碳，。我国是一个人口大国，13 亿多，每个月少开一天车，全国每年可减排二氧化碳 122 万吨，夏天空调调低 1 度，全国每年可以减排 317 万吨；每个月少喝一瓶啤酒，每年会减排 78 万吨 CO_2，这个数字说给大家的目的是：节能减排说大很大，说小很小，每个人注意就可以达到这个效果。

我这个题目讲过很多遍了，通过多次讲解，与听众沟通，两年前的 2011 年我在国防大学讲完以后总结了几句话：少一点奢华之气，多一点勤俭之风；少一点盲目建设，多一点科学规划；少一点饕餮盛宴，多一点家常便饭；少一点斗富攀比，多一点低调谦恭。简称为四少四多，大家看看是不是和中央最近提出的八项规定、整顿四风的精神高度吻合。

总结一下今天的主要内容：

第一，低碳经济是一种全新的经济增长方式，发展低碳经济充分体现了可持续发展的内涵，是应对气候变化的根本途径之一，一定要低碳发展，节能减排。

第二，无论气候是变暖或是变冷，借力应对气候变化，完成经济发展方式转型，实现我国社会经济的和谐、可持续发展，是对科学发展观的最佳解读。

第三，低碳经济涉及每个公民、每个家庭、每个社区、每个企业、每个部门、每个行业、每个地区乃至整个中华民族，积极发展低碳经济是大家共同的责任，“为子孙后代留下充分的发展条件和发展空间”。

第四，在我国建立低碳经济体系，实现人与自然和谐发展，需要长期不懈的努力，要充分认识它的长期性、艰巨性和复杂性，希望“一蹴而就”是不现实的，不作为更是错误的。

寻找第二个“地球”

陈建生

中国科学院国家天文台研究员。

Chen Jiansheng

陈建生

今天报告的题目是“寻找第二个‘地球’”，这个“地球”是加引号的，指各方面性质很像地球、文明生物能够居住的一个行星系统。人类一直在追求、寻找它的答案：到底宇宙中有没有别的星球跟我们人类的地球一样？这个题目很通俗，男女老少都能够理解。从古到今都很关心。但真正用科学方法来寻找第二个“地球”却是最近20年才开始，特别是进入到21世纪以来，这个问题就变成科技界一个非常热门的问题了，它不再是一些科幻小说或者科幻电影里面的主题，而是整个科学界的一个主题。为什么会在最近20年，特别是最近10年呢？除了人类有共同的愿望之外，最近10年来科学技术的发展也让人类有这个能力来探讨寻找第二个“地球”的问题。从这里就可以看到，题目虽然非常通俗，但是要实现这个愿望是非常困难的，如果没有非常发达的现代科学技术，这个问题基本上只能是幻想而已。即使今天技术发展到现在这个水平，真正想要找到像地球一样，适合生命发展的行星系统也还有相当长的路要走，所以这不是一件容易的事情。

可观测的宇宙当中大约有千亿级个跟银河系差不多大小的星系，每个“银河系”差不多有千亿级个“太阳”，在这里太阳加了引号，它所指的都是恒星。当你把“银河系”与“太阳”的个数相乘，接近100万亿亿个“太阳”。人们就会问，既然有这么多的“太阳”为什么只有我们现在这个太阳上面有地球、有生命？所以，人们很自然会去想在这么多个“太阳”里面应该能够找到像我们这样的“地球”。要找像地球这样的行星，首先要从天文学的角度回答哪些因素使地球成为适合繁衍人类的星球？这样才能明确寻找的目标。

第一，地球在我们太阳系中处在很特殊的位置上，我们把这个位置叫做“宜居带”。宜居带在天文学上是怎么定义的呢？在图1中我们可以看到太阳，八大行星距太阳的距离可以排一个队，即金星，水星，火星，地球，木星，土星，天王星，海王星。图 1 中灰色的地带叫做“宜居带”，为什么叫“宜居带”呢？大家知道如果靠太阳很近会太热，离太阳很远又太冷。“宜居带”这一区域的温度合适，在这个带里面的温度是液态水的温度，也就是说它的温度在 0℃与 100℃之间。所以地球适合人类居住的首要条件是地球的温度很合适。如果气温是一万度，生物就被烧死了，如果气温是零下，短时间零下可以通过空调来解决，长时间的话生物也就冻死了。另外，整个地球有液态水的供应。大家知道水是生命的动力，并且液态水肯定好用。根据以上介绍可以得知地球有最佳的日地距离，别的行星不具备这样的条件。如果我们要找一个适宜生物居住的行星，首先要考察它是不是在最佳的“宜居带”。大家知道八大行星中金星、火星距离地球稍近，去火星上找生命迹象是因为它比较靠近“宜居带”。当然，生物学家会说，地球上有些非常恶劣的环境里也发现了低级生命，生命并不一定要有水，但没有水肯定没有高级生命形态。

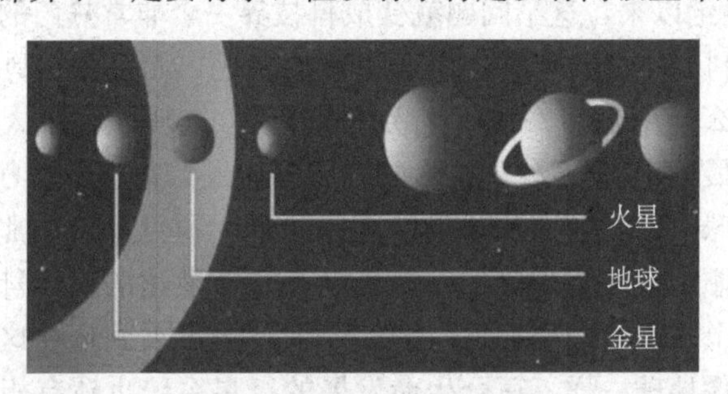

图 1 太阳系中的“宜居带”

第二，地球的质量是合适的，不重不轻。我们知道地球上空有大气层，地球大气层的厚度跟地球的质量有很大的关系。质量决定了地球上面大气的厚度，厚度又反过来会影响行星的表面温度。例如，火星质量比较小，它的整个质量是地球的十分之一多一点，相应的引力也就变小，大气就会因为吸不住而跑掉，所以火星表面的大气基本都跑光了。没有大气，白天的时候太阳直接晒到地球上会把地球烤得非常热，到了晚上热量一下子全散光了，又保持不住地球上的温度，所以大气的厚度不能太厚也不能太稀。不仅如此，大气其实还能阻挡很多高能粒子。大家知道高能粒子对人体是有害的，人不能经常做 X 光检查，X 光对身体不好。你会发现医院里做 X 光检查的医生都会围一个围裙，这个围裙是用很厚的铅做的，它能够挡住 X 光。如果地球上没有大气，那些比 X 射线还厉害得多的射线会打进来，生命就很难维持。反过来，如果地球质量太大，比如像木星一样大（木星的重量比地球重300倍），大气里连最轻的气体都跑不掉。这样的话，大气就太厚，就会产生“温室效应”。照到地球表面的太阳光会有一部分反射出去，如果大气太厚，反射出去的就少，这样行星的温度就会升高。大家知道即使只变暖一两度也会对地球产生严重影响，如海平面就会升高。假如大气非常厚，那就不是变暖一两度的问题了，所以大气太厚也不好。大气的厚度是由地球的质量决定的，幸运的是地球的质量不大不小，这是适合生物生存的一个很好的条件。

第三，我们提到“宜居带”是地球跟太阳之间的距离使得地球上的温度适合水的温度，但地球绕着太阳转，这就要求任何一个时刻地球跟太阳的距离都差不多，不能一会儿离太阳很近，一会儿离太阳很远。所以轨道必须很圆，轨道要是不圆的话，地球就会时而离太阳近，时而离太阳远。很幸运的是地球绕太阳的轨道是非常圆的，只有大概百分之一的变化，在这个轨道上地球离太阳最远的地方和离太阳最近的地方只差百分之一。温度跟距离平方成反比，百分之一的平方是万分之一，所以实际上太阳到地球上能量的变化只有万分之一的起伏。并不是所有的星球绕太阳的轨道都会这么圆，有的轨道就是椭圆，比如彗星。彗星的轨道就是非常大的椭圆，在近日点上你可以看到扫帚，然后到远处就会消失。

第四，地球有合适的自转周期。大家都知道地球每天都会自转，自转的周期是24小时，也就是我们说的一天。地球绕太阳公转的周期是365天，地球的自转只是它公转的1/365。这样的周期有什么好处呢？地球的温度是由太阳照射的时间决定的，同一时刻太阳只是照地球一面，也就是迎着太阳的迎阳面，背着太阳的那一面是不被照射的，所以我们才有白天、黑夜之分。白天的时候大家感到很温暖，到了晚上又觉得很冷，这是昼夜起伏。因为地球有自转，一天转一圈，所以就使得本来比较冷的地方就比较热了，热的地方一会儿就凉快一点儿了，这也使得地球东西半球都能够比较均匀地受到阳光的照耀，也就是说地球表面能够均匀地感受到太阳能量给它的温暖。还有一种自转是很不好的，那就是它的自转周期跟它绕着轨道转的周期是一样的，我们叫它同步自转。举例来说，月球绕地球在转，同时还有自转，月球绕着地球转的周期跟月球自己自转的周期是一样的。一个通俗的说法就是如果你跟舞伴手拉着手在转圈，舞伴在转，你自己也在转，但是舞伴总是脸对着你，他的后脑勺永远不会对着你。同样的，如果地球自转的周期和地球绕太阳公转的周期相等的话，那么地球跟太阳就是进行手拉手的跳舞。这就意味着地球总是有一面对着太阳，背面是永远不面对太阳的，那就会使地球有一面非常暖和，甚至热得要死，另一面则冷得要命。所以地球有合适的自转周期是非常重要的。

第五，地球绕太阳的公转有一个轴，地球自转也有一个轴，这两个轴不重合。我们把地球公转平面，叫做黄道面，地球自转那个面叫做赤道面，这两个面之间有一个夹角。这个夹角使得太阳有半年时间在地球北半球的天上有半年时间在南半球天上，当太阳在地球北半球的天上的时候，北半球的温度就上升，当太阳在地球南半球的天上的时候，南半球就比较温暖了。所以自转使东西半球温度均匀，而地球轨道的倾角是使南北半球温度均匀，地球的自转周期、公转轨道跟自转轨道的夹角使得东西半球、南北半球都能够比较均匀地获得太阳的能量，这是很了不起的，是上帝的安排。

第六，地球的密度很合适。地球密度大概是每立方厘米 5 克，这是一般岩石的密度。木星的密度是每立方厘米 0.69 克，比水的密度还低，是气体型的。设想一下，假如地球只有木星这样的密度，在地球表面人都站不住，会沉下去，又怎么能够盖一个楼？所以说岩石型的密度是非常适合人类的，人们可以在地球上建立自己的蜗居。

第七，太阳的质量也很合适。地球在太阳的大家庭里面，太阳对地球上的生命起着决定性作用的，没有太阳，地球就没有能量供应，所以太阳非常重要，同时也要求太阳跟地球配合得恰到好处。我们刚才提到地球的质量很合适，其实太阳的质量也很合适。太阳的质量决定了什么呢？太阳的质量首先决定了温度，质量越大，恒星的温度就越高。温度就决定了“宜居带”的位置，如果靠近太阳就会太热，远离太阳又太冷，因此太阳跟地球的“宜居带”是由双方来决定的。现在太阳的质量使得地球刚好处在“宜居带”。还有就是太阳的质量会决定太阳的寿命。在天文学领域有一个很重要的发现，那就是发现了一个像太阳一样的恒星，它的寿命长短跟它的质量是直接相关的。一般来说，质量越大的恒星寿命越短，就跟人类一样，大家知道太胖的人一般活不久，质量小的恒星寿命比较长，所以古话才说“有钱难买老来瘦”。当然人的寿命长短跟太

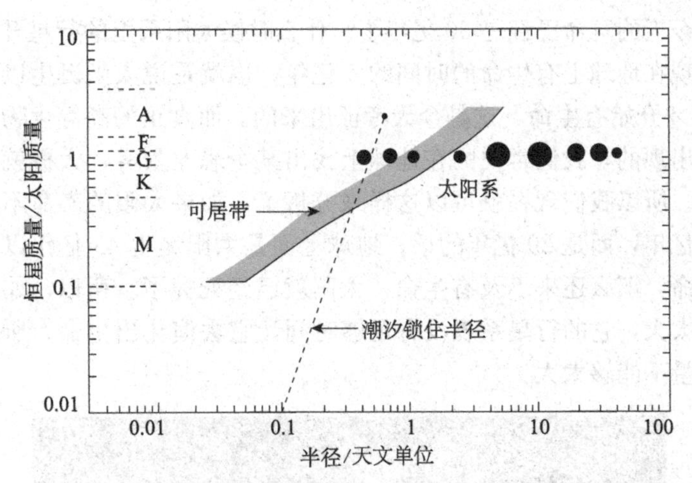

图 2　可居住带与同步自转带

阳寿命的规律是完全不一样的。太阳的质量决定寿命的长短这一深奥的理论是曾经得过诺贝尔奖的。不仅如此，太阳的质量还决定了地球的自转周期，这一点大家可能不太好理解，为什么太阳质量的大小会决定地球的自转周期呢？大家看到图 2 中灰颜色的部分就叫“宜居带”，其中横坐标是这个行星离“太阳”的距离，纵坐标就是这个“太阳”的质量。如果太阳的质量变大，“宜居带”的位置就要离太阳远了，如果太阳质量变小，“宜居带”的位置就离太阳近了，所以一定是一条斜线。我们刚才提到太阳的质量如果太小，“宜居带”就会移向太阳。图 2 中的虚线叫做潮汐带。两个天体如果靠得太近会产生一种摩擦力。其自转周期的会受到摩擦力的影响，因此当在虚线左边的时候，它的自转就会慢慢变慢，慢到它与太阳周期一样的时候，就锁住不再慢下去了，“宜居带”一定不能跑到虚线的左边，一旦跑到左边以后，这个天体的自转就跟它公转的周期一样了。地球刚好在潮汐带的右边，所以自转与公转不一样。如果太阳的质量小了一半，可居住带就落在潮汐带内，这样地球的自转与公转就同步了。地球与太阳就手拉手面对面跳舞，使地球的一半永远是寒冷的黑夜。如果太阳的质量大了，它的寿命就比较短。假如太阳的质量比现在大 50%，它的寿命就会变成现在的 1/5。我们预计太阳的寿命是 100 亿年，如果它的质量比现在大了 50%以后，它的寿命就会变成是 20 亿年。太阳的寿命要变短的话会有什么影响呢？从地球生命演化史来看（图 3），大约 100 亿年以前我们有了银河系，50 亿年以前太阳诞生，所以太阳今天的寿命已经是50亿年了。什么时候太阳系里的行星开始有生命呢？现在地球上有生命的时间约5亿年，也就是说太阳诞生以后过了45亿年才开始有生命，这是今天考证出来的。而真正的高等生物是1亿年以前出现的，我们常说的在地球上找出某个恐龙蛋等，大概就在一两亿年前。所以我们现在就可以这样来分析了，如果太阳的寿命不是现在的100亿年，而是20亿年的话，地球上面是太阳诞生45亿年以后才开始有生命，那么还来不及有生命，太阳就已经死掉了。所以，如果太阳的质量太大，它的行星系统没有足够时间让它去演化出生命，所以说太阳的质量不能够太大。

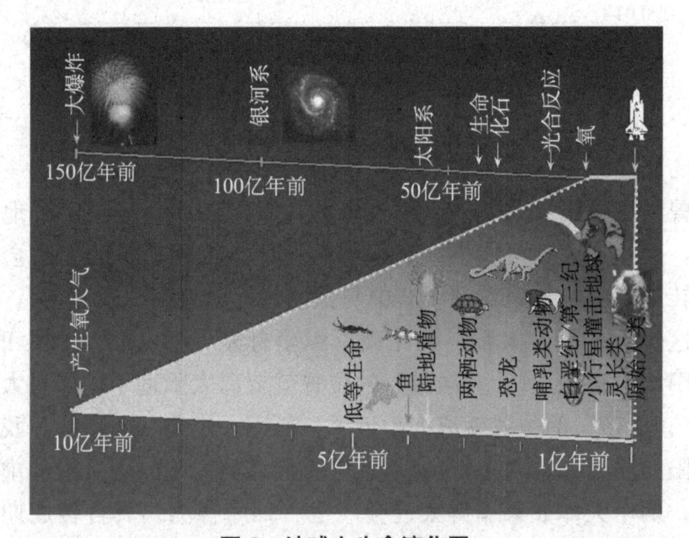

图3　地球上生命演化图

第八，我们说地球上要有稳定的温度，除了地球公转轨道是圆的。跟太阳之间的距离不变外，还要太阳的温度也不能变。如果太阳温度升高地球温度也会升高；很幸运的是太阳是一个非常稳定的恒星，天上有一半“太阳”是变星，我们的太阳却是不怎么变化的天体。天上有很多变星，它的温度起伏很大，几天之内温度可以变一倍，如果太阳是这么一个忽冷忽热的天体，那么地球上也不会有太安宁的日子了。

第九，太阳是一个单星系统。我们这里说的单星是指恒星，作为恒星，太阳是一个单星系统。天上单星系统的恒星大概只有50%，另外有50%的星是双星系统，即有两个恒星。双星系统会对绕着它运动的行星的轨道起很大作用。要是太阳是双星系统，地球绕双星系统的轨道就很复杂了就不可能是圆轨道了。

第十，地球有一个难得的磁场，并不是所有行星上都有这么好的磁场。地球有南北极的磁场，磁场对于地球来说非常重要，它是地球的守护神。地球所处的环境很复杂，太阳每天吹出来的太阳风，不光有辐射还有很多高能粒子，这些高能粒子比X射线的杀伤力还要大几百倍，甚至几千倍，而且这些粒子多半都是带电粒子。如果没有这个磁场，这些粒子就会像子弹一样天天往地球上打，所有的生命都会被它摧毁。地球的磁场这时就起了很大的作用，当带电粒子打到磁圈的时候，就会在地球高空绕转，不会直接打到地面上来。磁场和大气共同保护地球上生命。地球上生命不受宇宙线伤害的。

第十一，我们知道木星在地球外面，是外行星。木星的质量是300倍的地球的质量，所以木星就相当于地球的守门员。足球比赛中的门卫很重要，对方一个足球踢过来，一下子就可以被门卫扑掉。除了太阳的高能粒子会伤害地球上的生物，小行星、彗星也会对地球产生伤害。木星的作用就是为地球挡一下。图4是发生在1993年，一个叫Shoemaker的彗星撞击木星。图4中的亮点是撞击点，当时估计这样一个撞击相当于至少1000个原子弹的威力。就是木星帮地球挡了一下，因为它质量很大所以要想进到地球就必须要先经过木星。木星很大的质量产生的引力场改变了它的轨道。所以木星是我们的一个守门员。

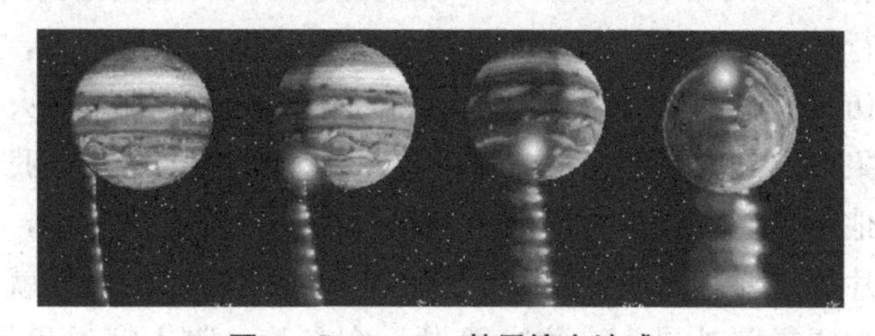

图4　Shoemaker彗星撞击地球

最后来说月亮。大家不会想到月亮对地面上的生命会有多大影响。我前面提到月亮会引起潮汐作用，大家知道海洋每天的潮起潮落都是受月亮影响的，月亮的潮起潮落对我们地球的生态环境保护是很重要的。海水中的养分能够均匀化、不同海域的海洋中的鱼类能有基本相同的营养靠的就是一个“搅拌器”。海水要进行充分的搅拌，这样各处海水的营养才能够差不多。例如，家里主妇端上来一碗汤，有人说这个汤太淡了，就加了一点盐，然后就会用勺子去搅拌，这样汤的咸味才能均匀。可是海洋的面积这么大，谁有本事来搅拌这么大一个海洋呢？搅拌的人就是月亮。每天的潮起潮落就是海水在全球范围内这样晃，使得海洋里面的养分相当均匀。你在太平洋东海岸吃到的鱼与太平洋西海岸的鱼没什么区别，你在印度洋里面吃到的螃蟹与大西洋的也没什么区别，是月亮在这里充当了一个非常大的搅拌器。

前面提到了地球具有得天独厚的十二个因素，如果你再仔细想，还可以想到一些别的原因。所以地球在宇宙当中虽然是一个普通的行星，但是它真正具备了能够使我们人类在上面繁衍的很多得天独厚的条件。这也为我们寻找第二个“地球”提供了目标。人们可能会问生命难道一定都需要这么多条件吗？这不是天文学家所能回答的问题，要请生物学家来回答是不是生命在不同的条件下都可以繁衍的问题。但是天文学家能告诉你的是地球确实具备了很多能够让地球上的生物繁衍，开心、舒服地生活的条件。寻找第二个“地球”是人类很早的追求，也是我们的梦想。我把人类这种梦想的活动通俗地列成五种，一是迎客，二是拜访，三是发名片，四是打电报，最后是听广播。

首先是迎客，大家最常说的就是UFO了，即星外来客。所有这些都还只是民间传说，到目前为止还没有一个天文专业研究机构能够发布消息说真正有UFO了。第二是拜访，人类能够拜访的也就是我们太阳系里面自己的行星。我们放了不少飞船到太阳系里面很多行星去，最多的当然还是拜访火星。到目前为止，虽然我们有一点儿迹象表明火星上有点儿水的迹象，但是火星上有生命这件事基本上是被否定了。我们的太阳系里面其他行星上也不会有生命的存在。第三就是发名片了，现代社会交往中名片很重要。当你见到一个人，他要介绍自己的时候就把名片给你看，人类要想跟外星人交往也要发一个名片，跟人家说我是地球人。设计这个名片的是一个很有名的科普专家，叫卡尔·萨根（Carl Sagan）。卡尔·萨根设计了一个金片（图5），因为金片的寿命长，不会被腐蚀，1973年发射了两个叫“先驱者”的飞行器。最近网上说“先驱者”已经穿过太阳系了，这个说法不是很严格。名片里面有一个图案，叫做象形文字。图上画了一个男人，一个女人，一个探测器，还画了一个中性氢的原子，一个质子，一个电子，下面画了一个太阳系，一个太阳，九大行星，然后从地球这里甩出一个飞行器出来。所以，你要捡到这个东西的话，你就知道，这个东西原来是从这里出来的。这里是个太阳系，信息挺多的。然后在捡到这个名片的时候就知道，有一个男人、一个女人，男人、女人是这样大小。如果你捡到这个飞行器做参照，你知道这个上面设定的人是什么样的人。这个是一种脉冲星，脉冲星就告诉方向所以告诉人家这个名片是什么，飞行器是从太阳系里出来，太阳系在什么地方，上面有什么人，人的大小有多少，等等。这张名片上面的信息很多了，相当于你的名片上面有地址、职位、有头衔，等等。

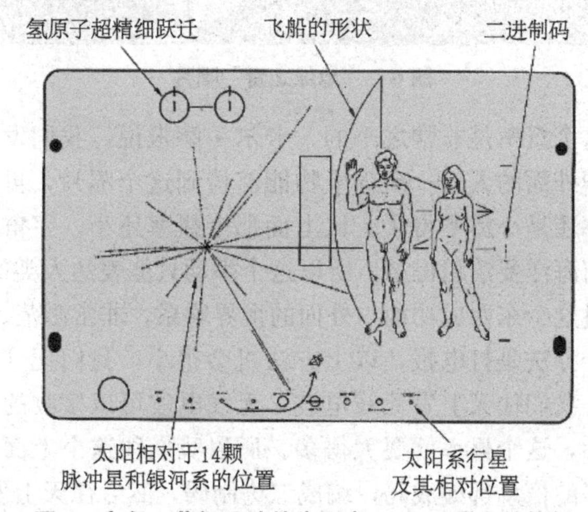

图 5　卡尔·萨根设计的先驱者 10，11 号上的饰板

除了发名片以外，还发唱片。你这个名片信息还不够，所以就发个唱片，唱片的东西就很多了。唱片上有很多很多信息，它用二进制码来告诉你，空间位置，唱针怎么用，上面包括 DNA 分子，甚至还放了很多音乐，叫“地球之音”唱片（图 6），捡到这个唱片的时候你可以放。上面包括各种自然界的声音，像海浪、风声、雷声、鸟声；还有各种爆炸声音、盘子摔碎的声音、枪炮声，等等；还包括我们上海的地方方言；还有卡特总统，当时的联合国秘书长，瓦尔德海姆的讲话；还有音乐，像贝多芬的音乐，还有中国的《高山流水》，等等。所以你要有幸捡到这个唱片，就可以了解我们人类在寻求我们的伙伴。

这张唱片保存的年限是 10 亿年，寿命很长。卡尔·萨根说过这样一句话：把唱片送入太空去，就好像一个落难的水手在快死之前往海洋里面扔一个瓶子，瓶子里面塞一张纸条，把它的盖子盖住，让它在海洋上漂，某一天被人捡到了，然后发现还有一个水手掉到海里了，我们赶紧

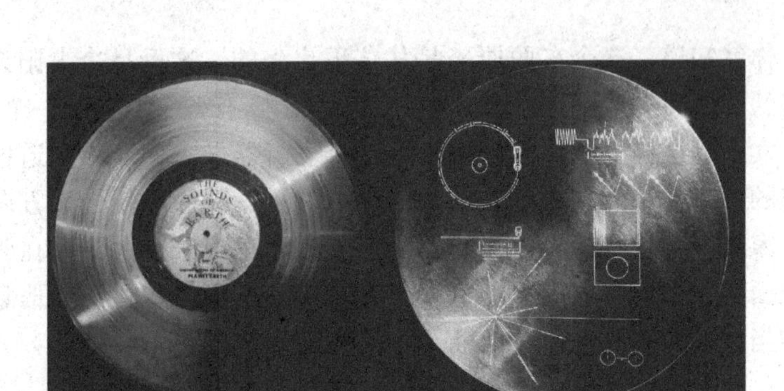

图 6　“地球之音”唱片

去救他吧，这个概率是非常之小的。卡尔·萨根说，我们发一张名片到太空去，希望外面的人——高等生物能够捡到这个唱片，再来找我们地球，这个概率还是小得不得了，比上面那个概率还小。宇宙的海洋可以比地球上任何海洋要浩瀚得多，所以这个举动只能表达人类的一种愿望。真正要想通过这个东西成功地与外面的世界联系，非常渺茫。

还有一个办法是打电报。以上方法机会很小，我们把这个机会增加一点儿行吗？我们往天上发无线电波，无线电波可以接收的范围就很大了，这样的话，这个概率就要大得多。所以我们往这个上面也是同样地把刚才那么多的信息都编成码，编成二进制码，然后往天上发这个电波，希望收到这个电波的外星人能够反馈回来，这是我们主动发电波。

最后一个办法就是我们听广播。我们接收外星人广播，我们用一个非常大的无线电接收机去收听。曾经有一次，苏联的一个这样的搜索文明的机构说：我们发现一个很有趣的信息，不是地球的。后来一查证是个误判，这是一个军事飞机划过天空的时候发出来的东西。他们将其误认为是外星人。这是用很大的望远镜来做这个事情。

我前面大概讲了两部分内容：第一部分是告诉大家，地球至少有 12 个方面优越的条件，能够使人类生长；第二部分，我简单地介绍了一下人类过去曾经有过的活动，比如，想跟外星太空进行联系。那么第三部分内容就真正进入主题了。

下面我讲如何用天文观测去寻找太阳系以外的类地行星了。我刚才讲到，这是最近 20 年才能发展起来的项目，它需要非常高的技术。第一个突破是在 1995 年，18 年前，瑞士的一个天文学家第一次发现了太阳系以外别的太阳上面有行星，在这之前，整个宇宙我们知道只有太阳有行星系统，所以 1995 年是个大的突破。在天鹅座方向，离我们地球 48 光年的地方，也有像太阳这样的恒星拥有行星。

这两个人（图 7）得了 2005 年邵逸夫奖。邵逸夫奖的奖金额是 100 万美元，自 1995 年突破以后，科学家就找到了方法，一下子就发现了很多有行星的恒星系统。

图 7　2005 年邵逸夫天文学奖得奖人

但图 8 是发现的行星系统分布图，横轴是轨道半长轴，大部分都很短，离中心天体很近，转动很快（图 8）。发现的绝大部分行星，都是像木星这种行星，个头很大。像地球这样的行星一个没发现。这个很好理解，因为木星个头大，比较容易发现，它产生的各种各样能够观测到的效应就比较明显，所以仪器灵敏度、精度低一点儿就可以发现。要观测地球就难了，它对仪器要求非常非常高，精度要非常非常高，所以一直不能被发现。

图 8　行星系统分布图

图 9 是地球与木星的比较，木星质量是地球的 300 多倍，地球与木星的半径差将近 11 倍，二者面积差 100 多倍，体积差了 1000 多倍，密度当然也差很多了。这就是为什么我们能够发现木星的原因。所以，20 年来这个事情才慢慢地提到科学日程上来。告诉大家做这件事为什么困难，大家才知道这件事情不是容易做的事情。

找到“地球”有两种方法：一种是直接方法；另一种是间接方法，利用行星的存在对恒星产生的效果，通过探测这些效果，反推它有行星。

	地球	木星
质量	1.00	318
半径	1.00	11.2
面积	1.00	126
体积	1.00	1408
密度	1.00	0.24

图 9　地球与木星对比图

这两种方法都有很多困难，第一个困难就是“地球”跟“太阳”距离太近。地球上的人说不近啊，地球和太阳多远啊，差不多距离是 1 亿 5000 万公里。1 亿 5000 万还能说近吗？这是我们生活在地球上的人的概念。如果你把日-地距离摆到天上去，你会发现它对地球的张角就非常非常之小（图 10）。我们在天文上不讲直线距离，都讲角距离，讲张角。比如说，我们看平行的两条铁轨，你看近的地方，两条铁轨对你的张角就大；看远的地方，两条铁轨就并合在一起。这个讲的就是角距离物体的张角跟距离成反比，如把日地系统放在 1000 光年的地方，它的张角只有千分之一角秒。1 角秒张角是什么概念呢？一粒大米（大约 1 毫米），放到 200 米远的地方，看到这粒大米的张角大概是 1 角秒。那千分之一角秒，就是离 200 公里看一粒大米的张角。

星名		亮度/V	距离/光年	角距离/角秒
天狼	α CMa	−1.46	8.65	0.35
织女	α Lyr	0.03	26.3	0.1
大角	α Boo	−0.04	35	0.09
参宿四	α Ori	0.06~0.75	600	0.005
天津四	α Cyg	1.25	1740	0.001

图 10　行星张角对照图

第二个困难是，地球与太阳的亮度相差太大。太阳的亮度要比地球亮 1000 亿倍。你来看看这个探照灯（图 11）里面边上有没有什么东西？有人能看得见吗？我们把探照灯熄灭（图 12），你就发现这里有一个飞蛾。在非常亮的探照灯边上，如果有一个微弱光点的话，你就看不到了，何况刚才的探测灯亮度与这个飞蛾的亮度比绝对没有到1000亿倍，可能也就是100倍到200倍左右。你设想一下，如果物体旁边有个比你亮1000亿倍的很亮的光源，你怎么能看得见它，像100瓦的灯泡边上飞个蚊子，你根本就看不见所以这很困难。

图11　探照灯（亮）

图12　探照灯（暗）

如果我想办法把“太阳”的光挡掉，要直接看地球，也非常难，因为地球本身非常暗。从天文角度来讲地球星等是30等。30等是什么意思呢？举个例子，就是一个视力最好的人的眼睛，在一个没有月亮的晚上，天空非常晴朗，能看到的天上最暗的星，亮度是7等。30等星比7等星暗了10亿倍。所以需要用非常大的望远镜观测。

现在发现这些太阳系外行星的系统几乎都是用间接方法。有很多间接方法：当地球绕着太阳转的时候，太阳在空间也会晃动，学过物理的人都知道这个道理。这里讲三种间接方法。一种方法就是刚才讲的“绕着转”，不仅行星绕转，它的中心恒星也会绕转，如果你测到恒星的绕转，就会知道有行星存在。历史上发现天王星就是用这种方法找的。另一种方法称为视向速度变化法。如果一个行星绕着恒星转的话，恒星光谱谱线波长就会有变化：恒星朝我们飞来时谱线蓝移，离我们远去时谱线红移。刚才讲到的1995年那个突破性发现，用的就是这种方法。还有一种方法就是遮挡。一个行星绕着恒星转的时候，由于行星比太阳暗，会挡掉恒星的光，太阳的光度变化曲线会有一个凹坑，把这个凹坑测出来，就会找到这个行星。所以基本上有这三种方法，当然还有别的方法，但最常用的就是这三种方法。

关于直接方法的困难，我在前面已经讲过了。间接方法也有很多的困难，有哪些困难呢？首先，如果我们讲晃动，恒星和行星是绕公共质量中心转，质量中心和天体的距离与质量有关，质量越大的天体，越靠近质量中心。地球跟太阳的质量差差了 30 万倍，所以质量中心已经到了离太阳中心很近的地方，太阳的晃动半径是非常非常小的。地球绕质量中心晃动的半径，是太阳绕质量中心半径的 30 万倍。地球绕太阳半径是 1 亿 5000 万公里，所以太阳绕质量中心的转动半径只有 500 公里。如果放在天狼星那么远的话晃动半径的角距离只有百万分之一角秒；如果放到织女星那么远的话，晃动的角距离大概是千万分之三角秒。百万分之一角秒是个什么概念？百万分之一角秒就相当于你手里拿个硬币，把这个硬币放在月亮上，从地球上去看那个硬币，不是看那个圆面，是看那个硬币的厚度，这个硬币的厚度相对于地球的张角就是百万分之一角秒。你如想用这种晃动的方法去找在天狼星位置处的地球-太阳系统，设想天狼星就是太阳，它边上有个地球，地球绕着天狼星转，天狼星也转，天狼星晃动的大小相当于我们从地球上去看月亮上硬币厚度那样的大小，也就是从硬币的正面晃到反面，你要把它检测出来。技术上是非常非常难的一件事情。

第二个方法就是测量速度，速度也是跟半径比有关系。地球绕质量中心转动的速度和太阳绕着质量中心转动的速度也差 30 万倍。太阳绕着质量中心的转动是每秒钟大概 0.1 米，现在技术已经发展很先进了，但是技术极限是多少呢？是 0.3 米。所以，目前的技术水平跟你要想探测到这个类地行星绕太阳转这个距离还有 30 倍，你还要提高一个数量级，所以这个也很困难。

第三个就是测亮度了。刚才讲到，因为地球绕着太阳转，太阳亮度会暗一点。暗多少呢？地球的面积只有太阳面积的万分之一，所以，地球只挡掉了万分之一的光，太阳的光度只暗了万分之一，万分之一实在是很难看到。木星面积很大，它要挡掉太阳百分之一的光。要想测到太阳的亮度变化万分之一，也非常难，不过这个方法已经在 Kepler 卫星上实现，并且取得极大成功，下面要专门介绍。其他间接方法我就不说了，因为时间关系跳过去。

现在我专门介绍一下 Kepler 计划。这个 Kepler 计划可能很多人都听说过。因为到目前为止，Kepler 计划是一个非常有效的计划。Kepler 计划用什么方法来找地球的呢？Kepler 方法是个间接方法，用的方法就是刚才讲的遮挡。要测出有万分之一的光度变化，科学家们怎么解决？亮度一旦发生了万分之一变化的时候，你怎么能测出来？而且是小概率事情，轨道遮挡不是老挡，在一圈里面，只挡那么一会儿，地球绕太阳转一年，真正从太阳表面擦过去的时候是很短的一段时间。另外天上那么多星，你怎么知道这颗星上会有行星？怎么刚好找到这颗行星，并且能够测出来。

地球轨道是 360 度，从地球上看上去太阳只有半度，也就是在 360 度轨道里面，也只有在占半度那个范围里面才挡光。也就是说，地球绕太阳转一圈是 365 天，转了 360 度，你可以算一下转半度占多少时间，半度就差不多是 700 多分之一。所以，你盯着看，看 700 天，它只有一天才是挡的，所以你必须要长时间地盯着那个星看，还不知道盯哪一颗星，而且你还要测它的万分之一的变化。所以，Kepler 这个计划就非常巧妙，这些科学家是真会动脑筋，想了一个好办法。

首先，你要克服噪声。任何你要探测的东西都有噪声，就是统计噪声，按光子数目来说，如果发光体平均每秒发 100 个光子过来，它的噪声有 10 个光子，什么意思呢？就是说，你收到的光子不是不变的 100 个光子，有起伏的，一会儿是 70 个光子，一会儿是 80 个光子，一会儿是 120 个光子，平均是 100 光子。所有这些变化都不是它真正的变化，而是统计噪声。你要想探测它的变化，变化量就必须比噪声还要大。要测万分之一变化，就要接收很多光子，举个例子，如果光源有万分之一的变化，你每次如果只接收到 1 万个光子，光源变化只有 1 个光子，噪声是 100 光子，变化完全淹没在噪声里。你至少每次要接收超过 1 万万个光子，万分之一的变化是 1 万，噪声是 1 亿的平方根，也是 1 万，变化量与噪声水平相当，所以至少要接收 1 亿光子。Kepler 想了很多办法来解决这个问题。这个（图 13）应该是在 2009 年发射上去的，到现在（2013 年）为止在天上运转了有 4 年了，他的成就是非常大的。确确实实是像设计的那样，他能够真正测到万分之一的这样一个光度变化。他观测的是天鹅座，他把望远镜对着天鹅座，盯着它不动，然后用一个非常大的视场，一下子可以捕捉几万个恒星，它不是盯一个星，而是盯着几万个恒星看，不断地看它。这个（图 14）就是它的望远镜的视场，这个是 CCD（将光信号转变成电信号），这是它覆盖的天区，它这个视场很大，所以它里面可以看到很多很多恒星。他要测这个凹坑，Kepler 可以把信噪比超过 1 万，所以整个的精度就非常高了，测出来的结果很好。

图 13 Kepler 望远镜

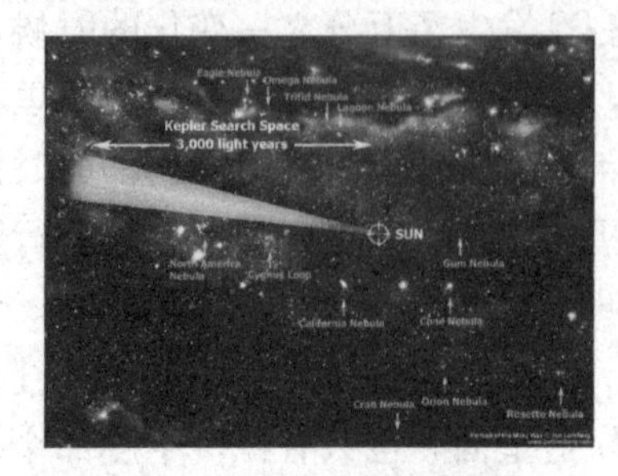

图 14 Kepler 望远镜视场

Kepler 取得了哪些成就呢？首先，确立了有 156 颗系外行星，而且还有 3500 颗星还在等着进一步证实，而且这个结果就告诉我们，银河系当中至少有 70%的类太阳的恒星，它这个轨道周期小于 85 天；有 17%的地球行星，半径是地球的 0.8～1.25 倍，这个很靠近地球了；25%的行星的半径是地球两倍左右，而且差不多是在我们银河系里，每一个 M 型的矮星都有一颗行星。所以结论是，银河系只是个小样本被抽取出来了，因为有的恒星可能有不止一个行星，那么其中有 170 亿颗行星可能是岩石型的，表面环境适合液态水存在，看起来这个概率很高。

到 2013 年 10 月份，把其他的方法都加上去，除了 Kepler 以外，人类大概已经发现 1000 颗太阳系外行星了，其中水星大小的有 3 个；像 Mars 大小的，就是火星大小的有 7 个；像地球大小的有 11 个；比地球大的有 114 个；像天王星这样的有 148 个；像最大的，还是木星型的有 700 多个。这就是到今天为止，我们通过观测已经找到有 1000 个这样的行星。

有几个新闻上报道比较多的就是，好像找到像地球一样的东西了。一个就是 Kepler22b，今天给我的广告里也写着 22b（Kepler22b），它离地球 600 光年，在天鹅座，它的质量是 2.4 倍个地球，它绕着它的恒星转的周期是 290 天，虽然很远，但是跟我们差不多，我们是 365 天，它是宜居带；还有就是 GJ667c（图 15），一下子发现好几个行星处在这个宜居带，这儿可能有水，这个是 Kepler 的 22e（图 16），找到这个是 e 跟 f，这个直径是地球的 87%，这个大小接近地球，但是非常靠近太阳，所以这个温度太高。

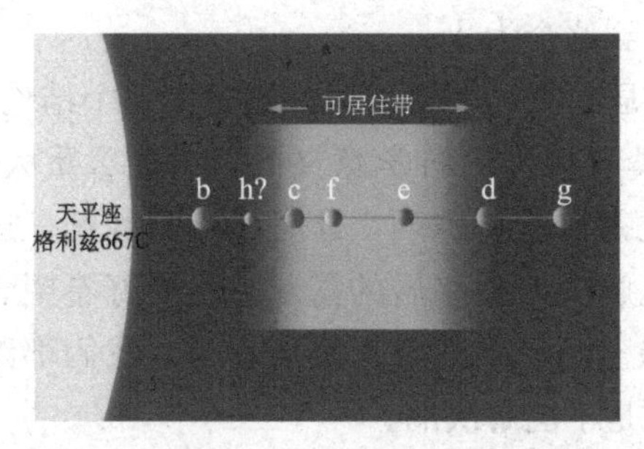

图 15　恒星 Gliese 667C 及其系外行星

图 16　Kepler 的 22e

实际上，所有这些类地行星要跟金星、火星比，还不一定有金星和火星条件好。金星质量跟地球是很接近的，火星小一点；金星半径特别接近地球半径，周期也是 200 多天；密度也很好。所以实际上在外面找了半天，我们太阳系里面就有两个行星实际上更接近地球这种情况，但是这么接近都不可能有生命。

大家知道，Kepler 计划因技术故障已经停止了。新的一个计划，就是 Kepler 后的一个计划，叫做 TESS 计划。这个也是用这种遮挡的方法，跟 Kepler 一样，来寻找这些行星。这个计划在 2017 年发射，它号称说概率要比 Kepler 大 400 倍。它现在专门去找亮星，而 Kepler 发现的那些星太暗。为什么要找亮星呢？因为你要想去研究行星上有没有生命，一个很重要的问题就是要去找行星大气里面有没有那些生命活动的一些分子。举个例子，比如说地球上的大气，你可以检测到像甲烷这种分子，因为有粪便，粪便会影响大气产生甲烷分子；第二个地球上有水，所以大气里面就有水分子的出现；然后因为有氧气，所以大气里面会有氧分子出现。所以你要想知道遥远的行星上面有没有生命，首先要去看看大气里的成分。只有通过测量大气的成分，才能进一步推断这上面的行星有没有东西。这样的话，你要想去测量大气，而这个行星很暗，那你势必一定要去找非常亮的星，而且要用非常大的望远镜，就是现在人们正在做的大望远镜，口径 30 米的光学望远镜。耗资大概是 14 亿美元。中国现在正在谈判，看看能不能加入这个计划。

哈勃之后有一个新的 6 米大的空间望远镜也要上天。这些都是想要用来回答这些问题的。即使是这样，也只能观测亮星，所以这个 TESS 计划就专门做比 Kepler 要亮很多的星。因为亮星比较少，所以你必须要把监视的目标放得更大，就是大到 400 倍 Kepler 的目标监视范围。为了后面的进一步去寻找，所以现在谈到这个为止。

结论是，离找到地球这样的宜居行星还非常遥远，这是第一个结论。寻找类地行星，我现在要讲，是具有重大的科学意义的。为什么重大?要知道我们人类在宇宙当中的地位是非常特殊啊，还是不是特殊啊，这具有重大的科学意义。但是它不能解决人类移居的需求，不要寄希望于通过寻找这样的行星。说现在地球上已经不适合人类居住了，我们都跑吧，跑到别的星球上去，这种问题是不能解决的。

从天文学科学的角度来看，太阳的寿命大概是100亿年，现在已经过了50亿年，后面还有50亿年可以活，所以50亿年以后太阳会死亡的，太阳是一定会死亡的。没有太阳的能量了，地球上所有的生命必然会灭亡。所以从天文的角度来看，地球上人类的毁灭是必然的，不过很遥远，还有50亿年。在座的就不用担心了。

但是人类的毁灭可能不是天文的原因，地球上人类的毁灭一定是自己毁灭自己，为什么这么说呢?因为现在人口增长，还有对物质这种竞争性的需求，没有止境的需求，就是贪婪；还有科技的发展，比如像汽车、飞机、冰箱、空调，等等，指数性地加速了人类消耗地球资源；还有排泄废物、废气，污染地球的环境，这些都会造成地球人类要提前灭亡，而不是在50亿年以后。所以，最近Hawking（霍金），大家知道，很有名的一个科学家，曾经对英国广播公司说过一句话，说地球上的人类会在200年内毁灭，这有点太耸人听闻了，但这不是耸人听闻，在200年内地球可能会毁灭。

所以我这个报告有三点忠告。第一，人类不可能通过迁移到别的星球上来延续人类这个物种。很多人想得太天真了，地球要不适合生存，我们把人类迁到别的星球去，这是谈何容易的事情。最近的一个恒星离我们地球的距离是4.3光年，光每秒钟走30万公里，火箭飞行速度每秒钟也就顶多30公里，比30万公里慢1万倍。如果坐这种飞行器到最近的地方，也要几万年才能飞到。人类整个历史不过5000年，你要飞的话，要飞几万年才能飞到，你怎么可能是坐着飞行器过去呢?你还要带那么多食物，那么食物还要怎么办呢?你还排尿、大便这些，怎么办?而且你不能迁两三个人，要把地球上40亿的人你都迁过去。现在菲律宾那边发生一个飓风要迁10万人都是非常难的事情，你何况要迁40亿人。把北京市海淀区迁过去都困难，所以这个完全不可能。而且你到了那个星球上，什么东西也没有，要首先在那里建工厂、种地、生产粮食，你以为你过去就是鲁滨孙啊，所以这个完全是不可能的。人类要在地球上活不了了就跑到别的星球上去的说法是不现实的。所以，不可能通过迁移到别的星球来延续这个物种。

人类只能靠保护地球来延长这个智慧的物种。所以，人类要想使自己繁衍下去，只能够去保护地球，不能像现在这样来毁灭地球。但是现在人类太自私，提前把留给后代的资源消耗殆尽，所以才有 Hawking 说的，我们人类会在 200 年之内灭亡的。这是 Hawking 跟英国广播公司说的一段话：人类已经进入到一个越来越危险的时期了。

最近有一个广播公司有一部电影很好，叫 Earth 2100，如果小孩子们愿意看的话可以去看一看。这部电影是关于 2100 年时候的地球，这是一个科教片。电影是讲 2009 年出生的一个小女孩，到了 2100 年的时候，目睹了地球上的人类，不改变自己的生活方式，在未来 90 年内毁灭自己的过程。

餐桌植物园

史　军

植物学博士，果壳阅读图书策划人，中国植物学会兰花分会理事，科学松鼠会成员，《科学世界》杂志前副主编。毕业于中国科学院植物研究所，获得植物学博士学位，主要研究方向为兰科植物繁殖和保护。为《新京报》《南方都市报》《中国国家地理》等多家报刊撰写专栏文章，著有《花与叶的生存游戏》和《植物学家的锅略大于银河系》等科普书籍，也是科普畅销书《一百种尾巴或一千张叶子》《冷浪漫》的作者之一。还是 *Lonely Planet* 旅行丛书的译者之一，百度百科学术委员会植物学领域会员。

Shi Jun

史　军

非常感谢大家听我的讲座，今天我们聊点植物学的东西。一说起植物学，实际上，并没有多少人第一印象喜欢这个东西，包括我 5 岁的儿子。我问他你将来想干什么呢？他非常坚定的说：“我学动物!”植物学貌似是距离我们非常遥远的一个学科。在我们很多人的印象中植物学是野外的样子。

因为我从事的兰科植物的研究，很多情况下会去野外，去很多不同的地方，不同的山里面，不同的森林里面，各式各样的地方。我每次出去的时候，从事实验室工作的老师和同学都会问我，你去的地方很有意思吧？你去的地方有很多好吃的？山上的野果很多吧，什么味道的，给我们带点吃的。

实际上，我去的地方，并没有大家想象的那样那么美好。好吃的东西并不在山上。真正好吃，好玩，真正让我们体会到植物学的地方是身边的日常生活。

我们每天在接触植物学，我们不用去深山老林采野果，去认识这个东西有毒，还是没有毒，能吃，还是不能吃。这个是我在植物学学习中遇到的终极的问题，很多人都会问我这个问题。微博上贴一个图，说，“史军你帮我认一下，这个东西能不能吃，好不好吃，什么味道啊，怎么吃好吃啊？”我们每天都在跟食物打交道，但没有人会关心这个东西它的分类是什么样子的，它的研究演化是什么样子的，它的亲缘关系是什么样的，这些东西和我们的生活非常非常远。因为会让人感觉，植物学是一门绝学——一门没有人学的东西。其实每天我们都在与植物打交道，我们每天都在学习植物学，而且学习植物学并不是我们想象的那样，必须要你背几个记不住的拉丁文词，有意思的东西在植物学里面等着大家。今天我们就聊一聊关于餐桌的植物园的事情。

我们人类有一个天性，每个人都做过一样的尝试。我看见现场有好多小朋友，我想调查一下小的时候有没有因为随便往嘴里塞东西遭到家长指责的？你看，几乎都有！这种行为是一个很正常的天性，因为我们需要用嘴巴来探索世界。虽然我们有眼睛，有手和鼻子，但是我们的嘴巴是我们最先用到的了解整个世界的重要器官。我们要了解这个世界是什么样子的，很可能通过我们嘴来进行。

我们尝到的味道，质感，诸多有意思的复合的感觉，会让我们对整个世界产生很深刻的印象。所以，我们认识植物的过程真的是靠嘴巴实现的。世界上的植物种类，包括藻类植物、蕨类植物、裸子植物，被子植物，共有 37 万种。听起来很多，但是里面能吃的大概只有 8 万种。然后在能吃的 8 万种里面，人类历史上曾经利用过的大概只有 3000 种。这个东西是一个渐进的过程，如果我们不去尝的话，我们怎么知道它能不能吃？

那么，我们常规吃的植物究竟有多少种呢？有哪个小朋友愿意猜一下数量。1000？好多啊。500？150？你说得真准，真的就是 150 种左右。

虽然我们在市场上感觉到东西是琳琅满目，我们的西瓜、苹果、猕猴桃、小麦、红薯、土豆，我们感觉都要被植物包了，多种多样的庞杂的植物家族在我们周围。实际上我们吃的种类只有 150 种左右，包括大宗贸易的食品来说，只是这么多。所以，我们怎么样从 37 万种植物里面，找到我们能吃的 150 种呢？整个的过程除了吃还能有什么办法来解决呢？

我们需要一个分类，我们怎么能把 150 种东西和其他的东西独立出来，150 种东西和 37 万种东西里面我们怎么样找到它。我们今天来到科技馆，科技馆说大一点是在银河系里面，然后是在太阳系里面，在地球上，然后在亚洲，在中国，在北京，在大屯路上。

我们是这样找到这个场馆的。但这并不是说，我们每次都要从头找一遍科技馆，我完全不知道在哪，所以我们需要它的门牌号码，我们不是把中国整个街道走遍，那样的话找到科技馆不知道是猴年马月的事情。所以，我们要有一个路标的系统。

在植物学里面，有一个有意思的分类的标准，这套标准是历经了很多很多年，一直从古希腊时期到现在都在不断完善的分类系统。我们把整个大的分类系统划分成一个类似于不同的地区，不同的街道，不同的楼层的系统，把世界分成了动物界、植物界、真菌界、细菌界，现在分出了菌物世界。

樱桃它是在哪呢，我们怎么样认出它是樱桃呢？有种子很重要，所以它往下走，植物界—被子植物门—双子叶植物纲—蔷薇目—蔷薇科—李属—樱桃。

怎么说呢，樱桃这个植物里面很重要的一点是，它有一颗种子。这个相当于我们找到一个比较好的标准，一个地标。我们找到它共有的形状，在这个里面，除了樱桃这样子的，我们还有开心果，还有坚果，很多很多的种子，包括了像樱桃、松子。

而这两大类它是怎么分开的呢，因为有的松子可能是圆圆的，而且壳是硬的，怎么和松子又分开了呢？它和松子最大的区别在于它外面包了果肉，所以它是被子事物，被子植物和松子裸子植物是有所区别的，怎么再来缩小它的范围呢？它是蔷薇目的植物，蔷薇目是指，很大的蔷薇花在它里面，它和月季花、桃花、李子和杏都是一家子的，再往下走，才是真正李属这个层面，我们平常吃的水果里面，像桃子、李子、樱桃，里面只有一个核，没有吃过樱桃里面带两个核的吧，偶尔也会有的，它可能有两粒种子，但是只有一个硬核。你们吃苹果的时候，吃梨的时候没有吃过一个核的？苹果属的果实里面有很多种子在里面，李属只有一个种子。

所以最后我们怎么样找到樱桃？樱桃和其他的桃子是不一样的，桃子的果柄非常短，樱桃的非常长，它们的花朵不一样的，它们之间有没有毛，有没有外部的附着物，也是不一样的。

讲这么多大家可能有点心不在此了，所以我们有一个全新的分类系统，所以怎么样更好地找到这个东西呢？这个和刚才的分类系统完全不一样。首先是能吃界和不能吃界，先是能不能吃，接下来是好不好吃，接下来是什么味道的，酸、甜、苦、辣。酸甜味的呢？还是纯甜味的呢？它是果子呢？还是糖花呢？它是樱桃呢？还是李子呢？还是车厘子呢？还是美国大樱桃什么的，是超市的樱桃，还是采摘园的樱桃，所以你会体会到我们用舌头感受植物世界的时候，这个植物界真的好有乐趣，真的好激动人心啊，终于可以到吃的阶段了，吃的阶段永远那么吸引人。

我们大学去实习的时候，我们也是一群学生，特别兴奋的是每次拿一个果子，一个嫩叶什么的，跑到老师那说老师这个东西能吃吗？老师说能吃，然后一个人吃了！这个东西好吃吗？如果老师说好吃，就会发现有一群人围到那个地方。后面的人说还没有采标本呢，你们怎能都吃了？于是经常发生这样的事情，我们爱好是一样的，我们认识世界虽然我们有很科学很标准的分类体系，这套辅助的分类体系让很多的小朋友喜欢这样的植物。

如果说我们要建立一套新的分类系统，我们怎么做呢，我们必须设定一定的标准。刚才说了，我们要在整个银河系里面找到科技馆，我们必须有一定的标准，一定的划分，究竟怎么样把它分开，怎么样分开，这是我们需要学的一个东西。

这个标准是非常关键的，包括刚才那套很严谨的分类系统中也提到种子外面有没有果皮，种子大不大，果子有一颗种子，还是两颗，我们有非常严谨的分类标准。

我们做吃的分类标准，一样需要做一个很严谨的分类体系，非常科学的体系，就是他们的味道。实际上味道这个东西很有意思，以前的提法是，我们的舌尖上管咸和甜，舌头两侧管酸，舌头的最里面管苦味，虽然现在的理论说，我们口腔里面的味蕾对各种味道都有感应，但是不可否认的是这几个部位对相应的味道有敏感，不一定是所有部位都能感觉一样的味道。比如说，我们喝药的时候，小朋友们或者大朋友们，喝药的时候最痛苦的事情，莫过于很大很苦的那个药，很苦怎么解决这个东西呢？很多人自然把它放在舌头最里面，这个上当了，那要知道舌头最里面是感受苦味的区域，你放那意味着让你的舌头很深刻地体验药片的味道，还不如放在舌头的尖端喝下去会舒服一点。

我们的舌头为什么会对这些味道比较敏感呢？我们的舌头感受的不是木头味，不是金属味，不是灯泡的味道，不是光线的味道。但，我们为什么能感受酸、甜、苦、辣的味道？这都和我们的生存有关系的，因为每一种味道实际上是代表了我们需要获取的，或者我们需要避免这样的物质，而这样需要获取和避免的，是植物指示给我们的。

咱们先从甜说起。甜大家都喜欢，小朋友喜欢吃糖的举手！你看，几乎都喜欢，这个是非常好的，你们遵从了人类进化的原则。因为甜是一个非常重要的一个食物来源，我们世界上有各式各样的糖，它们都是一种我们从自然界获取的主要的来源，糖是什么地方来的呢？甘蔗是很重要的糖的来源，而且这个里面包含了我们两个主要的甜味的来源，一个是甘蔗。我们吃甘蔗的时间并不长，因为甘蔗是一个印度起源的植物，它从汉朝的时候进入我们的国家，制糖业发展起来的时候是宋明时期。在此之前，中国人吃的是蜂蜜，蜂蜜是很早以前体验甜味的东西。

不管是蜜蜂来的糖，还是甘蔗来的糖，我们为什么对糖很有兴趣呢？因为糖是我们生命所必需的基本的营养物质，不管是我们听报告，还是游玩，吃一顿大餐，我们都需要消耗能量，能量直接的供给是糖。我们祖先选择甜味作为进食的信号，我们要去找甜的东西，同样一个甜的果子和不甜的树叶放在我们面前的时候，我们优先选的必然是甜的果子，我们不会选不甜的。因为如果你是一个不喜欢吃甜的食物的个体，那就很可能得不到充足的能量。

你说有些动物确实只吃草。对，这是有可能的，包括我们很重要的灵长类的亲属——叶猴类动物。它们就只能吃叶子，它也喜欢吃果子，但是它没有足够多的甜味的东西。所以，它每天都在整天整天地吃叶子，把叶子嚼完是它们的主要的工作。

甜味在自然界里并不多见，是一个稀缺的资源，对我们人类或者植物来说都是稀缺资源，因为产生这种东西的代价太高了，植物喜欢，动物喜欢，微生物更喜欢。

我们人很聪明，有些糖并不一定是从果子里面得到的，或者甘蔗里面得到的，我们可以从植物的芽里面得到。糖瓜的糖从麦芽里面得到的，麦子发芽的时候它会把麦子内部的淀粉转化成麦芽糖。我们祖先很早的时候喜欢喝小麦草的汁，它里面的主要的成分是麦芽糖。

我们的祖先很聪明，发现糖不仅仅是从麦粒里面来，它把小麦的芽切下来以后磨碎，变成小麦的汁浇在大米饭上，发现大米饭是甜的了。

这个时候需要说到种子的事情。什么我们认为平常的小朋友们很多时候是被强迫吃主食的，因为主食没有什么味道的，但是你要知道主食，包括米饭或者小麦，它们最主要的成分和糖关系密切。小麦里面就是淀粉，图 1 是大致的一个小麦的子粒的结构，我们发现小麦其实大致由这么几层组成。我们有麸皮，麸皮是小麦种子的它的一个果皮和种皮，你可以想象花生硬的壳和红色的壳在一起长了，长在外面的麸皮，我们磨面的时候去掉了。现在拿回来了，做成面包，就是全麦面包。

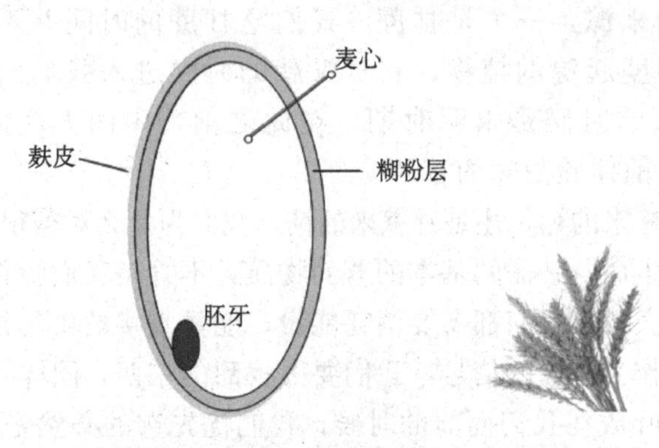

图1 嚼出来的甜味

中间有一个灰色的层是糊粉层，糊粉层是大多是蛋白质储存的地方，麦子里面几乎所有的蛋白质这儿，含量大概11%～12%的样子。所有的蛋白质在薄薄的一层里面。麦子芯里面是大量的淀粉，包括麦芽糖，包括蔗糖。你们可以尝试着细细的嚼米饭或者是馒头，你们会体会那个东西真的是甜的，因为植物需要把它们变成甜的东才可以使用，但是我们人并不满足于那个东西是没有味道的。不管是大米还是小麦，我们不满足那个东西不甜。不甜就没有驱使我吃饭的动力。于是我们就找到了这个东西——果葡糖浆。

我们知道蜂蜜通常是由51%的果糖加49%的蔗糖组成的，而这个世界确定有一种成分几乎完全一样，除了少一些氨基酸，跟这个配比也是51%的果糖，49%的蔗糖的物质，这个物质是叫51号果葡糖浆，所以这是一个果葡糖浆，它们是从什么地方来的呢？是葡萄里面来的吗？还是水果里面来的？什么，发酵来的？什么，原料是小麦？太贵了！这个东西是从玉米里面来的，我们刚才之前说那么多分解成麦芽唐的过程，这个果葡糖浆貌似与水果和葡萄糖有关系，其实一点关系都没有，它和玉米倒是有关系，这个里面很有意思的故事。

当年在美国种玉米是一个很大规模的产业，那个时候，玉米几乎都是作为饲料使用，而这个时候大概在20世纪30年代时候，这个阶段发生了两件事情：一个是因为经济危机，玉米滞销了，没有那么多需求，很多库存，玉米产量大增，不断在发展，在仓库里面没有卖出去。另外一个事情，当时美国对进口的蔗糖征收很高的关税，蔗糖涨了很高的位置，虽然说可能涨一倍两倍对我们日常生活没有太大的影响。有的家长很高兴，小朋友吃不到糖了，因为买不到了。但是，可口可乐不干了。因为这个公司需要大量的糖，之前一直用蔗糖，蔗糖用不起了，于是有一个替代的东西——果葡糖浆。因此，果葡糖浆这个时候因为这个事情大热了起来。不管怎么样，甜的东西是大家都喜欢的。

不过，这里需要跟大家说一下，植物界里面甜的糖，糖不一定是甜的。不管是甜的糖，还是不甜的糖，它们都是植物界对我们发出的邀请，果子是甜的，它一般情况下希望我们吃那个果子，或者把那个果子带走，或者种到新的地方。甚至现在出现了甜的作物，或者淀粉高的、糖分高的作物，无非就是吸引我们人类把它们继续种下去，这都是植物对我们发出了邀请。

图 2　酸 & 涩的婉拒

酸和涩，看到图 2 这个图片大家是不是感觉口水哗哗的？这是一种天然的反射，酸的东西是一个特殊的味道，它会刺激我们。吃点酸有好处，我们经常把酸和维生素 C 联系在一起，我们认为维生素 C 含量高的东西一定是酸的。事实好像不是这样子的，酸的东西也许维生素 C 并不高，然后甜的东西，或者是没有味道的东西他们的 VC 的含量可能很高，辣椒的含量甚至能够达到柠檬的 3 倍之多。

酸涩是联系在一起的，涩其实不是一种味觉，丹宁鞣酸这样的物质与我们味蕾上面蛋白质结合，我们的味蕾暂时失去接受其他物质的能力。鞣酸鱼蛋白质结合的时候，味蕾的感觉很不爽，这种感觉就是涩。

很多朋友说，菠菜里面的涩味是有害的，这个东西就是亚硫酸盐，是不是这样呢？菠菜里面肯定是有亚硫酸盐的，为什么会有呢？有人可能是说菠菜太不厚道了，是不是防止我们去吃它吗？不是的，菠菜一点这个意思都没有。亚硫酸盐是菠菜吃东西的时候一些消化的产品。你可以想象一下，它就是你胃里那些东西，是一些半消化的东西。菠菜从土壤里面吸收进来的是硝酸盐，在这种硝酸盐变成盐基酸的整个过程，它需要把上面的氧原子尽量去除掉，然后加上新的氢原子，在这个过程就是还原。从硝酸盐还原成了亚硫酸盐，所以整个过程是这样的。

如果我们不干扰这种菠菜的生长，不把它吃了的话，亚硫酸盐最终会变成菠菜身体所需的氨基酸，或者是更高一步的蛋白质。整个过程中亚硝酸盐并没有太影响我们的味觉，亚硫酸盐对我们的味觉没有什么刺激的作用，可能有一点点的咸味。

前段时间发生过把亚硝酸盐当食用盐用掉的情况，这个是非常危险的，这个情况在我们平常吃菜的过程中不可能出现的，它并没有那么可怕。我们身体需要部分补充亚硝酸盐，因为亚硫酸盐对我们维持正常的血压，对我们体内产生一氧化氮是有用处的。而我们菠菜的涩味，实际上主要来自他们的草酸。人们经常会说草酸和豆腐煮会形成结石，会结合我们身体里的钙啊什么的，在我们血液里面形成沉积，你不如让它跟豆腐煮先形成沉积，对人体没事了，好了。

吃涩存在一定的风险。柿子，最开始从树上摘下的柿子非常涩，那不是草酸，而是单宁，或者鞣酸的物质。这个风险是非常大的，特别是空腹吃的风险会非常大，如果不小心的话，会发生这样的事情，图 3 是一个人的胃，整个区域是一个胃，我们看到中间有一个鸡蛋，不是生吞下去的鸡蛋，这就是吃柿子形成的胃石。空腹吃柿子的话，很有可能产生这种情况，为什么会产生这种情况呢？因为它里面的单宁和胃酸的蛋白质结合，然后混合了很多柿子的果肉，混杂在一起形成了一个很坚固的东西，一个团块，而且这个团块不可以被消化，它一直留在胃里面。如果大的话我们只能通过外科手术取出来。所以吃柿子一定要注意一下，不要吃太多。酸涩和甜味那种欢迎味道是不一样的。酸涩翻译成植物的语言就是我们还没有准备好，通常意味着果子没有成熟，还是再等等吧。

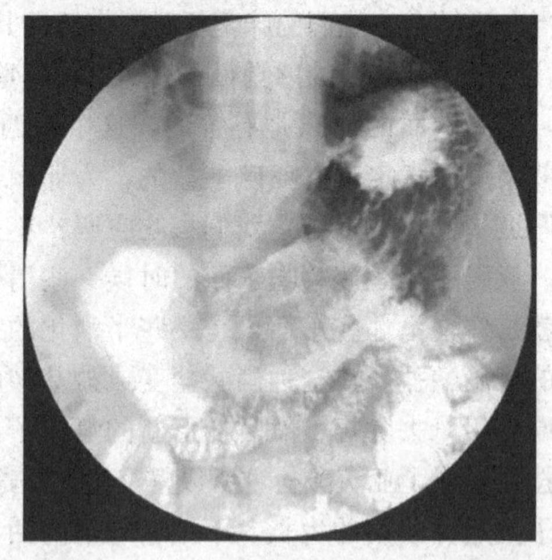

图 3 胃部 X 光片，中央卵形物是吃柿子形成的胃石

我们讲到苦，我不知道从什么时候开始，吃苦成为一个流行词汇，而且成为一个风潮。我讲一个故事。我回家吃饭比较晚，我母亲会把汤热一下，那天不小心糊了，我儿子吃的时候特别不情愿，说这个怎么是苦的啊。我妈说没事，苦的是好的，苦的可以去火。实际上，这个东西就很尴尬了，当时我没有解释这个事情，苦和去火有没有关系呢?

实际上苦味并不是一个我们喜欢的味道，我们现在强迫我们自己和家人去接受这个味道。我们这里所说的吃苦，难道是图片这样吃下的苦?它对我们的生活和未来有好处吗？苦究竟是什么东西呢？苦在植物里面实际上是一个很复杂的组成，是很多物质引起的，这个物质很复杂，可能是生物碱，可能是龙葵素、奎宁、葫芦素（葫芦素就是吃黄瓜感觉到苦的那个物质)，柠檬苦素在西柚里面最明显，有一些橙子、橘子被冻了以后产生苦味儿，也是类似的原因。有的人家豆腐比较甜一些，有的苦一些，因为他们加热太凶猛了，产生苦味的东西，还有一些比如说一些糖苷类的物质。

我们说一下常见的苦味的东西是什么样的，苦瓜的苦味是来源于一类生物碱，我们叫苦瓜素的物质。到目前为止我们能看到的它的作用是，对我们血糖系统有一定的作用。当然这是对于纯的苦瓜素来说，它可以降低人的血糖，确实可以降低我们的血糖，我们在座的很多大朋友或者小朋友，这个东西是不是可以作为礼物，过年的时候作为保健品送亲戚和长辈？不是那么回事!

目前来看，苦瓜素的副作用不太清楚。我们知道它有可能降低我们的血糖，而它本身的一些作用是什么呢？因为苦瓜这个时候与酸涩是一样的，为了避免让大家吃它，青的时候意味着它里面没有长好的种子，这个时候不利于它种子的传播。图 4 这个时候是成熟的苦瓜，成熟的时候它里面的东西是甜的，苦瓜可不是完全苦的，有可能是甜的物质。这个红色的物质包含在种子外面，叫假种皮，不是真正的种皮，而是一种假种皮，包裹在一个种子外面，这个时候它是准备好了。

苦味是防止动物去偷吃它，想想如果在野外，如果有一种动物吃了可以降低血糖的东西，如果吃得太多了，就躺那了，说不定走不了，有可能变成苦瓜的肥料了。但是苦味的植物并不一定一直是苦的，它在适时的时候会告诉你我能吃了，而我们没有必要非要体验这种警戒的信号。

图 4 成熟的苦瓜

还有一些苦味的东西，和刚才不太一样了。这东西以前是大杏仁，现在叫扁桃仁，它们的原植物是这样的。我们甜杏仁是非常少的，因为甜杏仁没有被人工筛选过，因为我们的杏一直是用来吃果肉的，它们的种子不是我们喜欢吃的那部分。所以我们会发现，我们吃杏的时候可以留意一下，杏仁儿种子有的是甜的，有的是苦的。巴旦木几乎都是甜的，我们不断挑出来核是甜的栽起来，慢慢的真的是甜的了。这个里面苦的东西是什么呢？杏仁中的是一种糖苷类的物质，而且是一种类似氰化钾的物质，它水解了以后可以产生氢氰酸这样的物质。什么是氰化钾呢？看谍战剧的时候，哪个间谍被抓住了，然后咬着牙根，嘎吱一咬（把毒胶囊咬破），5 秒钟以后就开始口吐白沫。氰化物是这样的一个东西，这是一个致死的东西，我们身体只要 60 毫克就可以致命了，而实际上如果是 100 克的苦杏仁的话，它可以水解产生的氢氰酸的数量 100～250 毫克。60 毫克可以致死，所以 100 克的杏仁，我们通常说的一两苦杏仁吃下就会致死，那其实没有多少，大概二三十粒这个样子，所以苦味是一个很凶险的东西。包括一些苦味的野菜，我们是不是喝一些苦味的饮料，或者苦味的茶，那些苦得特招人待见。

这个东西风险极大，这个东西叫断肠草（见图 5），长得很漂亮，它的学名叫钩吻。钩吻的毒素非常强，但是它不是割断我们的肠子，它是一个中枢神经抑制剂，让我们的整个中枢神经停止运作，让你感觉到似乎是肠胃里面翻江倒海，实际上它会强迫中枢神经停止，包括我们的呼吸神经停止，让整个人就憋死了。所以断肠草不是靠断肠来置人死地，而是把人憋死的。

图 5 断肠草

这是一个非常重要的植物叫木薯（图 6），是很重要的一个食物来源。因为它太好种了，随便插一根，你就可以收获了。收获之后，把上面的杆子解下来保存好，第二年插到土里，又长出这么一大堆东西。但是，吃这个东西却有很大的风险，大概 100 克苦的木薯可以提供致死剂量的氢化物，所以苦味实际上很危险！

图 6 木薯

当然也有一些不危险的苦味，比如说黄瓜，苦黄瓜是不是因为农药放多了，是不是施肥施多了，各种东西化肥用多了，这么苦！这个苦味黄瓜是不是还能吃？我说黄瓜的苦味儿更安全一些，比刚才我们列举的一些杏仁、木薯和苦瓜更安全多了。

所以，苦味的植物在告诉我们一件事情，别碰我，烦着呢。因为这个东西它不希望人干扰它，它放置苦味的地方，通常来说它不期望人碰这个东西，因为碰这个东西，对它来说通常意味着植物后代的损失，自身的损失，自身的伤残，诸多诸多这样不好的事情，所以植物才会在这些关键的部位加上这些有毒的物质。

很奇怪的是，我们人很多时候很享受受虐的快感，比如说咖啡因这个东西，咖啡因对我们的动物朋友来说是很致命的一个东西，一个动物把它吃的以后，特别兴奋，能量大量地消耗，又找不到吃的，也就饿死了。但是我们很享受微量的刺激，所以只有人才能发明吃的植物学。

最后我们说一个特别的味道，辣。关于辣有很多传言，说吃辣太伤胃了。小朋友经常被限制吃辣，得胃病的朋友经常被人限制吃辣，青春痘的人会被限制吃辣，反正吃辣这件事情好像很邪恶，但是你有没有想过，我们舌头上为什么没有专门管辣的味蕾？我们可以想想，我们做辣椒面的时候，或者切辣椒的时候会被辣到，手很辣，一晚上都是火烧火燎的，但是大家把手插在白糖瓶子能感受到甜吗？其实我们感觉不到甜的，为什么呢？因为辣根本不是味道，它不是我们味蕾感受到的一种味道，它是一种温度感受！它实际上作用的是我们身体上的所有温度感受器，你身体那块有温度感受器，哪块能感受到温度，那块就能体会到辣，所以为什么我把这两张图片放在一起，就是这个意思（见图 7）。

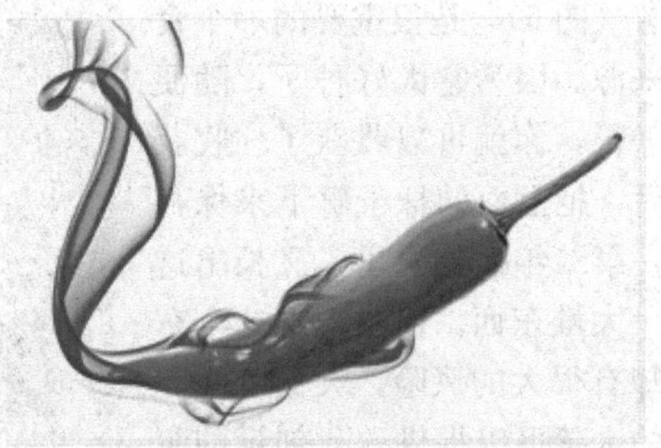

图 7　辣！不是味道！

你能感觉到辣的东西，那个地方你同样能感受到温度，最直接的感触是，如果你喝一杯热水，你感觉整个热流从嘴巴一直下去了，从来没有说喝一口糖浆那个甜的东西下去了，底下没有甜的感受器，感受不到甜，你的胃里面，你的食道里面，你的肠子里面，都没有感觉到甜的东西。所以，辣可以穿肠，但是甜不可以。

辣给你的感觉通常是这样的，很邪恶，可以带来那么多的麻烦，哪天辣椒吃多了去卫生间很难受的。有时不是一天，而是很多天经历那样的折磨！实际上，它对我们的消化道有好处了。为什么我们会不断去卫生间跑呢？因为辣椒素会促进我们肠胃的蠕动，并且它在一定程度上会抑制胃酸的分泌，胃酸又少了排得快了，实际上对你们的胃有好处的。

虽然它有火辣辣的感觉，好像很烫。那只是我们的温度感受器知道了辣椒素来了，感受到近似热的东西来了，仅此而已。所以，轻度胃溃疡的朋友们吃点这个东西很好，而且辣这个东西吃起来很火爆，吃完以后会让我们的血压更平稳一些，因为辣椒素它本身会激活我们体内合成一氧化氮的平衡酶，一氧化氮会平稳血压有效的化学物质，是我们体内不可或缺的物质，所以在大规模的实验中，已经发现了有效的实验结果。

吃辣椒和长痘没有必然的连续，重庆的妹子天天吃火锅没有长痘，这个和我们是油性皮肤和干性皮肤有关系的，和我们体内的激素分泌量有很大的关系，若把所有的事情怪在辣椒头上很不公平的，还不如怪在红油火锅里面的油。油对我们身体的影响远远大于辣椒对我们的影响，所以辣椒的形态应该是小清新的，不是邪恶的，对我们生活有非常好的作用。

辣椒是不是通过辣吸引我们传播种子呢？辣椒并不希望我们吃它，因为我们人吃的时候磨辣椒面时候种子去哪了，成面了，传播什么劲了！所以辣椒要避免我们吃这个东西。

辣椒素刺激过强了，对我们的大脑是不好的信号，于是大脑会分泌这样的物质——这个物质叫内啡肽。这个物质在我们受伤的时候，受到强刺激的时候都会分泌这样的物质，这个物质会让我们暂时忘却这样的疼痛，类似于我们的止痛药。我们人会喝咖啡上瘾，我们也会对内啡肽产生的过程上瘾。我们吃辣椒，辣劲过后的时候，内啡肽会让人有一种愉悦的感觉，于是我们为了追求愉悦的感觉会吃辣椒，为什么川菜会风靡神州的一个很重要的原因，因为他们掌握了植物学的神经生物学。辣椒是一种很不成功的防御，本来想让你们不吃的，结果成了一个吃的理由，辣椒是一个很悲哀的东西。

所以我们讲了酸甜苦辣这些东西，让我们重新认识了植物学，让我们认为植物界和我们生活离得好近，我们每天和我们的植物打交道，我们植物里面有很多很多奇奇怪怪的东西，植物也有奇奇怪怪的想法、奇奇怪怪的招数。让我们整个的生活，从另外一个角度的植物学和科学分类中，找到你自己的乐趣，让我们重新发现植物里面有意思的地方。

马上到春天了，我们有很多朋友去春游，这个时候很多人问我哪种野菜可以吃，哪种不能吃，我给大家的忠告是能不吃就不吃吧。如果非要吃，有几个原则必须遵循，苦味的千万不要吃，那是比我们菜里面带的毒素更毒的东西；有乳汁的不要吃。如果非要尝试的话。这两科的东西可以去偶尔碰碰：蔷薇科的植物通常是没有毒的，十字花科的植物通常是没有毒的。但是我再强烈的建议大家，不要去随便吃野菜，会冒很大的风险，甚至不要采漂亮的蘑菇。那天有一个人很兴奋地跟我说，这蘑菇发黑的才有毒，洁白的蘑菇没有毒，这个东西采完了可以吃了，你要知道这种洁白的蘑菇，可以称之为世界最毒的蘑菇之一，吃一棵你就拜拜了，抢救的机会就没有了，所以在野外不要随便吃。

今天我就和大家分享这么多，谢谢品尝餐桌上的植物园，谢谢。

化学的使命：创造财富、保障健康
——从自发走向自觉

黎乐民

1935年12月生，北京大学教授、博士生导师，中国科学院院士。曾任北京大学化学与分子工程学院学术委员会主任，北京大学校学术委员会和理学部学术委员会委员，北京大学稀土化学研究中心主任，中国科学院学部化学学部常务委员会副主任，“稀土材料化学及应用”国家重点实验室主任、学术委员会主任，“理论化学计算”国家重点实验室学术委员会主任，中国材料研究会计算材料学分会副主任，《Science China：Chemistry》《中国科学：化学》主编，《高等学校化学学报》《Chinese Chemical Letters》《无机化学学报》和《分子科学学报》副主编。近年来主要从事量子化学和理论无机化学研究，获国家自然科学奖二等奖等奖项。

Li Lemin

黎乐民

今天我来简单介绍一下化学方面的一些情况。现在好像大家都觉得化学是不受欢迎的，似乎什么事情一牵涉化学就不太好了。这是个误解，因为现在常常把化学和污染联系在一起。实际上这个看法是不全面的，甚至没有抓住主要的方面，因为化学萌生并发展起来的初衷就是为了创造财富，是为了保障健康，而不是为了制造污染的。但是在这个过程中也出现了一些问题，所以我今天把有关情况做一个介绍。另外，就是后边那个副标题。这个副标题说明化学活动在早期主要是摸索，属于自发行为，就是做试验不知道会有什么结果，试一试看。就像小朋友，碰到什么东西，就动动它，试试看会怎么样。有了结果，总结经验，再试试看会怎么样。通过不断地摸索和总结经验，人类的认识提高了，慢慢就可以知道怎么做就会得到什么结果了。现在化学已经发展成一门成熟的科学，人们比较能够根据需要自觉开展研究活动了。

化学最早起源于人类的实践。我们很老的祖宗很早就会在日常生活里边注意到化学变化。比方说，注意到用火烤过的东西比较好吃，吃了比较舒服。放的食物会变酸，或者变成会醉人的酒。慢慢地逐步学会烧出陶瓷器，烧出青铜、钢铁，炮制出治病的药等，一点点地进步。小朋友们在这个博物馆里就可以看到人类从比较早期到现在的发展过程。在这个进步过程中有两个驱动力在起作用。一个是好奇心，想弄清楚为什么会产生各种各样的现象。就像刚才老师表演一样，出现非常奇怪的现象，一会儿这样，一会儿变成那样，好奇心就会驱使人想弄清楚到底是怎么回事。二是人类发现，通过这种变化可以得到对生活有用的或者更好的东西。那么自然就会想怎样通过特定的变化来得到我们需要的更好的结果，来改善生活条件和生存环境，这就变成一种社会需求。在这两种驱动力下进行的实践活动慢慢地变成有目标的科学研究。科学研究是需要投入的，投入必须要有社会的支持，因为社会需要这个东西才愿意花钱让你去做这件事。化学的发展就是在这两种驱动力下进行的：一个是好奇心的驱使，因为人们想弄清楚，看到的现象到底是怎么回事，有什么规律；另外一个就是社会有需要，要求弄清楚怎样做才能得到对改善生活条件和生存环境有用的结果。

从科学的角度讲，化学就是在原子分子水平上研究物质的结构、性质和它们的变化规律。化学的核心就是变化，像刚才表演的，瓶子不停地改变颜色。当然，大家看得到的只是表面上的变化，实际上是瓶里的物质在变化。化学这门科学的核心是变化，是这个“化”字。现在 chemistry 这个英文单词，大家当然知道是化学的意思，但是在说话的时候，有的人会用来表示神秘莫测的过程。化学变化一方面吸引人们的好奇心，另一方面更重要的是人们希望通过化学变化得到更多、更好的物质，包括可作为财富的各种物质，以及可以治病或者有益健康的物质。也就是说，化学实践的中心目标是：通过化学变化的手段获得需要的物质，达到创造社会财富和保障大众健康的目的。

在化学发展的早期，谁也没有想到，生命活动跟化学变化会有什么关系，没有想那么多。后来随着科学的发展，发现实际上生命现象的基础是化学变化，各种生命的过程都是伴随有化学变化的。反过来讲，就是生命现象是复杂化学变化的一种外在表现。开始是没有想到这些的，但是随着后来科学发展，现在是非常清楚了，是很肯定的，所有的生命现象背后都和某种化学过程有联系。当然现在如果你放开来想会觉得这个结论也很一般，没什么奇怪的。因为一个人从生下来是小孩开始一直到老、到死，是不停地在变化的。你这么一想就可以知道，生命每一步的变化里面都是伴随有化学变化的。这样，后来就出现了“生命过程化学”，在化学领域叫“化学生物学”，把化学跟生物的生命活动联系起来。这也是有两个方面的驱动力：一方面是好奇心，与生命活动中表现出来的各种各样现象相联系的化学过程是什么，想弄弄清楚。另一方面，它背后还是有目的的，就是弄清楚以后，就可以控制各种生命过程了，包括发现更好的治疗疾病方法。所以也还是这两个驱动力在起作用，一个是好奇心，弄清楚相关情况，另一个是希望掌握规律以后能更好地创造财富和保障健康。这个学科现在发展非常快，处于化学跟生命科学交叉的地方。现在一般的看法是本世纪可能科学上最多的成就会出现在生命科学领域，其中有很多会跟化学有关，因为生命过程的基础在化学变化。

大家可以看一下图1。炼金术和炼丹术，我们一般认为是化学的前身。如果简单去理解，炼金术的目标就是所谓的“点石成金”，因为古代人认为金子是最宝贵的，如果你把石头拿来，炼它一下就变成金子了，那不是变成财富了吗？所以点石成金的本质可以用一句话来表达，就是把没用的东西或不值钱的东西变成贵重的东西。炼丹术的目标就是炼出所谓的“长生不老”药。服用长生不老药当然是为了健康，长生不老是最高的健康的境界了。炼丹术和炼金术完全是盲目的探索，没有掌握变化的规律，尽管积累了一些试验结果，并非现代意义上的科学。后来经过深入的研究，慢慢地掌握了化学变化规律，就逐步形成一门科学了，这就是化学。化学其实继承了上面说的两个目标。现在从事化学工作的人大多数在两个领域工作，一个是材料领域，做各种各样有价值的材料，就是财富；另一个是制药领域，做各种用途的药。所以简单讲，化学就是希望通过利用物质变化的规律，来创造社会财富，来保障人类的健康。这样一句话差不多就可以概括化学的使命。

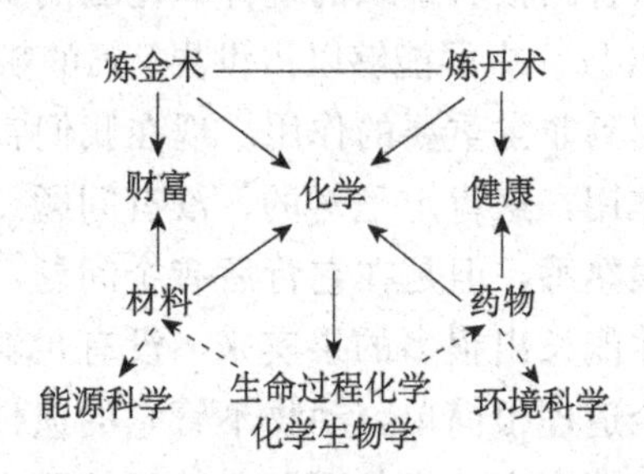

图1　化学源流

化学真正成为一门科学，应该说只有200多年的历史，但对人类社会的物质文明做了很大的贡献。可以这样说，如果没有这些化学研究的成果的话，那么就没有现代的人类物质文明，也就是说，有很多东西就不会出现了。化学联系很多科学，是数理化天地生六门传统基础科学中一门承上启下的中心科学。化学还是社会迫切需要的科学，当代社会很多领域都是离不开化学研究成果的。比方说农业，现在人口比原来增加了很多，估计如果没有发明氨的合成方法，没有化肥的话，生产的粮食不能够养活那么多人，至少有一半人养活不了。另外，各种各样的衣服，大多是用化学合成纤维做的；医疗用的很多药品，交通运输中造汽车的材料、烧的汽油，建筑用的各种合金、玻璃陶瓷材料，都要通过化学方法制造；环境监测和治理，以及采油、石油化工，采矿、冶金等大工业，也都离不开化学。所谓过程工程，没有挂化学的名字，实际上里边包含很多化学有关过程。国家的统计数据是这样的：过程工程的产值在GDP里面贡献最大，其中单是化工产业的产值就占GDP总量的20%左右。我们知道石油、石化企业在500强中名列前茅，它们的产值是非常高的。国际上也是这样的，像美国，虽然她的武器、电子产品在出口中占很大比例，但是化工产品或者跟化工有关的产品在出口中 一直都是占据很重要地位的。现在我们面临的很多问题也需要通过化学的方法去解决，比方说能源问题，怎样制造高性能电池、怎样利用太阳能生产氢等；环境问题，二氧化碳怎么处理，如何再生利用；还有卫生与健康方面，寻找特效的新药、各种农药等。

下面我稍为展开点具体讲一下。比方说化肥，化肥中氮、磷、钾三种肥料是最主要的，其中消耗最多的是氮肥。化肥的使用对人类生存是非常重要的，根据联合国粮农组织的统计，化肥的贡献在农作物增产的总份额中占40%～60%。中国能够以占世界7%的耕地养活占世界22%左右的人口，化肥起到非常重要的作用。现在我们宣传了很多关于改良品种对农业的重要作用，这肯定是对的，没有问题。袁隆平先生的杂交水稻，相信大家都很熟悉，但是在它背后有个问题，就是必须有充分的肥料提供给它，它才能长出很多的果实来，没有足够肥料的话，那它也长不出东西来。这个道理很简单，动物不管它的遗传因子多么好，如果你不给它吃的东西，那么它总也长不胖、甚至长不大的。这个是很容易理解的事情，你从这点也可以估计到在农业的产出中化肥的贡献占很大的比例。

农业里面另外一种重要的东西，就是农药—杀虫剂。我们可能在电视上老看到，买的菜可能有残留农药，有毒，对健康有害的谈论。是的，农药对人的身体是有毒的，但是不用农药也不行。因为发生虫害的时候，没有农药的话，就非常难以控制。生物防治方法有优点，也有局限性。杀虫剂在农业生产里边是起很大作用的。当然它也有副作用，怎么看待这个问题？不能一概否定农药，因为如果它只有害处没有好处，你完全不生产它，问题不就解决了吗？但问题不是这样的，你还不能不生产它，它起的作用主要是正面的。当然了，我们要尽最大努力发明新的高效、低毒、残留很少而且没有污染的农药，用化学的方法去找到新的理想的农药—杀虫剂。我们不是不用它，因为你不用它不行，但是我们也不能就让它是有毒的。

还有一种农药—杀菌剂。致病菌是肉眼看不见的，但是对农作物的危害非常大。历史上曾经多次发生过因为作物流行病产生严重饥荒的例子，所以没有杀菌剂也不行。

另外，还有一种就是除草剂。杂草跟农作物抢肥料，你施肥增料，都给它用掉了，杂草丛生，农作物没有肥料长不好，所以必须除草。用人工除草当然可以，但是人工劳动量很大。对于大片农作物，利用除草剂是非常有效的。除草剂就是专门让杂草死了，我们的作物不受影响。现在用得最多的除草剂是草甘膦，这个东西产量很大，效果好，用得很多。但是话又说回来，凡事都有两面性，用了多年以后，杂草也产生抗药性了，抗除草剂，变成“超级杂草”，怎么也弄不死它了。现在正在研发代替它的换代产品。我们人类在发展的过程中，跟自然界的关系总是不停地发生矛盾，不停地调整策略、解决矛盾。我前些天听到搞有机化学的一位院士讲新的一代除草剂快要研发出来了。

说说石油，现在大家最关心的事情。如果只收取油井自动喷出来的原油，一般采收率只有 5%～10%，就那么少。靠往油井里灌热水、灌水蒸气，给它憋出来抽取，也只能开采出 30%～40%，还剩那么多在地下面，弄不出来。现在所谓的三次采油，就是用各种方法提高开采率，其中包括化学方法，例如用表面活性剂驱油，有点像衣服有油腻用洗衣粉给它洗下来，洗衣粉就是一种表面活性剂。表面活性剂灌进去以后，石油就包在它里面，随着水抽出来。用这个办法有希望把采油率再提高，到百分之七八十的水平，这样石油资源利用率就高多了，当然也要代价。现在这个方法还不是很通用，因为比较贵。

另外一条途经就是将煤转化成石油，把煤变成油。我国能源储量是煤多油少。从煤合成石油，其实德国在第一次世界大战期间就实现过了，因为当时德国国内没有石油资源。南非也早就实现了。我们中国也研究过很多年，特别是中国科学院山西煤炭化学研究所研究了几十年，是很有成果的。现在我们国家和南非合作，中国神华煤制油化工有限公司就是把煤转化成油的一个经营单位，正规工业生产，产量还是挺大的。这就是说用化学方法可以增加石油产出。现在还有其他途径，比方说，现在我们国内很多地方在用秸秆来制造生物燃料油，就是说农业生产的秸秆，原来都烧了，引起环境污染，现在能用来生产燃料油。据说生产出来的燃料油和从石油炼出来的油同样的价钱而且品质很好。这类事情各地都在报道，但是到底实际情况怎么样，科学性怎么样呢？中国科学院化学部正在组织调研，调查到底实际情况怎么样。这个问题要是解决的话，对我们解决能源和环境问题都有意义，因为把那个秸秆都转化成燃料油了，不再烧了污染环境。

化学在石油工业里边还起另外一个重要作用，就是催化裂化。我们将天然产的石油进行分馏，沸点低的轻油就是汽油，但那一部分是比较少的，即直接分馏得到的汽油会比较少。怎样才能得到更多的汽油呢？我们用催化裂化的方法，在催化剂作用下，加温把重油中那些长链的碳氢化合物打断了，重油就变成轻质油。重油是像沥青那样黏糊糊的东西，打断长链碳氢化合物以后就转变成裂化气和含汽油、柴油成分的轻质油。我们普通的汽车只能用汽油或者柴油。这样就大大增加了石油的可利用部分。我国市场卖的汽油有80%是催化裂化产品，柴油是40%左右，可见催化裂化在炼油工业中起非常大的作用。闵恩泽院士在二〇〇七年获得到国家最高科学技术奖，他很重要的一个贡献就是在石油催化裂化炼油方面做出突出成绩。

能源科学里边很热门的一个话题就是制造太阳能电池了。第一代太阳能电池的光敏材料是单晶硅、多晶硅，第二代是无机化合物，第三代导入有机化合物和纳米科技，第四代采用多层膜结构，等等。这里所谓一代，不表示哪个比哪个强，是按做出来的时间顺序说的。现在最成熟的还是单晶硅、多晶硅电池。用单晶硅还是效率最高，但是比较贵；多晶硅比较便宜，用得很多，还可能发展越来越快。但是还是不够满意，所以就发展其他类型电池，各种各样的。用无机化合物代替硅，那么光敏材料的种类就很多了，探索的余地就变得很大，电池种类可以很多。这方面的研究现在进展很快。有些电池的光电转化效率很高，但是有其他问题，比如稳定性等。有些问题还没有解决，正在投入很大的力量研究。如果光敏材料采用有机化合物，种类就更多了，有更多种类的电池可以做出来，而且有机化合物有优点，容易制备。有机化合物电池可以做成软的，可以卷曲起来，做各式各样的东西非常方便。太阳能电池的研制，特别是第二代、第三代、第四代，化学工作者起的作用很大。单晶硅、多晶硅太阳能电池最早是物理界的人先做起来的，但是后来化学界起的作用更大。

再讲核能。说到核能，大家都会想到反应堆，现在也是非常热的一个话题。核能生产现在主要靠铀的裂变或者钚的裂变实现，好像不是化学问题，是核变化的问题，但是一点都离不开化学。整个核燃料的循环，包括怎么制备核燃料、怎么使用、怎么回收、怎么处理，每一步都离不开化学。通常在前处理，铀同位素分离、后处理三个环节中化学起主要作用。我早年做过一点这方面的工作，所以有点了解。从地里把铀矿采出来以后，选出精矿，浸取得到含铀的溶液。这种含有铀的溶液中有很多杂质，得从里边提炼出纯的铀化合物来。对产品的纯度要求很高，尤其是吸中子的杂质，一定不能多，一多了就把中子都吃掉了，链式裂变就维持不了了。所以要很精细地进行分离，要解决很多化学问题，最后分离出纯度很高的产品，通常叫黄饼，供下一步使用。这就是所谓的前处理。天然铀中主要含铀-235、铀-238两种同位素，做原子弹要用丰度很高的铀-235，用作反应堆核燃料也要求铀-235的含量比较高。那怎么办呢？就要把铀-235分离出来。天然铀里边铀-235的含量是很低的，只有千分之几，绝大部分是铀-238，怎么把那千分之几分出来呢？用化学方法、物理方法、机械方法都可以，早期主要用气体扩散法。现在主要用离心分离法，就是利用铀-235和跟铀-238的质量不一样，转动时离心力不一样，就分开了。这些倒不是化学问题，但是分离必须用气体化合物六氟化铀，得用化学方法制备。这个东西有腐蚀性，非常毒，既有放射性毒，又有化学毒，吸进去危害很大，操作得小心。后处理也离不开化学。在反应堆里核燃料棒中的铀-235不能百分之百用完，链式裂变进行到一定的地步，就不能再进行了。我们就把它取出来，换新的燃料棒进去。但是取出来的老核燃料棒不能就扔了。它放射性非常强，另外它里边不但含有没有用完的铀-235，还有在核裂变过程中生成的这个钚，钚也是核材料，是很宝贵的。所以一方面要从用过的燃料棒里面分离提取没有用完的铀、提取钚，还提取一些有用的放射性物质。这些放射性物质有特殊的用处，要把它提出来。另一方面，剩下的那些放射性很强的废物不能就扔了，要把其中放射性很强的物质分离出来集中处理。所以核能利用的这三个环节都是离不开化学的。还有就是从海水里面提取核燃料的问题。陆地的铀储量还是比较有限的，将来要从海水里面提取。海水里面铀的浓度很低，但是海水的量非常大啊，所以海洋里铀的储量实际上非常大。海水里面有低浓度的氘和锂，氘和锂-6是做氢弹或者将来的核聚变反应堆要用的元素，海洋中的储量也大得不得了。将来从海水里边提取浓度很低的铀、氘和锂也要用到化学方法。

风力发电，乍看这个跟化学也没什么关系，靠风嘛，但是风力发电用到的风车，它的轮叶是要用特殊的材料造的，它又要轻，又要很韧、不变形、不断裂。大功率风能发电机的风车，风轮直径达几十米，那么大的风轮桨叶，用重的钢做就太重了，用轻的材料做，强度不够很容易断裂，所以对材料的要求是很高的，要用化学方法解决这个材料问题。用风力带动的发电机，里面用的强磁体，也要用化学方法制造。风力发电是不均匀的，有时风大、有时风小，发的电量不停在变，需要有蓄电池配合，随时把发的电储存起来，稳定地送出去。蓄电池也是化学要研究解决的问题。现在一般用钠硫电池，可以做成高容量、高功率设备。

交通运输。在交通方面，电池是大家非常关注的热门话题。要推广纯电动汽车的话，电池的问题不解决，就不能真正过关，不能跟现在使用汽油的汽车竞争。现有蓄电池的储能密度低，就是说，蓄电池用不了多久就没电了。另外，充电慢，充电花很长时间而用不了多久，而且也不能大功率放电。这些都是卡脖子的问题，需要解决。锂离子电池，现在是用得最多的。在需要大功率的场合，比如电动汽车，这里讲的问题很突出。小功率应用问题小一些，大家用得多了，手机里、计算机里，到处都用锂离子电池，但上面说的问题也让人烦恼。发明锂离子电池，化学家是做出很大贡献的，现在依然有很多人在做研究。

锂离子电池有时也叫锂电池。不同类型锂离子电池的正极不同，就看它正极用什么材料了。比方说用磷酸铁锂的话，在充满电时正极的铁主要是三价，负极的锂接近零价。放电时铁和锂反应，三价铁到把零价的锂氧化了，就是它放电时的电池反应。但是真正用金属锂做负极不好，因为在充电时产生金属锂，金属锂要碰上水产生氢气会爆炸的。所以锂离子电池的负极不用金属锂，而是把锂镶嵌在石墨这类东西中。如果正极是磷酸铁锂的话，电池反应还是三价铁到两价铁的变化，负极的锂不是零价，不是以锂原子的形态存在，它夹在石墨层中间，但也不是典型的化合物，锂和碳的结合比较弱，容易进出。不是金属锂，就不会爆炸了。但是充电太过头了，还是会爆炸的。在放电时锂变成离子从石墨层跑出来，运动到正极挤到它里边；充电的时候，锂又从正极出来，回到负极的石墨层中，好像摇椅中来回摆动的小球，所以把这种电池叫做摇椅电池。锂离子电池现在比较受欢迎，但还存在不少问题，特别是储电量不够大。锂硫电池的理论储电量大，对它投入很大的研究力量，如果成功了，储电量能够提高很多，但是现在还没有成功。

另一种方案就是采用燃料电池。通常我们烧燃料，就是把燃料氧化。如果烧氢的话，氢跟氧化合变成水，放出热，就完了；烧汽油，产生二氧化碳跟水，放热就完了。所谓燃料电池，就是让氢和氧不要直接结合放热，而是让氢的电子变成电流，通过电线传递给氧。也就是说，氢跟氧结合是氢的电子要跑到氧那儿，就是这么个过程。如果直接结合，电子就直接跑过去了，现在做电池就是别让它直接跑过去，让它通过电线跑过去。化学反应还是一样的，但产生电流，不放热，把热能转化为电能了。

低温燃料电池，工作温度比较低，研究得比较多了，但是还是不能推广使用，主要是要用催化剂，催化剂要用白金，很贵的。我们曾经组织过一个报告会，请中科院大连化学物理研究所这方面的专家做报告，他们的工作做得很好。她说别的问题都解决得还可以，不过催化剂太贵，竞争力就低了，要解决这么个问题。在大功率方面，比较有应用前景的是高温燃料电池，比如碳酸盐燃料电池，或者固体氧化物燃料电池。还是利用氢跟氧这个反应。那么我们烧天然气，或者烧汽油怎么办呢？加一步，前面加一个过程，先把天然气或者汽油中的碳跟氢分开，就是把它的氢气提出来再用。稀土陶瓷材料做的电池，实验已经成功了，国外已经进行大型试验发电，但是用于大规模发电还是不行。镍氢电池是把氢吸收在合金里边，本质上也是利用氢和氧化合这个过程来产生电流。镍氢电池我们也早就在用。南开大学在这方面做了很长时间的研究，听说比较大的问题是充电充过头一点容易坏，这个缺点还要改进。

国防方面。原子弹的问题刚才讲了，它不是化学问题，跟化学有什么关系呀？但是做原子弹需要用到的铀或者钚和其他一些材料，这些东西都是要用化学方法制造的。氢弹也是这样。也就是说原子弹爆炸是核反应，不是化学问题，但是你要用特殊材料来做出原子弹，那么没有化学方法，弄不出需要的材料来。

隐身材料。在打仗的时候，我们希望不要被敌人看见。让我们能看见敌人，别让敌人看见我们，这就得用隐身材料。特别是飞机，现在的导弹很厉害，如果一不小心被敌人雷达发现了，雷达一锁住，马上导弹打过来就跑不了了。研制隐身材料，化学方面要做很多研究。隐身材料有很多种类，因为探测仪器有很多种，比方说有使用声波的、雷达波的、红外的、可见光的、激光的。不同的探测仪器有不同的本领，那么你要对它隐身就得用不同的材料，让它探测不到。比方说使用雷达波，因为电磁波有电场和有磁场，干扰它的电场或者干扰它的磁场，让雷达波不反射回去，就探测不到，看不见了。对红外探测隐身的道理是类似的。做成纳米复合材料效率更高。基本道理是一样的，但纳米化以后可能产生新的机制，消耗入射电磁波能量的效率更高，吸收电磁波以后把它变成别的频率的电磁波、变成热，不反射回去，就探测不出来了。世界各大国都花非常多力量在研究隐身材料。

推进剂就是进攻的问题了。比谁的火箭飞得快、打得远，推进剂起决定性作用。使用高能推进剂可以增加火箭射程。原来的远程导弹，推进剂用液体燃料、用液氢，很庞大的东西，使用不方便，也不灵活。改成固体燃料，就要有足够大的推动力，要不然火箭打不上去。研究很强有力的推进剂是很受重视的化学问题。新炸药研制也是化学问题，原来TNT是最厉害的炸药了，现在新的炸药比它还厉害，比如环四亚甲基四硝胺就是这样的炸药。

在国防方面，化学激光武器已经研究了很多年，20世纪50年代就开始了。大功率激光如果做成武器的话，比火箭更厉害。光的速度是每秒钟30万公里左右，那么大的速度，只要一瞄准目标，它怎么也跑不掉了，因为世界上没有东西的速度能超过光速。激光武器要用功率很大的激光，化学激光能够满足要求。这类激光器要功率特别大，能连续输出。化学激光利用化学反应连续供给能量，可以连续向外输出激光。这里特别提一下，中国科学院化学部张存浩院士获得2013年国家最高科学技术奖，他的重要贡献之一就是在做化学激光武器方面对我们国家的贡献很大。

下面讲讲各种材料。做飞机的材料要求多方面有优异性能，比如要轻，尽量减轻飞机总重量；要结实，坚固耐用，不容易坏；要求耐高温、低温，耐腐蚀，等等。不同种类的合金，做发动机的、做机身的、做其他部件的，要求重点不同。航空材料在航空业发展中是非常重要的东西。碳纤维，因为它比钢轻得多，有几种力学性能比钢还好，很受重视，得到广泛应用。现在有些笔记本电脑的外壳就是碳纤维做的。但最重要的还是用在大的方面，比方说用来做飞机，飞机会很轻。据说波音 787 的机身就是用碳纤维做的，又轻，飞得又快，省汽油等，有很多好处。

工程塑料有些性质可以比得上钢的，种类非常多。汽车里面很多部件都是用工程塑料做的。特种陶瓷，有高强度、高硬度、高韧性、耐腐蚀、透光的，种类非常多，得到广泛应用。特别是高强度耐高温的陶瓷，在很高的温度下不变软，有希望用来做陶瓷发动机，提高效率。钢温度一高就变软，力学性能就变差，做的发动机效率就降低了。

磁性材料。强磁材料的磁能积是衡量材料性质的一个指标，通过化学研究提高了很多倍。最早的普通碳钢的磁能积大约是 $0.2kJ/m^3$，现在用的钕铁硼达到 20～50，也就是说，提高了 100～200 倍那么多。为得到同样的磁场强度，所用的磁体就轻很多了。现在大家用的耳机可以做得很小，为什么？一个很重要的因素是磁铁变得很小了。20 世纪七八十年代，移动电话叫大哥大，要扛在肩膀上打。现在我们的手机，非常小都可以，一个原因是积层电路板变得很小了，另外跟使用强磁体也有关系。在我们日常生活里到处都用到强磁材料，电冰箱的门都用上了。

超导体，现在主要还处于科研阶段。所谓超导体就是通电流时没有电阻，当然它就用处非常多了。比方说用在输电方面，用于做超导发动机发电效率非常高，用来产生超强磁场等。不过现在还有重要问题没有解决，使用还受到很大限制。

光导纤维。原来我们的通信用铜丝传递电信号，这个大家都知道的。后来发现用光来传递信息效率更高。用铜的话，一根铜丝只能传递非常有限的信息，改用光导纤维以后，只要用很小的光导纤维，不但重量减轻，传递的信息量也大很多。所以现在大家打长途电话很方便了。我们在 20 世纪 80 年代的时候，打长途电话还很难，要等，有时等 1 个小时也打不通，因为信息通道少，线路拥挤。现在随便拿起来就能打通，因为信息通道充裕了。所以光导纤维的发明对通信起了非常大的作用。提出光纤通信设想的人是香港的高锟博士，他是英国籍华裔科学家，前几年给他诺贝尔奖，因为发明光纤通信使通信能力发生了革命性的变化。在光纤通信的发展过程中，有一个要解决的关键问题。开始时，光纤可以传送光信息了，但是传输损耗很大，传不太远，就得把衰减的信号重新放大。怎么放大呢？把它变成电信号，将电信号放大后再变回光信号，然后继续往前传送。早期几公里就得这样放大一次，很不方便，效率也不高。后来发明了光放大器。光放大器的原理是在一段光纤内掺杂很少的铒，用合适的激光照射就能够在光纤里头把光信号放大。就是说光纤中的光信号往前走，在中间适当地方插入光放大器，直接把衰减了的光信号放大。这样，可以1000公里才进行一次光-电转换的信号放大，效率就高很多了，特别是对于长距离信号传输，这是非常重要的进展。现在除石英等无机光导纤维外，还有高分子类的光纤，在我们日常生活，哪个地方都用。可能大家都知道的，很多漂亮的装饰用高分子光纤。还有医院里面做检查，光纤已经用得很普遍了。

高密度的存储材料进步很快。我们现在用的一个小U盘，储存量就有几个G，一个G是10的9次方，10个亿，用不大的一个存储器，就能够把全国十几亿个人的信息都存到里面去。高密度存储材料的研究很受重视，现在化学界有人在研究用分子材料做存储器，储存密度可以做得更高，而且可以调整的范围非常大。

环境的问题。二氧化碳排放，大家一天到晚都在念叨，这怎么办呢？现在不烧含碳燃料是不可能的，没有办法不排放二氧化碳。现在的处理办法是把它收集起来压缩后埋到地里去。有一种方案是把它压到花岗岩里面，或者压到其他什么岩里面去，变成碳酸盐存放，但这不是一个很彻底的办法，因为它还是在生成的碳酸盐那搁着呢。另一种办法就是把它再变成有机物来用。有很多种办法把它变成其他化学产品，其中一种就是生产塑料，可以完全降解的塑料。这样做，一方面减少了二氧化碳的存量，因为它变成塑料了，另外就没有“白色污染”了，因为那塑料是可降解的，是很有意义的事。现在已经实现工业生产了，上万吨级生产量，不是很少了。但是比起大塑料工业来那还是小，再往前发展还有困难。

汽车尾气净化器。汽车排放尾气产生污染，搞化学的人研制出汽车尾气净化器，用催化剂把一氧化碳、氮的氧化物这些有害的气体以及没有烧完的碳氢化合物转变成没有害的氮气、水和二氧化碳。现在要求越来越高了，城市里面汽车都要求装这个东西才可以上路。

海水淡化。反渗透膜法是全球主流技术之一，最重要的材料是反渗透膜，用压力把海水压过反渗透膜，可以把盐分出去。制造出好的反渗透膜很关键，要用化学方法解决。

保障健康方面。做核磁共振检查大家都熟悉的，得益于强磁材料的发明。磁场强度跟仪器的那两块磁铁之间的距离有关系，距离越大它的磁场越弱。要把人的身体放进两块磁铁之间，需要足够大的距离，而磁场不够强，成像就不清楚了。如果用原来普通钢磁铁，有几百吨重，仪器没法做。现在用强磁材料，可以做得比较小，轻便了，所以很多医院都有这个仪器了。也就是得益于化学家发明强磁材料，才有可能做出这个仪器来。

在医院里大量使用化学制品。核磁共振检查需要用造影剂，是化学品，X—射线动脉造影需要用的造影剂也是化学品。医用生物材料，医用高分子，各种人工肾、人工肺、人工关节，都是用高分子材料做出来的。很多西药都是化学方法做出来的。现在抗生素不是禁止随便用吗？但是应该说抗生素还是非常强有力的杀菌消炎药剂，不晓得救活过多少人的命，被誉为第二次世界大战三大科学发明之一。另外两个科学发明一个是原子弹，一个是雷达，可见它的重要性。到现在为止它还是一类非常有效的消炎药，比方说肺炎，以前小朋友得了肺炎很危险，现在好像事情不大了，及时打青霉素就能治好，所以它还是非常有用的。但是凡事都有限度，用得太多了细菌会产生抗药性，所以现在就限制使用。不是说抗生素本身不好，是因为用得太多了产生问题。其他化学合成的药品非常多，不必多说。

在穿的方面，化学纤维大家很熟悉了。红的绿的各种各样的衣服，大部分都含有化学纤维，在纺织原料中化学纤维占到百分之七八十。化学合成纤维占这么大的比例，一方面丰富了大家的生活，另一方面减轻了农业的负担，要不然就要靠种棉花，占多少地啊，是个大问题。你穿的衣服，就算是纯毛的、纯棉的，要染色，也用到化学产品。

吃的方面，多种甜味剂是化学合成的。现在患糖尿病的人或者过分肥胖的人不能吃那么多糖，就吃甜味剂。有各种各样的甜味剂，最早是糖精，有一段时间说它会致癌就禁止用了，后来又说它没事，可以用，不过用得少了。一些新的甜味剂甜度比蔗糖甜度高几十倍几百倍，而且不产生热量，糖尿病人可以吃。高倍甜味剂全世界年销量达到几十万吨。

住行方面用到的化学制品不用说了，到处都会看见的，化学涂料、油漆、塑料建材等，照明灯具制造也离不开化学。发动机、燃料、柴油、电动汽车生产离不开化学，前面已经说过了。

从前面讲的我们可以看到，我们整个社会从农业、能源、交通、国防、材料……一项项数下来，化学在里边都发挥了重要的乃至不可替代的作用。没有化学研究出那么多性能优异的材料来，很多东西是没法做的。当然不是说别的行业发挥的作用不重要，没有这个意思，但是如果没有化学研究出来的这些材料做基础，很多别的事就不可能做了。所以化学在两个方面，一个是增加社会财富，发明的各种各样的材料都是社会财富；另一个是保障人类健康，发明各种检查身体的办法、各种药、各种治疗、各种器械；都做出了很大的贡献。

但是现在，化学名声不好了，好像总是和有毒、污染联系在一起。我觉得要合理地去理解化学和有毒、污染有联系这件事情。化学是在给人类造福的同时产生了一些不良的副作用。这里面有两种情况：一种情况是，我们开始的时候不知道这个东西有害，比方说早期用的杀虫剂DDT，还有六六六，当初认为是非常有用的。开始的时候认为是世界上最重大的发明，因为虫害对人类损害太厉害了，普遍地使用。但是用一段时间以后，发现它会引起生态问题，虫毒死了，鸟吃虫了，通过生物链，最后又害到人了，所以后来禁止使用，现在完全不用了。也就是说，人类全面认识事物有个过程。另外像氟利昂，开始时冰箱制冷介质都用氟利昂，效果很好，后来说它会引起温室效应，不能用了，而开始它被认为是最好的选择。人造黄油，是19世纪发明的，当时法国拿破仑皇帝给这个发明人奖金，认为这是最伟大的发明。可是到现在过了200年再一看，它里面的反式脂肪酸会引起人血管硬化之类的病，又有问题了。

所以这不是化学的问题，人类认识总是一步一步地往前进的，你不可能想到千年以后的事，这个是谁都办不到的。有很多问题只能在实践过程中慢慢地暴露出矛盾来再去解决它。在其他方面也同样有这个问题，比方说现在引进认为有益的新物种，将来会怎么样，不能完全预测，也有过引进后引起大麻烦的教训。修水库的初衷肯定是认为有好处，但后来出现大麻烦的也有。现在对转基因食品是否有害争吵得很厉害，结果怎么样，谁也不能完全准确预测。人类对任何事物都有一个认识的过程，只有通过实践，认识慢慢深入，才知道存在什么问题，怎样去解决。我们不能说因为化学研究出来的某些东西有害，就说化学就是坏东西，不能因噎废食。就像我们吃东西不能都消化吸收，总要排粪便，就说排粪便污染环境，干脆就别吃东西了，这能行吗？汽车排尾气对环境有污染，那不要用汽车好了，那行吗？问题是我们要设法解决它，有粪便给它处理干净，对汽车尾气进行净化，一点点地改进。还有现在造成大的污染常常是因为使用不当，或者是管理不善的问题，只要是管理好了并没有大的问题。这正好像我们人类的粪便一样，你要不管它，到处都是粪便，麻烦了；管理好了也不就没事了嘛。

还有一种情况，就是我们知道某种东西有害，但是我们现在还没有办法用别的东西代替它。比方说我们现在用的一些杀虫药、刚才讲的除草剂草甘膦，已经发现有问题，我们在尽量找新的东西代替，但是没找到之前你还得用呀，那就是要合理使用的问题。现在化学家就是要发展绿色化学，什么叫绿色化学呢？简单地讲是一种理念，就是要求生产需要的东西时没有废物产生，就好像吃东西全消化了不要排粪便一样。另外一种说法叫原子经济性、零排放，就是要什么东西就做出什么东西，别的都不产生。当然这只是个理念，努力追求的目标，要真正做到是很难的。不过化学家会坚持这种理念，尽量往那个目标走，化学的问题就会比较少一些了。

化学在开始的时候是摸索着做试验的，是主要依靠实验的科学，后来不断地总结经验，建立理论，等到量子力学创立以后，化学就变成一个理论基础很清楚的学科，建立在物理规律的基础上。化学过程原则上都是可以通过解量子力学方程来解决的，就是我可以预见到：什么化学反应会产生什么东西，多大的反应速度，有多高的产率，都可以知道。理论上是这样的，但是早期做不到，因为求解量子力学方程的计算太困难了。后来发明了电子计算机，那是了不起的成就。计算机的运算速度非常快，快到什么地步呢？现在计算能力比 1945 年大规模计算机发明以前大概高了约 10^{15} 倍，也就是说速度差不多提高千万亿倍。如果一个人一秒钟能做 10 次运算的话，大计算机一秒钟完成的计算量够这个人算几千万年的，运算速度真是非常非常快了。这样原来求解方程太困难的问题就逐步得到解决了。所以化学反应是可以计算的，可以预见会产生什么结果。解决化学问题，对于当今的化学家来说，电脑同试管一样重要。计算机对真实生命过程的模拟已经成为当今化学领域中大部分生物化学研究成功的关键因素。利用电脑来帮助解决问题，也就是说现在化学不是光做实验了。现在某些化学实验、特别是复杂的化学实验是离不开计算的。很多实验室里面都有人在做计算。有些人专门做计算研究，有些人做实验研究，也在做计算。现在可以设计特定药物，药物设计确实设计出很多药来，也有实际成果。很多药物在开发过程中都是实验跟计算结合的。

还可以进行材料设计，美国一直很注意计算在研发材料方面的作用。2011 年奥巴马亲自推出一个“材料基因组计划”，就是把理论计算跟新材料研发紧密结合起来，以便加速美国材料科学和材料产业的发展。他希望把开发新材料的速度提升一到两倍。原来开发一个新材料要 16 年，现在他希望通过这个计划把时间缩短到 8 年以下甚至 4 年。我们中国现在徐匡迪等院士也在倡导这样的事，我相信这样做会对我国新材料开发起很大作用。

简单点总结一下就是这样的：第一，化学起源于人类改善生存环境的实践，是创造社会财富和保障人类健康的科学。社会生产力发展中很多难题的突破取决于化学问题的解决，没有化学研究成果就没有现代物质文明。化学等于毒物跟污染，一说化学就想到污染，是个错误的观念。第二，化学已经从被强调为“实验科学”发展为由实验、理论、计算三根支柱共同推动发展的完整的科学，是化学研究从必然王国走向自由王国的标志。化学正在从自发的摸索，比较盲目的摸索，走向自觉的创造。

好，我就讲到这儿，谢谢大家！

月球与月球探测

焦维新

北京大学地球与空间科学学院教授，中国空间科学学会空间探测专业委员会副主任，中国宇航学会返回与载入专业委员会委员，主要研究方向是空间探测技术，行星科学与空间天气学。出版学术著作四部、科普书十部，发表了40多篇论文。焦教授先后被北京大学学生评为“十佳教师”，北京市教育工会授予“师德先进个人”和“首都教育先锋”的荣誉称号。特别值得一提的是，我国的探月工程“嫦娥工程”的名字也是由焦教授最先提出的。

Jiao Weixin

焦维新

各位家长、各位同学、各位小朋友，上午好，今天报告的题目是“月球与月球探测”。为什么要在这个时间讲这个专题？因为大家知道，我们国家的“嫦娥三号”刚刚落月，这是一个具有里程碑性质的成就。今后，我们的月球探测会朝什么方向发展？中国的探月工程在国际探月活动中起什么作用？处于什么地位？今天我来跟大家交流一下。

第一部分，介绍月球。大家要先了解月球是怎样的一个天体，与人类有什么关系。第二部分，人类对月球进行了哪些探测活动，在这些探测活动中有哪些有趣的故事。第三部分，介绍我们国家的探月活动——“嫦娥工程”。最后，给大家展望一下未来，世界各国，特别是我国将会开展哪些探月活动。应当说，探月这个工程非常雄伟，完成这些使命不仅是靠我们一这代人，而是要靠几代人来共同努力。

首先，第一部分，月球是一个什么样的天体？月球，对我们大家来说并不陌生，每个月，我们都能看到月牙，看到圆月，但是毕竟月亮离我们非常远，38 万公里，我们对它的情况不是很了解。下面就来介绍一下月球长什么样。我们看到一个圆圆的明月，但是我们离它 38 万公里，不可能看得很清楚，所以我们要借助人造卫星。人造卫星离月球表面非常近，可以看到月球长什么样。我们知道月球围绕地球转，那么月球有多大？是怎么围绕地球转的？另外，我们关心月球上有没有资源？有没有金子？有没有银子？因此我们再来介绍一下它的资源情况。

大家看看图 1，图片中有两只小狗望着月球，想表达什么意思呢？月球是太阳系中非常特殊的天体，特殊在什么地方？我们用肉眼可以辨别出它的表面情况。天上那么多天体，比如星星，一闪一闪的。但是我们看月球时，仔细看的话就会发现，它亮的程度不一样，有的地方暗一些，有的地方会亮一些。尽管月球离我们 38 万公里远，但是我们依然能区分出它的特点。月球是太阳系唯一的天体，但离我们非常遥远，如果我们借助探月卫星在它表面飞行，它的表面结构我们就能看得一清二楚。

图 1　小狗仰望月球

图 2 是由探月卫星实地拍摄的。我们可以看到上面有大坑，叫陨石坑；还有更大的坑，我们把它叫做东方陨石坑，直径 900 多公里，而且还是彩色的，一环一环的，所以它在整个月球占的位置非常大。

图 2　卫星拍摄的月球表面

图 3 中靠近月球南极位置的陨石坑叫做沙克莱顿陨石坑，正好在南极那个地方，我们为什么要突出介绍这个陨石坑呢？因为美国有计划，将来要在沙克莱顿陨石坑附近建一个月球基地。月球上亮的地方是白天，黑的地方是夜间。我们到月球的白天一看，表面密密麻麻布满了坑；有

些是低洼的地方，我们管地球洼地的地方叫盆地。来看看月球的全图，我们看到有的陨石坑跟别的不一样。别的陨石坑中间深，可是它中间有一个小山包，大的陨石坑都有这个特点，撞击尘土一挤压，中间就出现一个小山包，包括在火星上大的陨石坑都有这个特点。这个地方还是比较平坦的地方，有点儿特殊，这个地方在地球上是一个风景不错的地方，有山，有湖泊，有河流，可是月球上一滴水也没有，这个看着是河流，但实际上是峡谷。

图 3　月球的全图

我们到近处看一看，特征看得非常明显。图 4a 是背向地球的那一面，图 4b 是朝向地球的那一面。图 4a 中，月球背向地球的那一面，密密麻麻都是高山。图 4b 中，朝向地球的那一面是比较平坦的地方。特别关注一下图 4b，在朝向我们地球的一面，你看，大部分地方都是平坦的。我们关注这个地区，整体非常平坦，但是它的左上角凹进去一块，这个地方叫什么？这个地方叫虹湾。为什么提到这一点？因为“嫦娥三号”落在月球表面时，就是落在这个地区。

a.月球背面

b.月球正面

图 4　月球正背面图

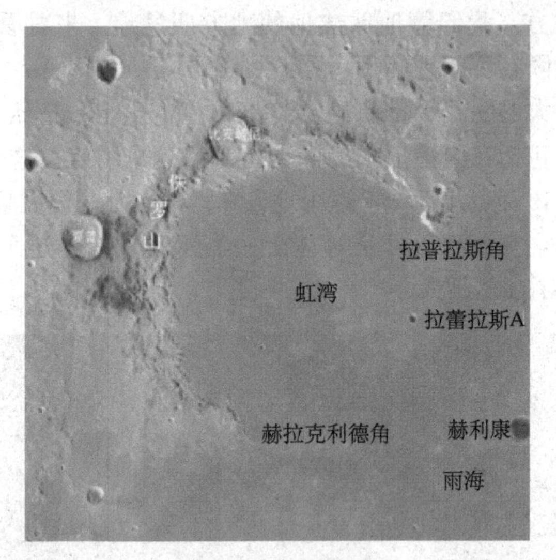

图 5　虹湾示意图

今天我讲了虹湾，下次过阴历十五的时候，如果再看月球，月球的左上角有一个暗黑的地方，在这个平坦的左上角有一个凹进的地方就是虹湾，“嫦娥三号”正是落在这个地方（图 5）。可能有人会问，为什么“嫦娥三号”要落在这个地方？主要有两个原因。第一，这个地方非常平坦，陨石坑比较少，也没有山，这样的话，我们的落月就会比较安全。我们刚刚看到了月球表面有密密麻麻的陨石坑，如果“嫦娥三号”的两个腿落在了陨石坑的壁上，它就会摔倒，所以我们得找到平坦的地方，这样，落月才比较安全。第二个原因，美国和苏联都没有探测过虹湾地区，如果它们探测过，咱们再去探测，也就不新鲜了，所以我们可以去看看这个地方有什么好东西。基于这两个原因，我们选择了虹湾地区作为落月点。

月球朝向和背对地球的一面我们都已经粗略看过了。图 6 中白色代表地势非常高的地区，而白色的地方并不是雪山。为什么不是雪山？因为月球上根本就没有水，也就没有雪，所以白色的这个地方，代表着月球最高的地方。月球上最高的地方有多高呢？地球上最高的山峰是我国境内的珠穆朗玛峰，8844 米。月球上白色的地方比珠穆朗玛峰还要高出 1000 多米，有 10 000 多米高，最高的地方就是白色的地方。可能有人会说，月球上也没有海，我们说海拔多高，也没有海面。因此科学家一般会制定一个平均的高度，高于这个平均高度，我们就说高多少米；低于这个平均高度我们称为负多少米。

通过图 6，我们对月球长什么模样就会看得比较清楚。到处都是陨石坑，是我们用肉眼看到的月球的特征。那么月球最显著的特征是什么呢？阴历每月十五的时候，我们会看到月球表面的一些地方会暗一点儿，我们把这些地方叫月海。在这些地方中，比较亮的地方，一般是高原、高山。

图 7 是我们比较关注的几个月海。月海的左上角就是我们说的虹湾。最大的月海是风暴洋。其他的月海，我们需要用望远镜才能看出来，用肉眼能辨别出来的月海主要是澄海和风暴洋。所以阴历十五的时候你可以再看一看月亮，看看能不能分辨出这几个月海。

图 6　月球最显著的表面特征

图 7　月海示意图

月海是什么形状呢？你可以发挥自己的想象。如图 8 所示，如果把月海的形状用笔勾勒一下，是看到小兔子还是小鹿，完全可以根据你自己的想象来画。

月球上陨石坑的数量非常大，密密麻麻，如图 9 所示。其中大于 1 公里的陨石坑有 33 000 个。1 公里是 1000 米，你可以想想这个陨石坑有多大，这样的陨石坑有多少？33 000 个！大于 1 米的陨石坑有 3 万亿个，你想想，这月球还有好地方吗？所以“嫦娥三号”落月的时候，我在香港凤凰卫视做解说，当时主持人问我，我们看到虹湾非常平坦，那为什么“嫦娥三号”落月的时候还会有风险？风险是什么？我告诉他，虽然虹湾总体上来讲是比较平坦的，但是月球上大于 1 米的陨石坑就有 3 万亿个，所以我们得非常地小心，不仅要看整体平坦，关键要看落月的地方是否比较平坦，否则月球车的两条腿落到坑边，另一条腿悬空，正好摔一个跟头，所以我们选择落月的地方，必须没有陨石坑。

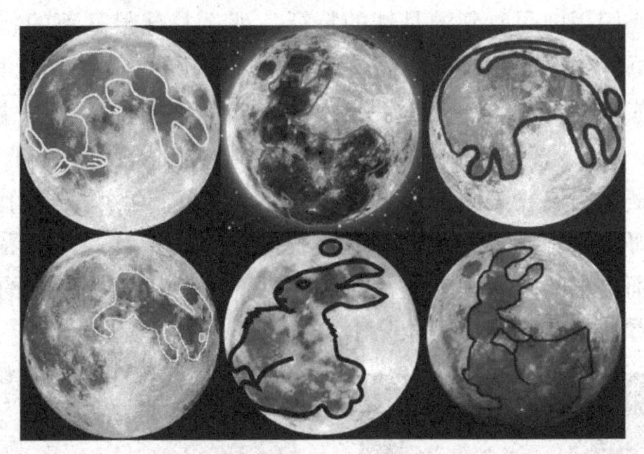

图8 月海形状示意图

图9 月球上的陨石坑

月球上有这么多陨石坑的根据来自哪里呢？我们用卫星拍照，就会把每个坑的大小都记录下来。每次拍照都有详细的过程，有数据，有根据，而且每个陨石坑的形状也是不一样的。比如，a1这个坑不太大，但非常深；a2这个坑很大，非常平坦；a3这个坑是撞击产生的，产生出来的东西，反光能力比较强；c4这个像向日葵的花，中间有小山包；b2这个是一环套一环；b4这个叫一连串的陨石坑；c2这个像大煎饼，大陨石坑里面布满了小陨石坑。图10就是一组由卫星拍摄的形状各异的陨石坑的照片。通过这组照片，我们对月球的陨石坑有了更深的了解。

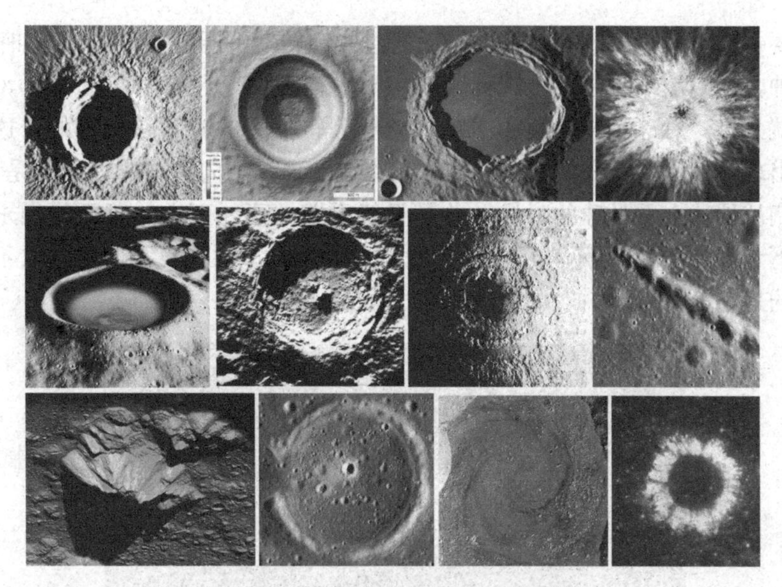

图 10　卫星拍摄的形状各异的陨石坑

（上、中、下三行，记为 a、b、c，从左至右记为 1、2、3、4）

我们都知道，月球围绕地球转，那是怎么转的呢？月球在围绕地球转时，走的并不是正好的一个圆。如果正好是一个圆的话，那每时每刻到我们地球的距离就是一样的。它走的是什么样的圆呢？就是图 11 中我画的这个形状。我们在高中时说这个是椭圆，而现在我们称它为鸡蛋圆。如果沿着这个路线走的话，月球到地球的距离是不断变化的。但是根据科学家的测量，月球离地球的最近距离是 36 万公里，最远距离是 40 万公里，而我们常说的 38 万公里是平均数。

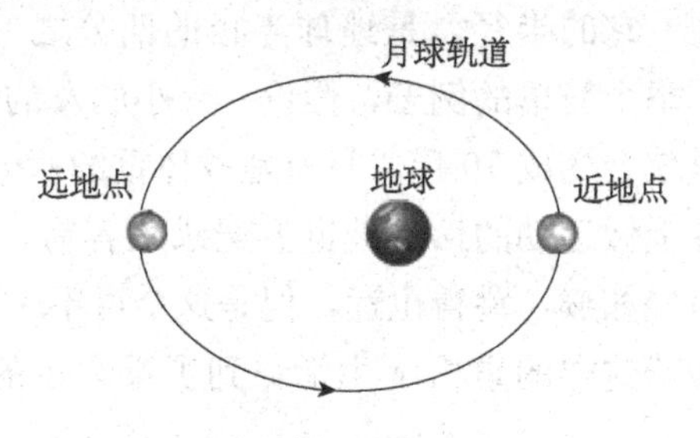

图 11　月球的转动

地球转动最重要的一个特点是地球围绕着自转轴自转的同时，还围绕着太阳转动。地球自转一圈的时间是一天，地球围绕着太阳转动一圈需要一年，而月球围绕着地球转动的时候，转动一圈需要27天7小时43分钟，而它围绕自己的自转轴转动一圈也需要27天7小时43分钟，这也就是说，月球自转一圈和围绕着地球公转一圈的时间是相等的，这样会出现什么问题？我们知道，月球始终有一面是朝向地球的，也就是说，我们从地球上看月球的时候，总是只能看着一面，而它的背面我们永远看不到，如图12所示。所以如果我们不借助卫星的话，我们永远看不到它的另一面。

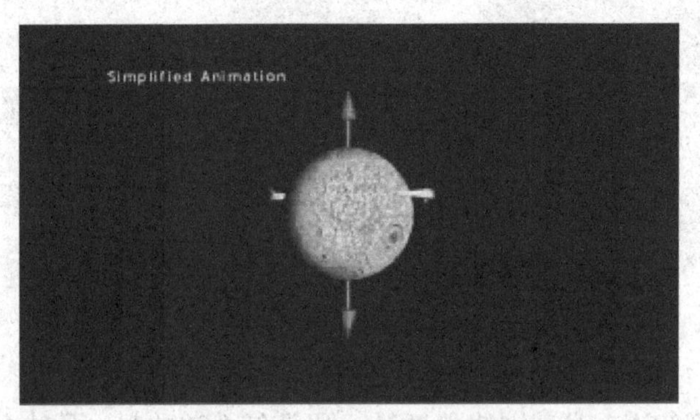

图12 月球的自转与公转

日常生活中有一个例子可以用来解释为什么月球的自转周期与公转周期相等的时候，我们只能看到月球的一面。比如说一个环形的岛，汽车围绕着环岛转的时候，只有司机那一面是朝向环岛的那一面，跟这种情况类似，公转和自转的一圈相等，我们就只能看到月球的一面，不借助卫星，我们永远看不到月球的那一面。

月球有多大呢？它的半径，是地球半径的四分之一；重力加速度是地球的六分之一。举个简单的例子，假设一个小朋友的体重是60斤，到了月球，他的体重就会变成10斤，只有地球体重的六分之一。那你可能会说，如果在月球上做运动的话，破世界纪录很容易，因为体重只有10斤，跑起来一定身轻如燕，跳得也远，但是这个可不一定。

人类习惯在地球这样的重力下生活，到了重力小的地方，你就会不知道该怎样走路。

阿波罗11号的宇航员们在月球上是怎么走路的？参考图13你会发现，他们走路的方式是跳跃式的，因为这样走路比较方便，容易掌握平衡。虽然这种走路方式不错，但是你跳不了几步就会受不了，即使跳跃式前进并且掌握平衡，也很容易摔跟头，所以当个航天员不是件容易的事情。月球表面的环境非常恶劣，它的表面是没有大气层的，大气层有调节的作用，能使我们日夜的温差小一些，如果没有大气层，太阳一照的话，白天能达到零上一百多摄氏度，水都能开了；而晚上有零下一百多摄氏度，日和夜的温差有三百摄氏度。如果你是一位航天员，白天你站在月球上看太阳，你的脑门朝着太阳，能有零上一百多度，而太阳照不到你的后脑勺，所以后脑勺的温度是零下一百多度，没有人的脑袋能那么禁冻又耐热，都受不了，所以没有舱外航天服保护的话，人类在月球上一刻也不能生存。从这些我们可以看出，月球的环境有多么恶劣。

图 13　阿波罗 11 号航天员的月面行走

根据卫星实测的数据，我们用不同颜色来表示月球的温度。如图 14 所示，紫色就是零下 248 ℃，也就是说，南极陨石坑底下终年见不到太阳，温度是零下 248℃。太阳系中温度最低的地方一般认为是冥王星，冥王星离我们非常远，但是冥王星表面的温度也比月球陨石坑高，尽管离太阳非常远，冥王星上也能见到阳光。而月球有些陨石坑底是多少亿年来都见不到阳光。航天员在月球上行走的时候，跳起来的灰尘，叫月壤，如图 15 所示。月壤不能种植物，都是细沙子。

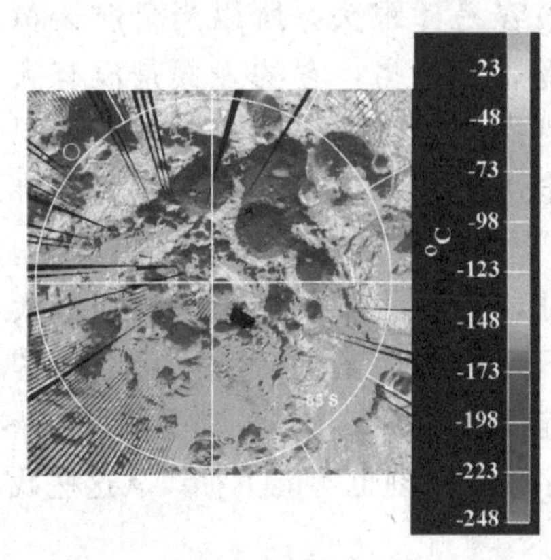

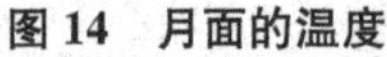

图 14　月面的温度

图 15　月壤与月尘

图 16 是关于月球上资源情况的分布图。其中钛铁矿遍布全月，储量非常大，稀土矿在月球上也不是稀奇的资源，氦 3 的蕴藏量很丰富。

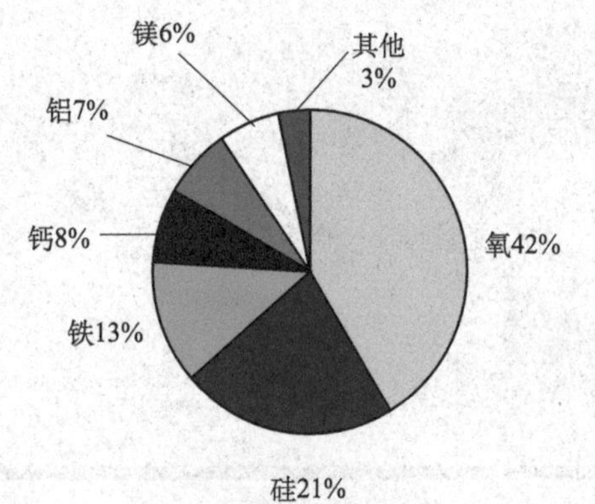

图 16　月球资源分布图

现在，我们已经知道了月球表面大体是什么情况，那么在第二部分，我们来谈谈月球探测。我把月球探测分成四个时期：高峰期、寂静期、恢复期和新发展时期。

月球探测的高峰期是 1958～1976 年。在这段时期，美国和苏联一直在搞太空竞赛，统计一下，在这段时期两国一共发射过 92 颗卫星，但成功的只有 42 颗，成功率非常低。这段时期，由于发射了许多卫星，地球恨不得把月球吃掉的样子，图 17 就是这一时期的生动写照。

这场竞赛，苏联赢了开始，美国则笑到了最后。在这段竞赛期间，苏联创造了几个“第一”，如第一次飞越月球。什么叫飞越？从月球旁边飞过去，如图 18 左边的照片所示。其实苏联并不想飞越，是想一头撞到月球上，但是脱靶了，朝着离月球表面 6000 公里的地方飞了过去，苏联人就此宣传，说创造了一项“世界第一”——飞越月球。另外，由于第二颗卫星瞄得比较准，撞到了月球，即图 18 右边的照片，于是苏联又宣布，它们又创造一项“世界第一”——第一个撞击到月球的国家。

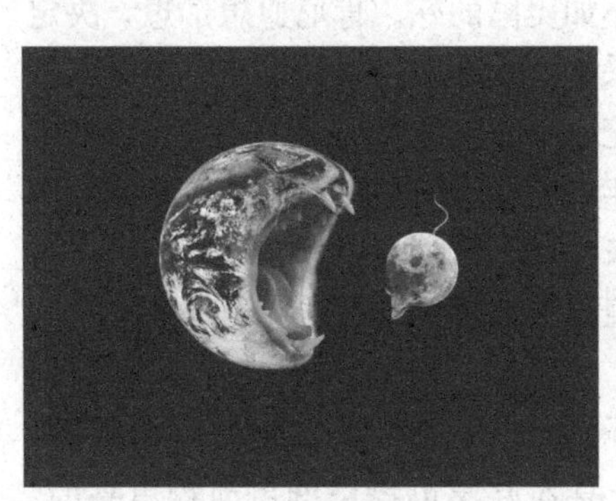

图 17　地球“吃”月亮

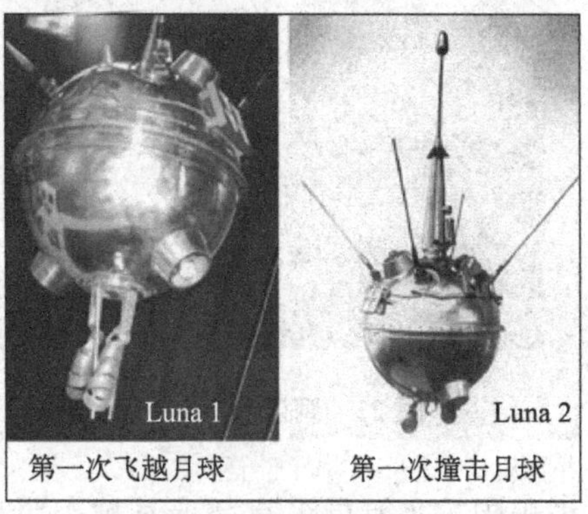

图 18　飞越和撞击月球

我们来看图 19，这是 1959 年苏联又创造的第三个“世界第一”，他们飞到了月球的背面，对月球背面进行了拍照。图 20 就是当时拍摄的照片，尽管照片比较模糊，但还是具有历史性的，因此苏联算是创造了三项“世界第一”。

图 19　第一次飞到月球背面

图 20　月球背面图像

面对这种情况，美国坐不住了，记者和老百姓们纷纷责备总统肯尼迪，说咱们美国怎么能甘当老二，美国那么强，不想争争第一等等。肯尼迪这总统比大家更着急，让大家出主意，在哪方面能创造第一。当时的美国副总统约翰逊给肯尼迪支了个招，搞载人登月，因为苏联的大运载火箭不如美国的好。肯尼迪想了想，决定采纳这个办法，于是宣布，美国要制定一个“阿波罗计划”（图 21），十年内把美国的航天员送上月球。后来，这个计划真的实现了，1969 年，美国真的把航天员送上了月球。

图 21　阿波罗计划

但是，一直到现在，还有人说“阿罗波计划”是大骗局，是假的，说美国的宇航员没有登上月球，照片是在好莱坞摄影棚里面拍出来的。图 22 就是当时拍摄的照片，我们来仔细看看这个照片。之所以说这张照片作假，是有人提出照片中的国旗在飘扬。月球上应该有脚印，旗杆应该有影，旗也不应该会飞，因为月球没有空气，风是空气的流动。美国的航天员想把旗帜插在月球的地面上也不是容易的事，想把国旗插在这儿，结果地面很硬，插不进去。换了好几个地方，都插不进去，因为是第一次登月，也不知道地面的软硬，最后才好不容易找到地方把国旗插住，但旗帜还在摆动。因为没有空气，没有阻力，所以旗杆立住了，但旗帜还在摆动，所以我们看到的效果是风吹的，实际不是风吹的，是由于来回折腾的摆动引起的，所以阿波罗号是实实在在地登陆了月球。航天员回到地球之后，美国举行了盛大的欢迎仪式，从图 23 可以看出，阿波罗号的航天员是从海上返航的。

当时的苏联也想搞载人登月，但没有成功。苏联根据无人探测器的探测结果，对月球做出了很多推测，如图 24 所示。他们认为月球表面是比较松软的，脚一踩，陷进去很深，可能会一直没到脚脖；月球上的环境非常恶劣，把橡胶手套放在太阳照射的地方一分钟，手套会被烧焦。再拿到太阳照不到地方，冻得硬邦邦，直接就碎了。

图 22　阿波罗登月

图 23　阿波罗号航天员返航

图 25 是阿波罗号的两位航天员在月面科考的情况。这边的大石头，别的地方没有，左边的航天员拿出个袋准备取样品，右边的航天员迈着月球步，跳跃式前进。由于月球的重力低，想将仪器箱里的仪器插在月球表面上非常困难，一不留神就会摔倒。在月球上摔跤非常危险，如果衣服被尖锐的石头划破了，那可就有生命危险了。

图 24　苏联人想象的月球表面

图 25　阿波罗号的航天员在月面科考

阿波罗号虽然取得了很大成就，一共飞到月球 6 次，先后有 12 名航天员登月，但是这期间也有两次大的事故，一次是阿罗波 1 号在地上进行实验时发生了火灾，实验舱着火后里面没有消防器材，外面又打不开舱门，三名航天员活活被烧死，非常可惜，图 26 是就发生火灾的阿波罗 1 号的残骸。如果当时没有发生这个事故，第一个登上月球的宇航员就不是阿姆斯特朗，应当是这三名航天员中的一位。

图26 发生火灾的阿波罗1号

还有一次，阿波罗13号在飞行了56个小时，快要到月球的时候，氧气箱发生了爆炸，这个箱子里的氧气不光供给宇航员呼吸，还要提供氧气给燃料电池，用氢在氧中燃烧产生的热量发电，所以氧气箱爆炸发生以后，飞船断电了，在休斯敦地面指挥中心的协助下，最终阿波罗13号以及航天员平安返回，历史上把这段故事叫做“一次成功的失败”，虽然登月失败了，但毕竟航天员还是返回来了，有部叫《阿波罗13号》的电影描述的就是这段历史。

这段时期，美苏在太空竞赛中一共发射了92颗探测器，名为科学探索、月球探测，实际上则是在太空逞威风。

月球探测的第二阶段叫寂静期，从1977年到1993年。在这期间，各国都没有再发射一枚专门的探测器，主要是因为原来搞的月球探测、太空竞赛都是为了政治上的竞争，现在政治竞争有了结局，美国笑到了最后，所以就没人探月了，美国的兴趣转向了航天飞机，苏联的兴趣则转向了空间站。

月球探测的第三阶段叫恢复期，从1994年到2004年。这段时期只发射了三颗卫星。第一颗叫克莱门町，是美国国防部为了验证星球大战的传感器而发射的。后来还有“月球勘探者”和“聪明”1号，图27是月球勘探者。

月球探测的第四个时期是新发展时期。从2007年开始，我们国家也开始探月，首先进行探月的是日本，从2007年9月开始。我国在2007

年10月，发射“嫦娥一号”，接着印度、美国也都相继发射了探月卫星，探月进入了新的高峰。

图27　月球勘探者

日本航天局机构听取了民众的意见之后，将西方所说的月亮女神命名“辉夜姬”。在日本传说中，辉夜姬一开始就生长在月亮，私自到地球来了，因为喜欢地球的热闹与人山人海就不想回月球了，想在地球上生活下来，王孙贵族的公子看到这个漂亮的小姑娘，都想娶她当媳妇，但是辉夜姬看不惯他们的德性，在地球上待不下去，就又回到了月球，这就是日本月女神的经历。日本照相机的水平很先进，平时我们用的相机有不少是日本造的，我们在地球上能看到月球冉冉升起，他们则将在月球上看到地球升起的过程拍了下来，这个很新鲜，可以看到地球慢慢从月球升起，而且可以从远处看到我们的地球确实是一个蓝色的星球。图28就是由日本拍摄到的照片。

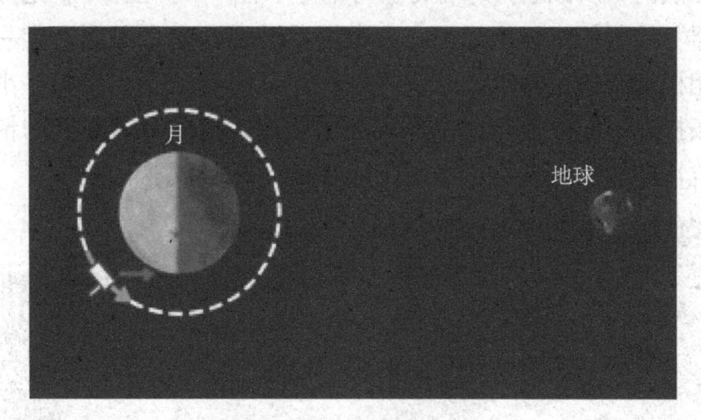

图28　从月球看地球升起

图29这张照片是由印度发射的卫星拍摄的。印度在2008年发射了一颗月球卫星，虽然这个卫星很一般，但是有它自身的特点，有十一个仪器，其中有六个是由美国和欧洲空间局提供给它的。我对这些仪器进行过仔细的研究，这六个仪器都是当时世界顶尖水平的

图 29　印度发射的月球卫星

仪器，所以它们也有很多重要的发现。通过这些仪器，我们发现了北极的陨石坑底下有水，水的含量约6亿吨，这是很重要的发现。于是印度宣称创造了两项“世界第一”，第一项“世界第一”是他们第一个在月球上发现北极有水，另外一个“第一”，是他们用卫星把印度国旗升到月球上去了，但是他们的这个卫星不太争气，工作了一段时间之后，不知道跑哪儿去了，找了半天才发现已经坠毁了，还把国旗给烧了。

后来美国又发射了“月球勘察轨道器”，这颗卫星上的照相机的分辨率特别高，高达0.5米，不管多大的东西，它都能够分辨出来。我们“嫦娥一号”的分辨率是120米，像我们屋子这么大的地方，“嫦娥一号”分辨不出来，一个小点是看不出来的。“月球勘察轨道器”的分辨率是0.5米，所以它看月球看得非常清楚，它是为人类重返月球的载人飞船确定着陆点的，所以看月球看得非常清楚（图30）。图31就是“月球勘察轨道器”绘制的南极地形图，大家可以看到，这个图像上有一条一条的，照相机都有这个特点，分辨率越高，只能看到一小条拍一小条，所以无数条拼在一起才能构成月球表面的图像，构成月球南极的情况。这些陨石坑比较深的地方，正好是在月球南极的地方。

图 30　美国发射的“月球勘察轨道器”

图 31　月球勘察轨道器绘制的南极地形图

下面我们来看图32，大火箭和小卫星。小卫星是干什么用的呢？小卫星后面跟着火箭，两者一起飞到月球后，并不直接着陆，但也不绕着月球转，而是围着大圆走，围绕着地球转，当飞船达到月球南极时，卫星与火箭分离（过程如图 33 所示），这时火箭瞄准陨石坑，一头撞到陨石坑里，陨石坑里有冰，火箭撞到里面就会呼呼冒热气，然后我们就能看出来月球上到底有没有水。火箭后面的小卫星还有可见光的照相机以及其他的仪器，所以撞击的过程，撞击后火箭飞行的方向，都会被记录得一清二楚。大火箭奔那了，小卫星在后面跟着，既然有冰的话，经过这一撞击，水蒸气、烟尘都起来了，小卫星就跟在后面拍照，照片随时发回地球。小卫星还带着一些仪器，分析一下撞击尘埃里面都有什么成分，小卫星就跟在后面一直拍照、测量，因为它无论往那儿飞去，也都回不来了。测量完了，它也就一头撞在陨石坑里，先期进入到月球轨的那个飞船将撞击的结果带了回来。一年以后，美国航空航天局正式公布了结果，根据这个撞击结果来看，在月球陨石坑的底部，撞击物中含有 5.7%的水，这回能够正式地确定在陨石坑底下确实有水冰。

图 32　大火箭和小卫星

下面来说说我国的“嫦娥工程”。“嫦娥工程”一共分成三步。

第一步是“绕”，发射绕月卫星。2007 年 10 月 24 日我们成功发射了嫦娥卫星，如图 34 所示。图 35 中的这个标志，是中国探月的标志。这个标志很有意思，有非常丰富的文化内涵。为什么把它作为探月的标志呢？我们用毛笔沾满了墨，先画出一点，这个象征着龙头，代表着中国像一条巨龙在腾飞；然后你把毛笔转半截后一提，就出现了一些小白点，这个是和平鸽，象征着我们中国会和平地利用太空资源；这个标志的中间是两个脚印，代表着中国人的终极梦想——总有一天我们中国人会踏上月球。

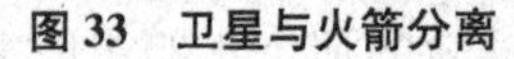

图 33 卫星与火箭分离

图 34 发射月球卫星

图 35 探月标志

图 36 是嫦娥卫星转了好几圈以后，奔上了月球。图 37 是“嫦娥一号”获得的三维图，通过这个三维图，我们可以非常清楚地看到陨石坑底部还有小的陨石坑。图 38 展示的是嫦娥陨石坑，这是我们为了纪念嫦娥奔月而命名的。图 39 展示的陨石坑叫万户陨石坑。万户是一个人，史书上记载了他的故事，万户想飞天，于是他坐在椅子上，在椅子上绑了 47 只火箭，手中还拿着两只风筝。他认为火箭一点火升天，再带着风筝，他就可以上天，可是他想得太简单了，最终摔死了。国外很多人也都了解这个故事，万户是我国最早有飞天梦的一个人，所以为了纪念他，把这个陨石坑命名为万户陨石坑。

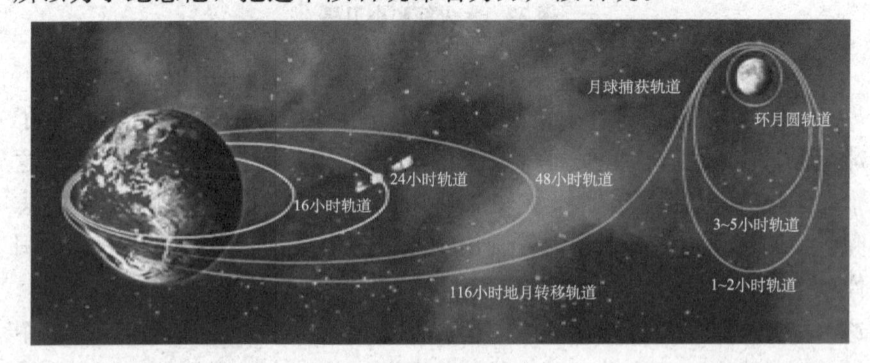

图 36 嫦娥卫星奔月

图 37 “嫦娥一号”获得的三维图

“嫦娥二号”是在2010年发射的，整体结构跟“嫦娥一号”基本差不多，但有一些改进。“嫦娥一号”围绕着月球转的时候，距离月球200公里，而到了“嫦娥二号”的时候，它距离月球100公里，看得更清楚。到了后期，“嫦娥二号”进入到近月点为15公里的椭圆轨道，近月点在虹湾地区的上方，对虹湾地区进行仔细地拍照，获得了虹湾地区高分辨率的图像。

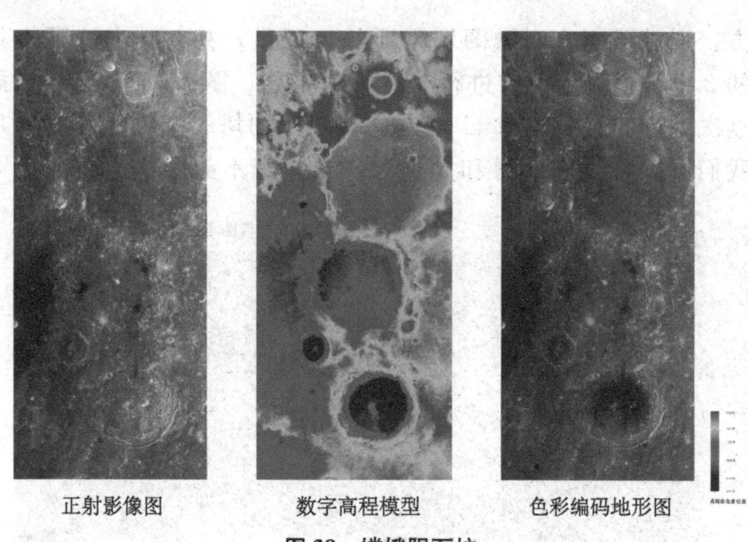

图 38 嫦娥陨石坑

最重要的一点，“嫦娥二号”飞行了半年完成了使命后，我们没让它撞击月球，而是让它飞到了离地球150万公里的地方去观察太阳；后来我们不满足于此，于是又让它飞行到距离地球700万公里

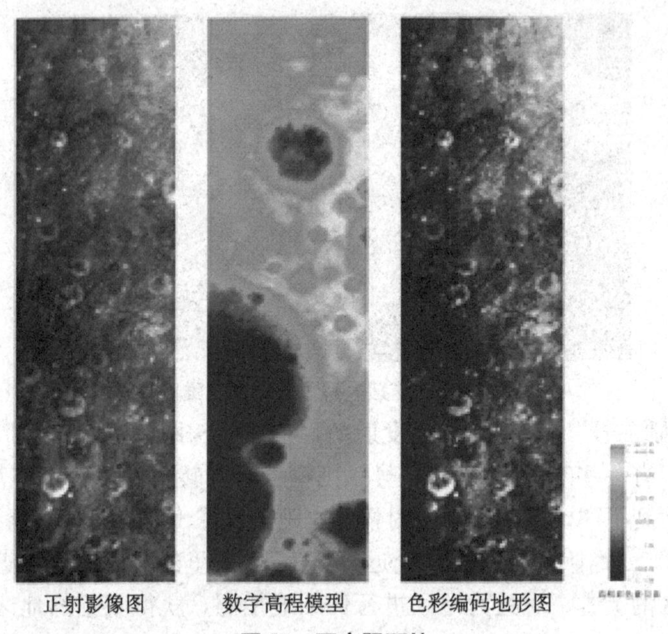

图 39　万户陨石坑

的地方，遇见了一个叫做图塔蒂斯的小行星，并在距离这颗小行星最近的 3.5 公里处，对它进行了详细地拍照，图 40 展示了“嫦娥二号”这次远行的路线。图 41 就是这颗叫做图塔蒂斯的小行星，从图片中我们可以看到它长得和大土豆一样，毫不起眼。这是人类第一

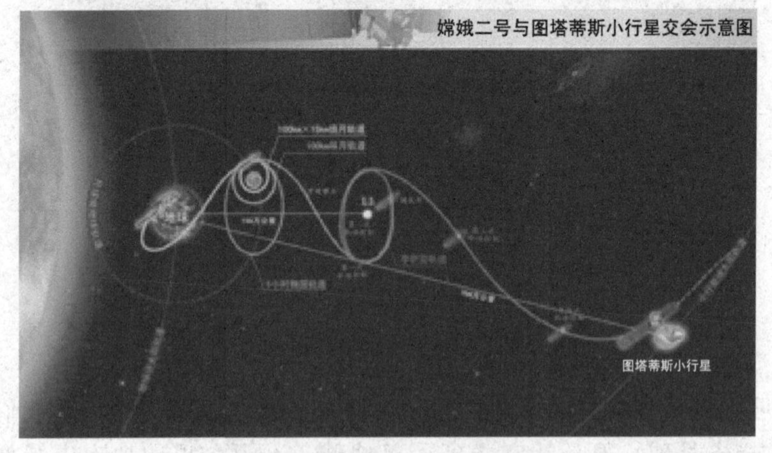

图 40　“嫦娥二号”远行图

次获得它的高分辨率成像，也是中国在深空探测方面的一个突出贡献。现在“嫦娥二号”飞行到了距离地球几千万公里的地方，我们依然继续跟踪着它。这样，等到我们探测火星时，在通信控制方面就积累了经验，因为火星离我们有1亿多公里，所以应当说，“嫦娥二号”的贡献还是很大的。

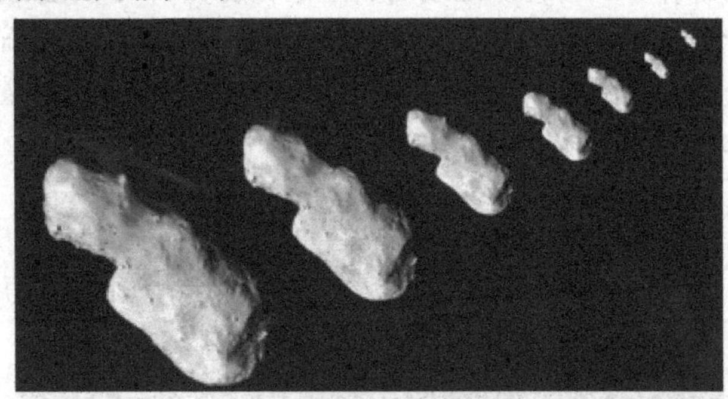

图41　图塔蒂斯小行星

嫦娥工程的第二步是落月探测，图42就是我们这次发射的“嫦娥三号”，这次不是绕，而是落在了月球表面。在一般情况下，想减速的话，要用降落伞减速，可是月球上没有空气，无法用降落伞减速，我们只能靠反冲发动机的方法，让它往前喷气，这是着落的第一个技术难点。第二个技术难点，刚才说了，月球的日夜温差将近300度，月球的黑白规律是白天14天，接着夜间是14天。夜间的14天里，零下一百多度，会不会把我们的仪器冻坏，这是第二个技术难点。

图42　“嫦娥三号”

图43是“嫦娥三号”的着陆过程，就是利用反冲发动机慢慢减速落到月球表面。月球车伸出来后，我们通过杠杆装置把六个轮子的月球车放到月球表面，再放上一个导轨，月球车从导轨上爬下来，打开太阳能帆板，展开发电机器使得自己有动力，接着展开天线，这样月球车就可以工作了。月球车运动时，遇到大石头，转弯还是挺灵活的。想探测哪个石头就会转个弯，奔那个石头去，伸出钻头把石头表面的东西磨掉，然后用照相机看看里面是什么结构，然后把测量结果传回地球。

图43 “嫦娥三号”着陆过程

在2014年上半年，神舟十号对接，下半年“嫦娥三号”落月，我们之所以能取得这些成功，除了有经验外，第一就是经济的持续发展为航天事业打下坚实的基础，简单讲就是得有资金。我们可以对比俄罗斯，这几年俄罗斯的经济不景气，所以它的航天事业也不景气。第二，我们国家造就了一大批年轻有为，特别能战斗的航天队伍，都是四五十岁的年轻人，包括美国都很佩服中国这支队伍的年轻有为。第三，我们有完善的管理方法和体制。第四，全国大协作，全国有230家单位参加了“嫦娥三号”的任务。正因为有上面这些因素，才使得我们的航天事业不断取得新的辉煌。

讲到这里，可能大家会问，我们发射气象卫星，是为天气预报服务的；那跑到月球那么荒凉的地方，究竟对我们中国的老百姓有什么好处呢？探月工程不像发射应用卫星的作用那么直接，但是我们搞探月工程，会推动高新技术的发展，比如说我们需要发展大推力火箭技术，有了大推力火箭，我们就可以用它发射通信卫星、大的气象卫星；又比如，我们发展了深空探测、通信技术后，可以用于探测更远的天体。我们的月球车落到月球上，所有的动作都是自动的，叫遥科学技术，我们也可以把这套技术用于其他领域，如人工智能和机器人技术，新材料、新能源技术。其实网上也有分析说，我们在落月过程中，不断自动地调节、实现准确着陆，这套自动化系统，如果用在军事上，可以实现远距离的精确打击，对我们的国防有很大的好处，意义还是非常重大的。

图 44 的这张照片是嫦娥一号发射的时候，我在中央电视台演播室做节目时拍摄的。左边的是主持人，右边的是月球车研究室主任贾阳。当时“嫦娥一号”是 18 点 07 分发射，18 点的时候我们在演播室，最后一个环节跟观众介绍月球车，那时候月球车的样机已经做出来，图 45 的照片中的是这个样机。当时主持人问我，如果我们的月球车在月球上翻跟头，自己能不能爬起来，我说那可爬不起来。但是，我们的月球车有避免翻跟头的功能，因为它可以前看看，后看看，如果发现前面的石头比较大，或者陨石坑比较大，它就会绕开你，就像俗话常说“惹不起，还躲不起嘛!”这样就避免了翻跟头。

图 44　摄于“嫦娥一号”发射时期　　**图 45　“嫦娥一号”样机**

许多媒体，包括我在跟学生做讲座时，经常问我，为什么我们的探月工程叫嫦娥工程，“嫦娥”这两个字怎么来的？其实在 2010 年 9 月的第三次探月学术会上，那时候中国还没有正式决定搞探月工程，而这次会议上，我正式提出了这个建议。

第四部分，我们来介绍一下我国的探月计划。计划的具体内容，我们可以参见图 46，为什么计划中所有年份的后面都打了问号呢？是因为这个

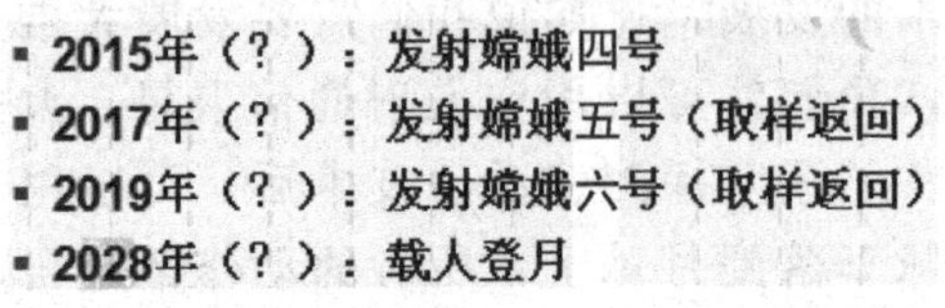

- **2015年（？）：发射嫦娥四号**
- **2017年（？）：发射嫦娥五号（取样返回）**
- **2019年（？）：发射嫦娥六号（取样返回）**
- **2028年（？）：载人登月**

图 46　中国未来的探月计划

时间没有完全确定。2017 年我们可能会发射“嫦娥五号”，任务是取样返回，我们现在的运载火箭完成不了这个任务，我们需要大运载火箭——长征五号运载火箭。如果进展顺利的话，我们有可能在 2030 年后实现载人登月。嫦娥三期面临着什么新的技术难点呢？第一是月面自动采样封装；第二是月面起飞技术，封装好了要起飞；第三是月球轨道交会对接技术；第四是高速再入返回技术。

我们来看一下图 47，这是月面钻探。将来我们要钻两米深的坑，取回两公斤的样品，自动把它封装。图 48 是月面采样，取了样品以后，放在着陆舱上面的机器里封好。图 49 是月面上升，就是样品封好以后，上升再起飞，起飞不是直接飞回地球，而是围绕月球转，与围绕月球转动的我们的卫星对接。对接以后，我们的大卫星再点火返回地球。在这个过程中，月面对接的难度非常大。大家看神舟十号和神舟九号交会对接时，它们距离地球表面 350 公里，我们地面有那么多测控站，还有中继卫星，有那么多的方法为它们的对接保驾护航。两颗卫星在月球表面交会对接时，离地球 38 万公里，它们能准确地听我们的指挥吗？能完美地对接吗？对接不上，怎么回来难度比较大。还有返回，虽然我们的返回舱已经多次升空并返回，但是从月面返回的话，有新的技术难点，返回舱的速度特别快，有时候不会直接进入我们的大气层。举个例子，大家知道一块石头，扔到水里就会落地；而一个小石头片，我们朝着水面这么一抛，则会打起水漂来。返回舱以高速回到地球和大气层接触的时候，它不会直接钻到大气层，而是大气层会让它飘一下，这一下可能飘出去了几千公里，所以怎样确定准确的着陆点难度非常大，再加上返回舱的速度又非常快，和大气摩擦产生的热量更高，所以热防护的问题，确定着陆点的位置都有难度，但话又说回来，这些问题也是我们搞载人登月必须要解决的问题。如果解决了这些难题，我们载人登月的发展就又向前迈进了一步。

图 47　月面钻探

图 48　月面采样

图 49　月面上升

除了上面提到的这些难题要解决，我们搞载人登月还面临着哪些挑战？首先，需要大运载火箭。举个例子，我们现在的火箭轨道运载能力，能把一个卫星发射到 300 多公里外，神舟火箭是 8.5 吨，我们的运载火箭是 9 吨，2017 年长征五号运载火箭上天以后，运载能力是 25 万吨，但是要搞载人登月的话，至少要达到 120 吨，但我们现在只有 9 吨，离 120 吨的差距还很大。我们飞船现在的运载能力是 8.5 吨，将来我们飞船的运载能力至少要在 25 吨左右，还有登月舱，登月舱有好几十吨。除此之外，我们还需要深空对接技术，大运载火箭发射场，我们现在的火箭发射场都不行，所以我们正在建立新的发射场，如海南文昌发射场。

也许有人又会问，美国在 1969 年就实现载人登月了，这么多年过去，中国再搞载人登月有什么特点？第一，我们把载人登月与月球基地统筹考虑。第二我们是以获取更多科学考察结果为目标的，我们上天到月球表面是以获得更多的科学考察成果为目标的。第三，我们准备进行两次发射，先发射登月舱围绕地球转动，然后再发射载人飞船，让它们在地球轨道上交会对接后，再返回地球，把载人和载物分开。第四，我们将逐步实现全月面着陆，美国的着陆点在月球的正面，将来我们可能到极区甚至到月球背面着陆。如果我们真正实现了载人登月，可能最高兴的是嫦娥，嫦娥在月球上寂寞这么多年，终于遇到家乡人了。

另外，我们将来不仅要实现载人登月，还要逐步建立月球基地，如图 50 的初级月球基地，图 51 是半地下的月球基地，图 52 是成群的月球基地，图 53 是可种植植物的月球基地，图 54 是高级月球基地。

我今天讲的内容，都在这本书中，叫《月球文化与月球探测》，如果想深入了解月球和月球探测的知识，可以参看这本书。

图 50　初级月球基地

图 51　半地下的月球基地

图 52　成群的月球基地

图 53　可种植物的月球基地

图 54　高级月球基地

菜市场的博物学——虾兵蟹将的故事

杨　晔

博物咖啡馆创始人，鸟类和海洋生物达人，被孩子们亲切地称为鸟人老师。先后作为《中国国家地理》野外科考专家、《博物》撰稿人及海洋学顾问，曾在BBC《Wild China》担任副导演，他从未放弃博物之路。而今，他创办了博物咖啡馆，希望让越来越多的人知道，探索自然不必走远，博物学就在你的身边。

Yang Ye

杨　晔

各位小朋友大朋友大家上午好，很高兴能够有这么一个机会跟大家聊一聊这个话题，这个是我们特别热爱的题目，叫“菜市场的博物学”。我相信可能每个人对于整个自然的了解，刚开始就是从菜市场开始的，而到今天你接触自然最多的地方依然还是菜市场，所以我们就有这样一个系列的课程，叫“菜市场的博物学”，我希望把这些东西跟大家分享一下。

我跟博物的渊源很远，从《博物》这个杂志创刊我就在这儿帮他们来做作者，然后做他们的野外活动的向导，后来我大学毕业去了 BBC，拍野生动物纪录片，后来我又去了新东方当老师，可能这是一个很有意思的过程。现在我的工作是自己开了一个咖啡馆，叫“博物咖啡馆”，这个咖啡馆的主要工作就是教所有人了解什么东西怎么玩，怎么好玩。所以，我们在想，博物学是一个可以深入民心的东西，它可以特别落地，跟大家生活非常紧密，所以我们想到这么一个题目叫做菜市场的博物学，我们也希望有更多的朋友来跟着我们一起走进菜市场，通过认真观察菜市场的每一个小物件来了解你身边有意思的科学。

对于各位来说，菜市场是你再熟悉不过的地方，我相信在座各位没有人从来没去过菜市场，你说老师我觉得菜市场稍微有那么一点点脏，所以可能我不太会去菜市场，但你总会去超市，对吗？那在这样琳琅满目的商品当中，蕴含着多少知识？这就是我今天希望跟大家分享的。在我们对于菜市场的了解当中，我们把菜市场所有的活动分成这么几类。第一个你在菜市场看到的最常见的东西叫五谷杂粮，对吧？对于我们各位来说，你每天都要吃这些主食，这些主食都是怎么构成的呢？我们有机会再详细来介绍。

第二个就是菜市场里最大宗的产品叫瓜果蔬菜。我们在这里提到的果并不是果实，或者叫水果，而是指特别的瓜果，那么当然水果也是一个大宗，小朋友都特别热爱它们，不同的季节我们可以找到不同的食材。那么坚果又是另外一类，过年的时候家里会买好多各种各样的干果，有开心果、碧根果、核桃、松子、大杏仁，这些东西都是什么？这是我们会去关心的问题。香料是妈妈奶奶们比较关心的部分了，对她们而言，这些东西充满了各种神奇的作用，可以给我们做出一桌子好菜，当然孩子们更热爱这些肉，各种蛋，还有乳制品。那么我们今天的主题到底是什么呢？因为时间有限，我们不能把菜市场当中的每一个有意思的故事都给大家分享，所以我们今天分享的是海鲜的故事、水产的故事，人们都热爱的故事。这些东西虽然看上去很美，很多人却不知道该怎么吃，不知道该怎么认。而刚好我原来大学的专业是海洋生物，我的主要方向是螃蟹，我是做潮间带螃蟹分类的，因此这个对我来说刚好是专业。与其他学生物的专业不同，有些人比如学鸟类学的，那你就比较痛苦，你只能看，有些比较厉害，还要捡一些羽毛。当然还有一些更厉害的，我一个好朋友研究食性，他每天的工作就是找屎，找各种鸡粪，然后把鸡粪带回北京，一包里有八百多份，研究这只鸡曾经吃过什么。

我们学海洋生物的就特别符合博物学精神，用咱们《博物》杂志的三个字来形容就是“能、好、怎”——能不能吃，好不好吃，怎么吃。我们在野外，这个螃蟹挺好看，能吃吗？不太能吃。第二个反映，能吃但不好吃。最后如果都到了能吃和好吃了，我们就直接到了最后一步，怎么吃？今天我们就来聊聊我们能买到的所有的这些产品，它们都做到了能吃和好吃，但是很多人不知道怎么吃，所以我们今天的题目就叫菜市场里的虾兵蟹将。

提到虾兵蟹将我们第一个就说最出名的，也是大家最容易混淆的龙虾的故事。龙虾我相信每个人都吃过，或者即使没吃过，你也见过，即使你没吃过大个，也总吃过小个的对吧。著名的麻辣小龙虾，满足了我们每个人吃龙虾的梦想。但这到底是什么？是不是龙虾，我们要来了解一下。首先我们来说说龙虾的分类，龙虾到底是什么？我们说所有的龙虾，所有的虾蟹都是节肢动物门的一种生物，所谓节肢动物门身体分多个环节部分，昆虫也是节肢动物门，蜘蛛也是节肢动物门，蜈蚣也是节肢动物门。所以当你看到一个螃蟹和一个虾的时候，在某种程度上，它长的还挺可怕的。相信第一个吃螃蟹的人还是挺伟大的。那么再往下分，其中有一类，它们身上都背着厚厚的甲壳，我们叫它甲壳纲，甲壳纲当中的种类非常多，其中有一类是跟我们生活最密切的，它们一共有十对足，买一个螃蟹，前面有两个大的，一边有四个，一共十足，这类都叫十足目。十足目再往下分是短尾虾目，尾巴很短的螃蟹，其他的种就是我们说的虾。龙虾到底是什么？我们来看看，我们在市面上最常见的是三种龙虾，最常见的或者最经典的是大个龙虾。我们可以看到有些是棕色的，有些是红色的，有些是灰色的，有些还有很多漂亮的花纹，无论哪一种，我们都归到无螯虾目的龙虾科。因此我们都知道，无螯虾目意味着它们没有大钳子。再往下就叫螯虾虾目，它们都有螯，其中分两个大类，分别叫海螯虾科和螯虾科，海螯虾科就是我们说的美洲螯龙虾。这名听着不熟，但是菜市场都有的卖，有两个巨大的钳子，它有另外一个很通俗的名字叫做波士顿龙虾，一说这个大家都知道了，这个比普通龙虾贵，比贵的便宜，但也不太便宜，基本上你买一个一百来块钱。最便宜的是这个淡水小龙虾，北京卖六块一个，做熟的，你要是菜市场自己买，平均下来两块钱左右。但它到底是什么？我们先来看看它们的样(见图 1)。

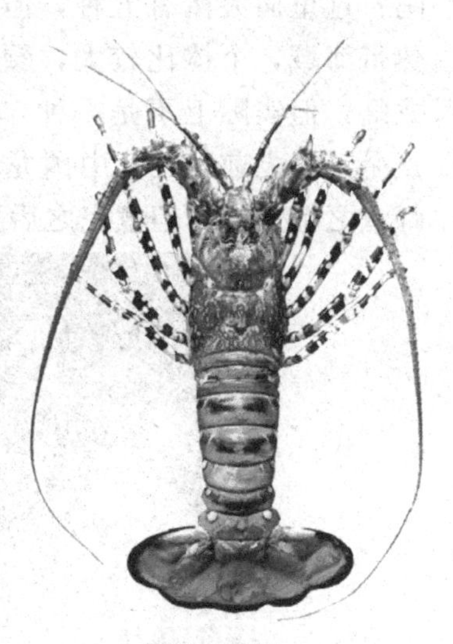

图 1　龙虾

龙虾，小朋友就会问了，杨老师，将来我们去菜市场，人家蒙我们，我们怎么告诉他，这是龙虾，还是不是龙虾？最简单有这么几个口诀请各位记好。第一个子大，傻大傻大的。龙虾之所以卖的贵，除了味道鲜美之外，如果它只有一厘米它就不贵了，那叫虾皮，个大是它的重要优势，因为个大肉才多，肉多才好吃，所以首先龙虾个子大。第二龙虾有一个最大的特点是脑袋大。对于龙虾而言我们都知道龙虾有一虾多吃，其中有一道菜就是用龙虾头来做菜，因为头当中富含大量的虾膏虾油。在繁殖季节，雌性龙虾的头部还有一个重要的繁殖器官叫卵囊，也就是我们常说的虾仔，后来会排出来，挂在游泳足上扇动，那时候就别吃了，在头当中你是可以吃的。第三，胡须巨大，而且很长，大胡子。最后一个，请各位看看它有钳子吗？有吗？龙虾也就是我们说的这个无螯虾目当中龙虾科四个属的物种，全世界一共十九种，都没有大螯。不是掉了各位，不掉也这样，天生就这样。所以我们以后就可以判断了，如果你想买一个龙虾，确认是不是真的龙虾，最简单的方法就是这四条，首先个子要大，第二头大，第三胡子长，最后没大螯。我们在市面会看到很多很多种龙虾，它们都是什么呢？通常这样颜色的（图 2），发青灰色的是中国主产的，种类也比较多，比如中国龙虾、日本龙虾。当然这只颜色相对好看，我们也叫它火龙虾，它的中国名字叫锦绣龙虾。这些龙虾的个都不太大，通常二斤左右，市面还有巨大的颜色发红的，叫澳洲龙虾（图 3），听过这个名吧？而且价格还不低，一般饭馆要吃，得几百块钱一斤，你买一个可能就上千了。澳洲龙虾请各位一定注意，你将来可以去忽悠饭店的服务员，我就经常这么干。我问他这是什么龙虾呀？他说澳洲龙虾，我说澳洲龙虾叫什么呀？他说就叫澳洲龙虾。骗你们的，因为你可以去从箱子里随便拎两只龙虾，通常长的就不一样。澳洲龙虾是指在整个大洋洲海域产生的所有龙虾的合称，各位能听懂了吗？这里面大概有五种，但是这个海域的龙虾有一个特点，因为是热带海域，个体比较大，颜色通红，因此我们统一把它们称为澳洲龙虾，但实际上不是一种，请大家记住，澳洲龙虾有一个最大的特点是，煮之前也红。中国龙虾是煮之前不红，一煮就红了，澳洲龙虾煮之前也红，但煮完之后更红。

图 2　锦绣龙虾

图 3　澳洲龙虾

所以我们能判断了：首先是不是真的用龙虾卖你，第二卖你的是不是真的澳洲龙虾，有很多不好的商人，通常都用中国产的龙虾来冒充澳洲的龙虾，成本多少呢？一半。不是说中国龙虾不值钱，也值钱，但中国龙虾个不大，所以他们又给中国龙虾起了另一个名字，澳洲龙虾仔。你看我这为什么不大啊？我这是娃娃，娃娃就不大，但是价格一样，而且还会告诉你娃娃嫩，好吃，鲜美可口，其实都是骗人的。这时候你就要求活蒸，我看着把它放锅里，或者你在上面做个记号，可以随身带根油笔，在龙虾上写上你名，没关系，反正咱不吃壳，因为很可能他给你拎进去的是一只真的澳洲龙虾仔，然后蒸出来就是一只中国龙虾仔，因为蒸熟了你也看不住来，所以这是特别常见的识别方式。龙虾好不好吃，取决于是否活。在菜市场怎么挑，特别简单，把一只龙虾拿起来，通常这样的龙虾也咬不了人，因为没大螯，你去弹一下它的尾部，如果它迅速把尾巴卷起来了，这只龙虾就好，如果这只龙虾还伸溜着，你看它也吐泡，说明要么养殖的时间过长，要么这只龙虾被下过药。很多不法商人会在水中下药。因为我大学学海洋生物的，所以我们其实经常要接这种案例，很多蟹农和虾农经常会来我们学校找我们老师，说老师您告诉我们，我们往里放什么水它就不死。我们说一般放海水，加泵就不死。人家说海水加泵太贵，我们说我们就没招了。对于科研来说，这是我们避免的事，但是商人有很多大招。所以我们就弹一下，龙虾活性好，意味着卷尾，可是一个龙虾放在缸里养的太久，你弹它，它也不会卷尾，这样的龙虾买回家很空。因为我没见过卖龙虾的地方还喂它，它就消耗自己的肉，所以你买的就是龙虾壳，所以你弹一下这就是最简单的识别方式。

第二种我们叫美洲螯龙虾（图 4），一看这照片就知道了，有没有大螯，你看看刚才那个有没有？没有吧，这个有没有啊？有了吧，巨大吧。这种龙虾，各位特别是小朋友，我们就不要参与挑选了，因为完了以后可能一数就剩四个手指头了，少一个。螯龙虾咬合能力极强，它在野外主要的食物是贝壳和螃蟹，它就咔碴把它们绞了，人家也吃香辣蟹，只不过人家不用刀切，人家就拿手撅断了，很厉害。这种龙虾有很多名，我们会听到很多很多奇怪的名字，比如说波士顿龙虾，比如缅因龙虾，还有地方现在叫加拿大龙虾，我们看一个团购网站写着，来自加拿大纯净冰海的加拿大龙虾。这些所有的龙虾都是同一个种，叫做美洲螯龙虾，那为什么起这个名字呢？原因特别简单，它在整个美国和加拿大都出产，波士顿是它的主要采集港口，而缅因州是主要出口州，因此大家都明白了吧。我们在中国很多地方，比如说在香港和台湾，你买它通常都叫缅因龙虾，因为都是从缅因州进口的。而加拿大龙虾是原来不主产现在主产了，因为加拿大的成本相对低，美国人抓的太多了。叫波士顿龙虾，是因为波士顿是最早食用这个龙虾的地方，而且很多百年老店都在这儿，在美国吃龙虾与在中国吃龙虾价钱不太一样，比较便宜，大概龙虾到大季的时候，不到 10 美元一磅，一磅跟一斤差不太多，几乎可以近似计算，也就是十块钱一斤。一个龙虾有的时候便宜，两只十五美元，就是合人民币也不贵对吧，九十多块钱买俩大龙虾。这可不是鬼街那小的，通常它每只应该在两斤左右，也就是九十块钱买四斤，挺值的。这种龙虾好不好吃，看着就好吃，但是你看它身子大，其实身子不大，哪儿大呀？螯，钳子大，非常棒。35%的肉来自于这两个大钳子，美国人智商不高，不像中国人，咱吃咔嚓自己扣，所以美国的餐厅要求提前处理好，砸一下，把肉包下来，拿这个做三明治，所以在波士顿有个名菜叫龙虾三明治。一个三明治通常用一整只龙虾来做，把整个龙虾的肉都剔出来，然后做熟，放在中间当馅儿咬一口，十几块钱挺值的吧。所以将来大家如果去美国玩，到了波士顿，这个东西一定要尝。中国能不能买到波士顿龙虾呢？各大超市都有卖，不做广告，不告诉你们哪个超市有，大的海鲜批发市场，什么大洋路、锦绣大地都一定会有。

图 4　美洲螯龙虾

在中国卖的这个龙虾有两种，第一种是活的，怎么挑？招一样，弹哪儿？弹尾巴，尾巴一弹它就缩住了。你说杨老师我那天买一个龙虾，可好了，拿出来就缩着的，死的时候也缩着，缩着死了。你要先把它撑长了，看能不能捋直，捋不直那就完了对吧。还有一种在中国卖的比较便宜的，有些超市有卖的，冻鲜龙虾，冻鲜的价格就便宜很多，在中国好像这样的龙虾平均价格在 150～200 块钱一只。我这两天专门找了几个，跟我们熟的海鲜供货商，打了个电话，说你这儿现在有这玩意吗？说有，不太好，但是大概就这个价。但如果是冰鲜的话也就是一百块钱左右。冰鲜和新鲜的区别不是特别大，因为美国人现在已经掌握低温冷冻技术了，龙虾活着拿上来就直接冻，相当于速冻，这个龙虾运到中国，只要路上没化过，肉的味道基本一样，美国人不生吃，都是熟吃，扒皮以后，搁点起司煎一下，烤一下都可以。它的特点首先是个子大。我们小朋友要记住，第二个一共有三对螯，看看有没有三对螯，第一对是最大的，下面还有两对，它的五对步足当中，前三对都有夹子。其中最大的那一对是用来捕捉，后两对是用来把持的，得往嘴里塞，这种龙虾，目前没有养殖的，而且都来自于纯净海域，所以食用还算比较放心。因为它是美国冷水团的龙虾，所以生长速度相对比较慢，通常你买的龙虾都在 10 岁左右，这是可以出售的，因为美国有法律规定，多大以下是不能卖的，每一只龙虾抓回来，要上秤称，低于 0.6 磅的就要丢回海里。中国全炖了，大的能吃，小的也能吃。你看看大个的能有多大，那是三岁小朋友，你说这要把他腰隔在钳子之间咔嚓两半了吧。所以各位小朋友，买到这个的时候，通常他都拿胶带或者绳子把这个夹子缠住的，各位熟了以后你可以打开，熟之前就别玩这个。你刚弹过，它可激动了，它被装了好多天了，就想夹个东西试试，你非把手放那儿，尝试一下，别玩，你要是实在不过瘾你可以拿个筷子，那个夹断不心疼。你当然也可以拿一个金属筷子，那就是它疼了。这样的龙虾能长多大呢，我们说美国人找到了一只最大的，大概有七斤，推算了一下它的年龄有 140 岁。美国人的情怀比较重，听说这么大岁数了，就放了。实际上打个签就放下去了，放下去以后，还得监测，看它能活多少年。中国这就拍卖，越大越吃。

所以这些是美洲螯龙虾、波士顿龙虾。再去波士顿不丢人，再买缅因龙虾不丢人，再找加拿大龙虾不丢人了，记住，它都是一个物种，它的中文名字叫美洲螯龙虾。欧洲有没有，也有，个儿比较小，不是那么好吃，不太值得一吃。

这是波士顿名菜，清煮龙虾（图 5），当然也有芝士焗龙虾（图 6），一般切一半，沾点酱。北京有好多自助餐，一般供应的就是这个。但是你会发现北京好多自助餐供应的龙虾没螯，为什么？特别简单，因为在美国捕捉过程当中有些螯会掉，凡是掉螯的，售价只有原来的十分之一，所以他们都很便宜把这进口过来，在北京自助餐里卖，说你看我们有龙虾，其实这东西还没有多宝鱼贵，所以买的没有卖的精，各位不知道，我们来告诉大家。咱们得知道去自助想吃回来，也得知道吃什么，这种没钳子的就别吃了，吃了也白吃，为什么？味道都已经流出去，他的新鲜汁随着这个钳子一断都跑掉了，而且一蒸一煎的过程当中，都不断往外流，因为有伤口，我们都知道螃蟹买断爪的都便宜。

最后一个是小龙虾。这个便宜，关于小龙虾，我们网上有各种传闻，首先这种龙虾叫克氏原螯虾，是美国原产的一种淡水龙虾，但是请各位记住中国有没有小龙虾，淡水的，有。中国自己有一种原生的，我们叫东北蝲蛄，在东三省这个地方就有，你会感觉它的螯比较小，身体比较大，颜色发黑。如果咱们有哪些朋友家里是东三省的，在东三省大小兴安岭的溪流当中，这两年还能找到，但不太多，它是非常干净的，生活在纯清洁水源，二级以下的水就都挂了。

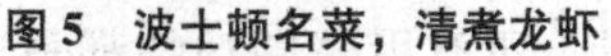

图 5　波士顿名菜，清煮龙虾

图 6　芝士焗龙虾

美国的克氏原螯虾比较猛，啥水都能活，这时候就有一个新的问题，网上又有传闻，坊间老有传闻，说这玩意是日本人，日本帝国主义坏分子们当年在中国烧杀抢掠，然后引进过来用来处理尸体的。首先是不是日本人引进的？一点错没有，最早日本就是用来引进清洁自己下水道，那么日本什么时候引到中国？1930 年。所以到目前为止，我们清晰地知道历史，是 1937 年七七事变，1930 年那时候打了吗，没打，所以日本人把它引进来，那会儿还没琢磨清理尸体的事。第二它的确清理尸体，是因为小龙虾，也就是我们说的克氏原螯虾，任何东西都吃。我不知道各位有没有小朋友养过，这个东西中国刚上市的时候，我们家就养了好多。我爸特别爱吃这个，夏天买二斤，爆炒，他喝点小酒，我就从里挑，长得好看，长得奇怪，一般雄性螯都特别大，身子特别小的，我就挑这样的，反正没什么肉，他不吃给我了，我就养着。我喂过各种神奇的食物，比较简单的米饭、大白菜，豆腐皮，豆腐，反正我妈切菜掉什么我就喂什么，本着不浪费的原则。夏天有的时候它生活的状态不太好，有一只我们家那个母虾怀孕了，带了一肚子小虾，就营养不够，怎么办呢？夏天我就去搬花盆，花盆下边有蚯蚓，丢一只吃得非常开心，一天一根，跟吃面条一样吸溜吸溜就进去了。所以什么都吃，你家里养东西，你发现这东西太好了，清洁工，当然中国家庭的厨房没那么大，假设你厨房很大的话，你旁边有一个池子，养二十个这个，基本上你厨余就解决，你也不用粉碎器，你给它吃可干净了，然后你还能吃它。

再来就有人说了，说这个小龙虾好多人说危险，为什么危险呢？说它什么有毒的水都能活，各种重金属离子都能在，因此吃完以后对它而言没事，但是吃的人有问题。首先我们要说一说，作为一个相对的次顶级生物，它是靠吃肉生活的动物，所有这类动物都会存在这样的行为，就是我们叫污染物的富集能力。一个吃草的动物，吃了一点点污染物，吃肉的动物靠它生活，是不是又把它身体的有毒物质积累了？这是一定。为什么小龙虾在这样的高溶度重金属离子的水当中不死，原因特别简单。我不知道有没有人养过虾，不用小龙虾，养过各种观赏虾也可以，你会发现虾在生长过程当中会脱壳，所有的甲壳纲生物都要脱壳，为什么？因为它的外壳外骨骼是硬的，它没办法再生长，不像我们皮肤是柔软的，于是对它而言，如果想长个，就得把原来那壳脱掉，然后在现在新壳当中是软的状态下可以迅速再长一圈。所以，所有甲壳纲动物都是这样，小龙虾会把它有毒的物质集中在旧壳上脱掉，所以就我们吃肉而言，有事吗？问题不大。你说它多有营养我没觉得，和吃肘子差不多，都是富含蛋白质，当然因为它是海产品，它的不饱和脂肪酸和欧米伽 3（Ω—3）脂肪酸含量相对比较高，对老年人和小朋友相对较好，相对，我们在这儿不做营养学介绍，为什么？因为电视台每天都在播放神奇的节目，养生堂，养生大堂，健康讲堂，各种词蹦出来，吃这个好，吃那个不好。我们忽略了一个问题，量的问题，比如说吃萝卜好，吃多少叫好，每天吃还是吃一顿，一天吃几根？所以我们总在说，某些东西对身体是量的问题，我们只能说海产品当中 Ω 脂肪酸含量比较高，而 Ω 脂肪酸是一种不饱和脂肪酸，不饱和脂肪酸最大的好处是不太会引起动脉硬化，不太会引起脂肪肝，不太会引起心脑血管疾病，不会增加血液当中的含脂量而已。大家都听懂的话，咱不能按饭吃，说我们每天起床，先拿龙虾熬个粥，里面少放了点儿米，那行，你要顿顿这么吃，我没意见，但咱正确生活当中，你多吃一点白肉当然是好的，但我们不严格，不要非说吃这个就好，吃那个就一定不好。

博物学是介于科学和生活之间的一个学科，我们更尊重生活的态度，你要生活的幸福，吃这个不好，吃那个不好，那不就死了嘛，吃什么都不好，所以我觉得吃什么都好，我们有很多理论说吃这个东西的时候会如何如何。我的态度是只要不过量都没问题，好多人说，吃水果不能吃虾，特别是吃橙子。因为维 C 会和虾当中物质反应生成砒霜，这个理论是真的，但你在没有合成砒霜把自己毒死之前，你已经吃虾撑死了。因为通常够得上中毒剂量的，你怎么也得吃五六斤虾，一顿要是吃五六斤，也挺难受的我觉得，所以好多东西也就是一个概念。

图 7 里的龙虾，有一个最大的特点，个子小，淡水生活。我们刚才

说了两种都是海水虾，这是淡水的，颜色有很多种，所以有的时候它还被当做宠物去饲养，最后它有大螯。目前市面上常见就这三个品种。上面叫白螯，是一个白化种，为什么会出现这个现象？养殖的数量过多就会产生变异，蓝色是龙虾这类生物当中变异出现最多的，基本上万分之一，每一万只龙虾就会有一个突变成蓝色，包括我们刚才说美洲螯龙虾也会有蓝色个体。左下角的这种叫桔螯，它会比我们通常看到的颜色浅，橘红色，右边那种叫蓝螯，上面那种叫白螯，市面上有卖，也不太贵，十几块钱一个，小小的，你可以拿回家养，这种宠物，它的个体不会长特别大，我们咖啡馆就养了好多，小朋友来看，觉得这挺有意思，但是它依然很凶残。你看着它个小，威胁小，是因为它个太小了，它把你夹断不太容易，但把你的手指头夹破很容易。养这个最好别给水草，因为咱们刚才说了，它最大特点是啥都吃，所以有水草也都吃了，而它有爱好，我们叫专业除草机。龙虾这钳子是这样，它走在水里头，看见任何立着长的东西都痛苦，所以它就走过去咔嚓咔嚓……我们有一个鱼缸里

图7　白螯（上）、橘螯（下左）、蓝螯（下右）

头原来都种满了水草，有一个小朋友特别好奇，就把一个龙虾捞到那个里头，第二天看到所有水草浮在水面上，咔嚓咔嚓，绞得可平了。所以这个动物养着，你就搁点小石头，每天扔点米粒，一个礼拜换一次水，

然后你看到有一天忽然发现里面飘着一只的时候千万别紧张，别激动，别扒拉，那说明它脱壳了，在脱壳的那几天它的身体是最柔软的，特别容易受伤，特别容易死亡，所以这时候就别碰它，那个壳也不要拿走，因为它要补充钙质。平常你又不给它鸡蛋壳吃，所以它会把那个壳自己吃掉。你就当做什么都没发生，一个礼拜以后你再看它，长得又大又漂亮，然后再有两三个礼拜，你喂得好的话，它会再脱一次壳，所以这是一个很好玩的小动物，也是特别适合你观察的。当然如果你能在摊里面卖麻辣小龙虾的，找到这种特殊的变异体，那就特别幸运了。但是目前以我的经验来说还没有见过，因为有这种奇怪的龙虾，早就被别人挑走了，当然最后的成品就是这样(图 8)，我们见得多了。

图 8 成品小龙虾

因此我们把这几种龙虾都拿过来跟大家聊了一下，我们就会发现一个事，龙虾能不能吃，所有种都能吃。好不好吃，大多数还都比较好吃，至少你在菜市场买到的，如果不好吃，人家就不卖。最后一个怎么吃，我们叫清蒸爆炒两相宜。只要是新鲜的、活的都可以，但是在这里面强调一个概念，尤其是淡水种，因为海洋种当中相对寄生虫比较少，而淡水种当中主要小龙虾是血吸虫和肺吸虫的中间寄主，不是不能吃，放心都能吃，你还去水里游泳呢。我们首先要保证高温蒸熟，你蒸应该至少在六分钟以上，你炒制，特别是爆炒容易出这个问题，我个人的建议是沸水先煮开，烫两分钟，然后你再炒。通常是五分钟以内基本上这些寄生虫就都杀死了。我们在实验室里做过实验，当然如果你愿意高温蒸的话，你蒸上十分钟效果会更好。第二个就是量的问题，我们刚才也说了，它的确还会富含一些重金属离子，所以一次吃的量不要太多，而且不要吃的频率特高，你说我每天就吃仨，我一年三百六十五天顿顿吃肯定也不太好。作为一个生活的调剂，我觉得龙虾可以帮我们的生活幸福起来，因为它的很甜肉很嫩很香，作为一个有毒物质的富集种，能少吃别太多吃，这是关于龙虾的故事。

那我们再来看市面上还会看到哪些虾呢？皮皮虾（图 9），我们叫虾蛄，口足目的，这一类动物南方人管它叫濑尿虾，原来就没人吃。我们去南方做海滨调查，到了福建、广东一带，说这挺好吃的，你们二十年前怎么不炒这个。他们说原来他们主要拿这个喂猪，是真的喂猪，但不是给猪吃活的。他们把这个晒干磨成粉，给猪吃，用来干嘛，当骨粉用，

图 9　皮皮虾

就是里面富含大量的钙质。那么后来人们发现它挺好吃，其实原来对于中国沿海地区的人来说，这东西不值钱的原因是，这东西吃起来比较麻烦，又很丰富，当年有大螃蟹吃，谁吃它呀。即使在今天，我们在中国很多地区，我们去山东做调查，在山东长岛有一个小岛，叫大黑山岛，他是做猛禽迁徙的，我们去帮他做猛禽调查，买这么大的梭子蟹五块钱一斤，你们觉得还有人吃皮皮虾？肯定不吃，对吧，我们都只吃蟹黄，然后吃完了剩下蟹钳子都当瓜子吃，晚上闲着没事，一人撅俩。后来我们发现皮皮虾的味道的确不错，我们才开始大规模地吃。这个是广布种，从俄罗斯鄂霍次克海一直到中国南海都有这个种的分布，但是比较好吃的是哪儿呢？冷水团的。中国冷水团主要就是两个地方，北黄海还有渤

海，也就是辽宁产的，从丹东开始一直到秦皇岛都不错。所以其中有一个城市，这个还挺出名，离咱们很近叫天津。因为我大学在天津读的，我是南开大学的，所以这是我们当时的主要研究对象，就是我们水生组，主要做小龙虾、虾蛄、螃蟹三类，我是分在螃蟹那个组，旁边那几个做这个。我们这个组特别幸福，因为当地虾农都会特别跟我们分享一下。你的研究成果会帮助他们提高经济收入，所以他们定期每个礼拜送一筐过来，供我们进行深入的科学研究，特别深入，一般都放在肚子里，挺好吃的。

当然现在因为我们沿海开发比较严重，这个量，虾蛄一年两次吃的季节是五一、十一，因为它一年产卵两次，6 月份 7 月份千万别买，就是一层皮，秋天以后，10 月份以后也就是一层皮，积攒一年的半年的营养都用来产卵了，所以五一是最好的。天津塘沽人民五一的时候就最爱吃这个，卖的还贵，十五一斤，都疯抢，你到最后五块钱两斤都没人买，都是卖给北京，北京人民一吃可开心，因为吃这个海鲜真的是有节气。皮皮虾又叫螳螂虾，前面有一个攻击足，用来捕捉的，像螳螂一样，打出去把这个动物击晕，然后再拿这个镰刀状的前足带回来，其中有一类作为观赏使用，很出名，我们叫孔雀螳螂虾。科学家做过很多它的实验，孔雀螳螂虾出弹速度非常快，基本上跟子弹相似，它可以在海里打碎一个标准啤酒瓶的瓶底，所以这种虾有卖的，是作为海洋观赏产品，卖海鱼海缸的地方有，但是通常我们不建议各位拿手摸它。有小朋友说它为什么不把鱼缸打碎，它有病啊，把鱼缸打碎水流光了不都死了吗，它没必要。科学家只做一个实验，它特别爱吃螃蟹和贝壳，它的方法就是螃蟹从它面前走过，一下打碎了，然后我过去慢慢吃，找一个贝壳，一下打碎了，我再过去慢慢吃。这个吃的人少。

再往下叫对虾（图 10），中国人民耳熟能详了，这也是我们最熟悉的，因为天津是对虾主要的养殖区，所以当时大概有一百五十公里的虾塘是归我们学校负责，那会儿吃虾就属于，实在没得吃，就今天煮方便面的时候撬两个对虾，因为实验室就这个东西多，每个虾农一个礼拜都送一筐，虾农多呀，我们往下分，顿顿都吃这个，所以那是一段特别好的日子。后来天津海滨一开发，我们好日子就到头了，虾塘一填我们就没得吃了。

对虾不是一种真正的虾，我们有好多假虾，比如说咱们吃的虾皮叫

图10 对虾

毛虾，实际上跟真正的虾还是有一定区别。对虾我们通常吃的有那么几种，前两天我网上一个朋友还专门在过年的时候给我留言说，杨老师，有人送我们一盒虾，我不知道这东西是什么，你给看看，跟平常买的不一样。然后我给的建议是日本对虾，能吃，挺好吃，烹饪方法等同于中国对虾。我们平常买的就是中国对虾，渤海湾主产，原来是典型的回游性。它是野生，因为个体很大，在古代运输能力比较差，通常运到北京以后这个虾就不太便宜了，因为要冰鲜，因此一般老百姓买不起。个又大，所以通常是按一对卖，所以起名对虾。它跟鸳鸯不一样，不是一对一对的生活，而是一群一群生产，一网要捕俩，这就成本太高了。但是今天我们主要以养殖为主，我们看到身上有一些带花纹，这叫斑节对虾，这两年养殖比较多的，因为它的个体相对于中国对虾来说更大一些，然后生长速度也比较快。我们学校主要就在做中国对虾和斑节对虾两种，日本对虾主要分布在日本海，也是咱们中国渔船拖回来的，远洋捕捞为主。那个对虾为什么不太好吃，因为都是冻鲜的，这个对虾通常我们买叫冰鲜，就是没冻起来，放在冰上低温，所以你觉得比较好吃。你如果吃好的冰鲜日本对虾味道是一样。对虾没有卖活的，送到我们学校的都是活的，我们要研究，因为一死了有些氯化指标就改变了，实际上它迅速就死掉了。所以到北京市场上，偶尔你能看到一些活的，但量很少，大多数都是死了，死了就死了，没关系，只要是冰鲜就OK。特别简单，去触碰一下身体有没有弹性，冻过以后的弹性就变得很差。第二个看眼睛，记住一点，所有冻过的虾的眼睛通常是瘪的，因为冻的过程中，可能眼睛防水就流出来了，所以通常新鲜的眼睛是圆的，有一定的弹性，你能拿着那眼睛拨弄玩，如果冻过了通常那眼睛就扁了。所以爸爸妈妈们爷爷奶奶们对这个都比较有兴趣，去菜市场买这个虾的时候，得看什么样的虾新鲜，经常有不法商人骗人。通常啊，我们目前还没有太多的在虾当中添加什么物品的，个别的原来有这么干的，放福尔马林，也就是甲醛，但那个味道很浓郁，你拿过来一闻就能闻到了，现在已经不玩了。现在一般都是冻的整盒的虾仁用甲醛泡过，所以一般我们不建议买冻的虾仁和水发的产品，大多数都是药物做的，买新鲜的就可以了。

基围虾小朋友特别爱，能买着活的。首先强调一个概念，基围虾都是海虾，但今天都是在淡水里养，这个要归结于人工技术。基围虾不是一种虾，还有带环的，我们叫斑节基围。所以大家要明白一个概念，基围虾不是一种虾，而是一种养虾的方式，谁发明的呢？香港。香港人多，地少，所以在红树林当中搭一些圩堤，在这里面养虾既保护了榕树，同时还能增产，因此在这样一个情况之下，他用基藤围起来养虾的方式，叫基围虾（图11和图12）。后来引进到我们北方，南方养的就是带淡斑纹的那种，所以你看市面上卖基围虾有两种，虎纹虾，就是上面带环纹的那种，卖的贵，因为那是从南方运过来。而我们北方就是这种，我们北方市面能看到这样的对虾，叫南美白虾，这是我们中国从南美引进的品种，也不错，口感也挺好，而且营养上完全没区别，个体稍微小一点。因为它是冷水团虾，它可以在北方养，天津我们后来对虾不让养，主要就养这个。因为对虾对于糖类要求高，这个对于糖类要求很低，我们做海滨盐碱地改造，主要就拿这个虾，帮当地的农民增产，特别有效，一亩一年几万块钱，所以老百姓都特别喜欢我们，然后又开始一箱一箱送虾。你看这个工作还是挺好的，现在大家知道基围虾是养虾方式。当然这个虾一定要告诉各位，我们多少在运输过程中会放一些抗生素，因为路途太远，这些虾之间距离太近，我们知道虾前面有一个尖，我们叫额剑，额剑会互相扎，如果扎破了的话，你不放抗生素，这个虾迅速就得病了，然后这一筐就都完了，所以会放一些抗生素。

所以通常我们建议别活的直接就下锅了，稍微漂洗一下，如果你有时间的话，把它放在一个盆里面，放一点点盐，然后整盆都放在冰箱里，冷藏别冷冻，冷冻就成冻虾，冷藏放一会儿，你在做之前再拿出来，它的这些物质就被漂洗掉了，这是一个比较常用的方法。

图 11　基围虾

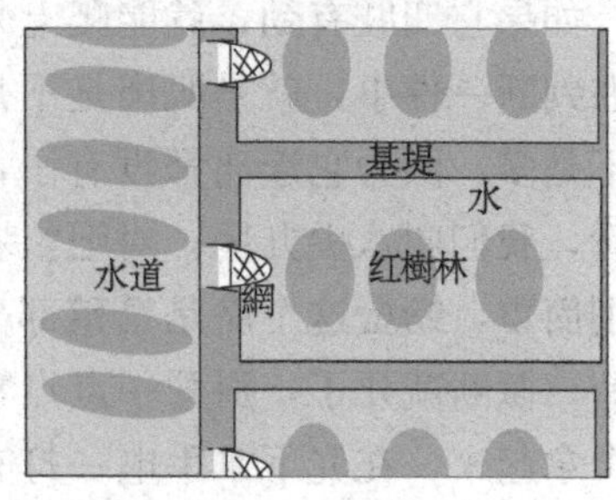

图 12　基围

到了螃蟹的部分，这是最熟的了吧，过节也吃，一般都八月十五吃。德国现在大泛滥，就是因为中国人没去成，去成了早没了。这叫中华绒螯蟹，河蟹，河里的螃蟹很多种（图 13)。北京咱们就有野生的溪蟹，南方溪蟹可能更多，但是可食用的就这种。无论是管它叫大闸蟹，还是管它叫江蟹，叫河蟹，叫湖蟹，都是同一个种，在不同的地方养殖，有不同的名字。天津也出这个，最出名的阳澄湖，为什么叫大闸蟹？这种螃蟹是降海洄游的，它的成体下到海里去，产卵，然后幼苗顺着逆上来，在湖里面育肥成大，最后产卵的时候还在去海里产，所以每年在旧中国的时期，在河湖的闸口的地方，大闸蟹一聚集，人们拿大网子一捞，所以起名叫大闸蟹。这是哪儿起的名字，上海，因为上海当时有船闸，那些闸口就用来抓这个。今天实际上我们所有螃蟹已经没有降海洄游这个过程，因此我们吃到的全是养殖种，不用顾虑，阳澄湖的好，顾城湖也不错，整个太湖流域都养，因此我们不用专门去强调一定是哪个地，只要螃蟹真好就

图 13　大闸蟹

行。这螃蟹怎么挑，第一就是你把它拿过来，首先最简单的方法，是翻过来，能不能自己爬过来，能爬过来，通常代表着螃蟹状态好。第二个在阳澄湖地区当地人有一个特别简单的判断螃蟹好不好的方式，找一块玻璃板，倾斜30度，把这个螃蟹搁在下边，看它能不能爬到玻璃板上面去，如果它四肢有劲，就能爬上来，这就是标准的阳澄湖蟹。实际上我们在判断一件事，就是肌肉是不是足够发达，这样你吃的时候，里面肉是不是多，因为它连肉都没有了，空壳的，就只能这样蹭。当然如果你想看，我们叫八尖九团，对吧？农历八月吃尖脐，九十月份吃母蟹，也特别简单，螃蟹这个脐是繁殖部分，把它拿过来掰开，活的时候，不要撅断，撅断就死了，掰开一点点拿手电照一下，中间有阴影的，或者你整个拿起来，在光下拿手电一打有阴影就说明满黄。然后挑腿，买螃蟹千万别买身子。这么捏没有用，因为注水也注这儿，一捏壳满了，一掂可沉了，打过两管水，捏腿，腿有没有弹性，如果腿很紧实，一般就比较好，这是我们自己去挑通常都这么挑，因为我们在天津不需要挑，还是有人送的，专门有一个地方养这个，也是我们去做的项目，做野外的保育。

海蟹咱们吃的就比较多了，这是最常见的大螃蟹，我们叫做三疣梭子蟹（图14），整个北中国沿海地区主要产的梭子蟹就是它，我们也叫正宗梭子蟹，通常你买的梭子蟹就是它，但是这种梭子蟹这两年养殖技术非常成熟，所以通常注水出问题都是它，所以一般我自己家不吃这种螃蟹。我已经十年没有吃过这种螃蟹了，就除非别人非给，没办法，你就煮熟了，你也不能扔它，那我自己买我从来不买这种。当然梭子蟹很多种了，这是南方的，远洋梭子蟹、红星梭子蟹（图15），三个点，你在南中国海都很常见。我一般常买的一种螃蟹，叫赤甲红，因为我大学主要做这一个属的分类，蟳属，日本蟳。蟳和刚才说的梭子蟹是两个大类，梭子蟹的特点是两边有两个大尖，整体形状像梭子型，而蟳属的特点大家看到，它的

图14　三疣梭子蟹

图 15　红星梭子蟹

甲盖就像一个扇面，它是这个形状，那么这个属目前，就我而言，特别是北方的这个种叫日本蟳，我们天津人管它叫海红蟹，秦皇岛叫大红夹子。这种螃蟹，目前我知道没有养殖的，都是野生的，拖网出来的。以什么为家呢，以岩基海岸为家，你去看看哪儿好，烟台的好，为什么？烟台是礁石海岸，脱出来的螯又大。这个特别好分，他也骗不了你，拿起任何一只螃蟹来，青灰色的就是沙滩出的。如果是红黑色就是礁石出的，为什么？因为它生长的环境不一样，它要适应本身的环境，捏盖能知道，礁石出的壳很硬，因为礁石区水流快速快，如果壳不坚硬，它自己撞到石头上就碎了，但沙滩区的壳相对就比较软，岩石区的比较好。在北京我前两天在市场买过，25 左右一斤，大一点的 35 元，基本上这个肉能到什么程度？如果你 10 月份买的话，通常你煮完了以后，整个剖开，它的肉的形状跟壳的形状是完全一样，我们叫满盖肉，当然我不知道今天做完这个活动，是不是这种螃蟹就灭绝。这是我特别热爱的，我原来在北戴河带我们学校本科生实习，主要工作就抓这个，我一个人一天可以抓三十个，在海里，但这是一个技术活，一般小朋友不建议干。因为这个雄性的螯特别有力，我一般戴着手套都经常被夹破，所以它叫大红夹子，它的蟹螯就可以掰出一个完整的螃蟹螯形状的肉，而且蟹螯肉清蒸就是甜的，特别好吃。所以这是特别好。南方也有，叫花盖，这类蟳味道都不错，因为都是野生种，但是个没有你想的那个梭子蟹那么大，现在梭子蟹可以做到六两七两一只，这个大个三两，就已经很大，一般一斤能要八到十个，一两多点一个，那我们觉得已经很好，因为野生蟹可能不会长那么大，但是味道的确会好很多。

说完中国，又来国外的。著名的有英国蟹种，市场上叫做面包蟹，在中国就叫馒头蟹，中国原来不做面包蟹，英国很爱吃这个，为什么，因为特别简单，个大，肉相对多。我个人倒觉得味道一般，没有那么出彩，但是胜在个大，而且中国人还比较迷信，进口的，这个的确都是野生蟹。而且它在英国北海海域出的，因此大多数都是冷水团的，水质还算比较干净，如果作为过年过节买的礼物，我觉得挺好。但是专门平常自己家吃，挺贵没必要，我觉得日本蟳挺好，性价比很高。但是这个就更贵一点了，帝王蟹，我们也叫勘察加石蟹、拟石蟹。石蟹好多个种，在整个北半球，这个石蟹所有的个体我们都叫它帝王蟹，也有叫蜘蛛蟹，个体很大，这种螃蟹通常不吃身子，吃什么？吃蟹脚，而且跟传统我们吃螃蟹不一样，经常有朋友问我，人家给我送一个大的，我后来因为学海洋生物，就变成一个海鲜饭馆的代名词了，所有人要是做不了，就都送到我家来了，但是要参与吃，您给做我们一块吃。这个通常我们怎么做呢？如果有人给你送，我们把蟹壳取下来，按关节截开，一小段一小段，最好是炭火烤，因为壳很厚，它的方法很像咱们平常做的烤牡蛎或者烤扇贝。如果没有的话，也没关系，您可以用烤箱烤，或者比较土的方法，找一个平底锅干烤也没关系，定期喷点水，或者你把蟹钳砸开，然后把肉取下来。它这个基本上你把两头一绞，拿那个筷子一捅，能出来一个整根就跟蟹肉棒一样。这是真正的蟹肉棒，咱吃的那叫面粉做的，这是真正的蟹肉棒。你拿它切块，炒蟹肉都没问题，怎么做都挺好吃的。但壳里面说实话肉不是特别多，吃这个主要靠吃腿。在美国都是这么卖的，他们蒸熟，然后卖这么一只，好像就这么一份连这水，九点九美元，十块钱，北京连麦当劳都吃不了，只能麦当劳早餐，人家能来半拉螃蟹，所以美国人民在吃螃蟹吃龙虾上，生活指数非常高。定期可以去看一看，因为美国人不吃普通的螃蟹，美国大多数这种螃蟹都很便宜，将来现在中国人去太多了，螃蟹也贵。原来像我学长他们在美国留学，九几年的时候基本上螃蟹都是白给，就你找一个鱼店，说您打鱼了吗，打了，有螃蟹？有，快拿走，求你了，也没地处理，还弄挺臭，中国人拿走了，一炖炖一大锅，吃倍儿开心。美国人都疯了，哇塞这东西还有肉呢，其实有挺多肉。

我们今天内容就结束了，我希望各位通过这种方式，能够更好地去了解我们身边的故事，其实我觉得科学并不远，或者说知识并不远，它就在你身边，菜市场也好，超市也好，哪怕是路边的一个小花园里当中的一朵小花，都能让孩子们了解这个世界。既然我们对于生活充满着希望，既然希望未来能够有更大的发展，我相信博物学一定会让大家的生活变得越来越有趣，这就是我今天的讲座，谢谢大家！

探秘蛇世界

乔轶伦

两栖爬行动物保育专家，动物科普作家、动物摄影师。常年在北京动物园两栖爬行动物馆工作，目前主要从事两栖爬行动物的馆舍设计、物种鉴定、饲养管理、疾病防治、繁育研究和保护教育工作，为两栖爬行动物的研究和保护作出了贡献。

Qiao Yi lun

乔轶伦

大家中午好，很高兴今天能和大家一块交流有关蛇的问题。提到蛇，很多人的第一感觉就是一个“怕”字。其实，那是因为大家不了解蛇，蛇的知识是很丰富的，下面就让我们一起来看一下。

首先，我们了解一下蛇类的起源。大家都知道蛇是爬行动物，那么蛇是从什么演化而来的呢？蛇大概是在一亿多年前，在侏罗纪中期由蜥蜴演化而来的，图 1 所示的是一种古代蛇类的骨骼化石，就是说蛇是从一种蜥蜴慢慢演化而来的，在一些蟒蛇身上，它的泄殖孔仍然有退化的痕迹——两个小刺。最早的蛇出现在海里，慢慢地蛇演化登陆，然后大概在 2500 年前，蛇进化出有利的武器，也是它捕食的时候用于消化的一种利器，即毒液，至此毒蛇出现了，最后就有一部分毒蛇从陆地上返回到海里，从而进化成了海蛇，海蛇的尾扁平非常适合在水里行动。现生蛇类有多少种？大概全球有 3000 多种，分为 18 个科，国内最新统计的是 247 种，247 种里面其中近 10 年发现的有三十七八种，所以说我们国家的地理资源、自然资源还是很丰富的。蛇是现存爬行动物中仅次于蜥蜴亚目的第二大类群。

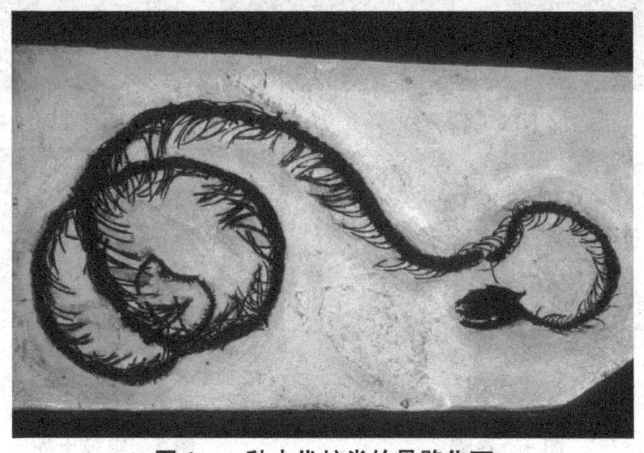

图 1　一种古代蛇类的骨骼化石

下面我们再来看蛇类之最。自然界都有什么样的蛇呢？最小的蛇和最大的蛇分别是什么呢？大家看看图 2 所示的蛇，很多人会误以为是蚯蚓，但是它的名字叫做钩盲蛇，非常小，体长只有 10 厘米左右，是世界上最小的蛇。它是在地下活动的，一般生活在南方，在花卉市场把花盆翻开，有可能钩盲蛇就藏在下面，所以它又被称为花盆蛇。而最大的蛇是什么呢？最大的蛇是来自南美洲的森蚺和来自东南亚的网纹蟒。网纹蟒（图 3）体型比较瘦长，成长后体长能够达到 8～10 米。图 4 所示的是来自南美洲的森蚺，它的最长纪录也是将近 10 米，体重却能达到 225 千克，无论是体长还是体重都是现在排名第一的。图 5 所示的蛇大家可能都看到过，是眼镜王蛇，这个眼镜王蛇是世界上最长的毒蛇，在伦敦博物馆有一条作为馆藏标本的眼镜王蛇，体长将近 5.9 米，也是世界上最大的有毒的爬行动物。太攀蛇（图 6），来自澳大利亚，可以说是毒蛇之最，其咬物排毒量可达 110 毫克，足以杀死 100 个人或者 25 万只老鼠。图 7 所示的是黑曼巴蛇，它是产自非洲的一种速度非常快的蛇，它的爬行速度可以达到 20 千米/小时，是世界上速度最快的蛇。图 8 所示的是极北蝰，生活在欧亚大陆北部，最北可深入北极苔原地区，是世界上最耐寒的蛇。

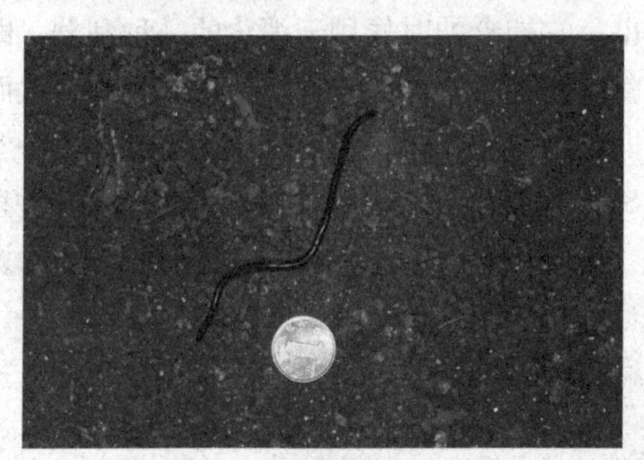

图 2　钩盲蛇

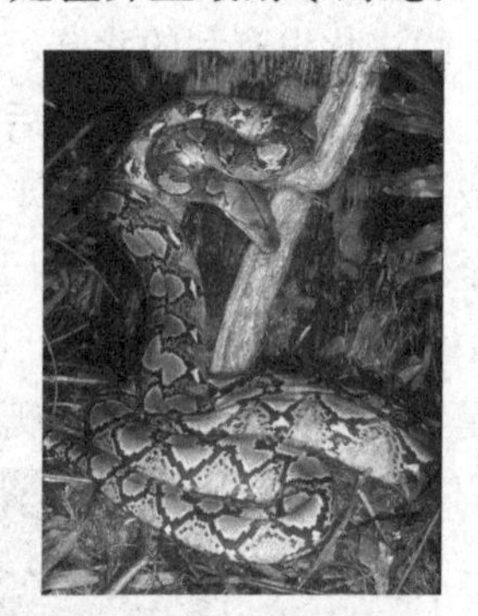

图 3　网纹蟒

图 4　森蚺

图 5　眼镜王蛇

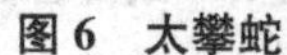
图 6　太攀蛇

图 7　黑曼巴蛇

图 8　极北蝰

下面我们来看一下蛇的身体构造。大家的印象中蛇细长如绳，好像分不出身体构造，其实它也分，主要是其骨骼像一件精美的艺术品一样，它最多的骨骼其实是它的椎骨和肋骨。鳞片对于蛇来说，就像它的衣服一样，鳞片的形状根据蛇的种类而分，其实鳞片实际上是用皮肤延伸的角质的，这样使蛇能够保持住不受外界一些环境的干扰，鳞片不是说拿起来滑溜溜的，而是很干燥的。很多人觉得蛇的眼睛是难以琢磨的，为什么呢？因为蛇没有活动眼睑，所以它无论是活的时候还是死的时候，眼睛都是睁着的，这给它增添了很神秘的色彩。大家看图 9，是蜕皮之前的蛇眼，蜕皮之前蛇会蒙眼，出现蒙眼期，把皮蜕下来之后就成了图 10 所示的眼睛很清澈的样子。不同的蛇眼睛的大小、形状也不太一样。大家看图 11 所示的蛇，肯定是眼睛很大，而且位置居中，它的眼睛白天会眯成一条缝。图 12 所示的蛇叫做闪鳞蛇，因为它生活在地下，它的视觉基本上已经退化了，所以它的眼睛很小，而且视力很不发达。

图 9　蜕皮之前的蛇眼

图 10　蜕皮之后的蛇眼

图 11　眼睛很大的蛇

图 12　眼睛很小的蛇

有些蛇类（如蝰蛇科的种类）眼睛与鼻孔间有一个凹陷，是热感应器或者叫颊窝，有的位于上唇或者下唇，叫唇窝，功能与颊窝相同。颊窝有什么作用呢？它是通过红外线热感应来分辨猎物的位置的。接下来讲一下蛇内部的一个嗅觉器官，叫做锄鼻器，锄鼻器是一个起辅助作用的嗅觉器官。其实，蛇本身的嗅觉就很灵敏，它把空气中的气味通过舌头输送到锄鼻器里就会产生嗅觉。

下面看看一些蛇的栖居方式。蛇的种类很多，其栖居环境也多种多样：①穴居。一些原始或低等的蛇类，如钩盲蛇、闪鳞蛇，多营穴居隐匿或地下生活。有时在晚上、阴雨天气也可能到地上活动。②陆栖。大多数蛇类的栖居方式。地面环境复杂多样，按地形，蛇类的活动范围有山区、丘陵、平原之分；按植被，蛇类的活动环境有森林、灌丛、草地的不同。③树栖。大家看图 13，这个蛇貌似是在空中飞行，它的名字就叫飞蛇，就是树栖蛇。树栖的蛇有时候会从一棵树滑向另一棵树，看着像飞一样，其实是一种滑行。④水栖。分为海水栖和淡水栖。许多蛇类都会游泳，有些蛇经常在水域附近或水中捕食，如华游蛇、水蛇等大部分时间在池塘、溪流、稻田中活动、摄食。水栖的蛇在形态上有一定的特点，因为它的眼睛靠上，这样容易观察水面的情况。

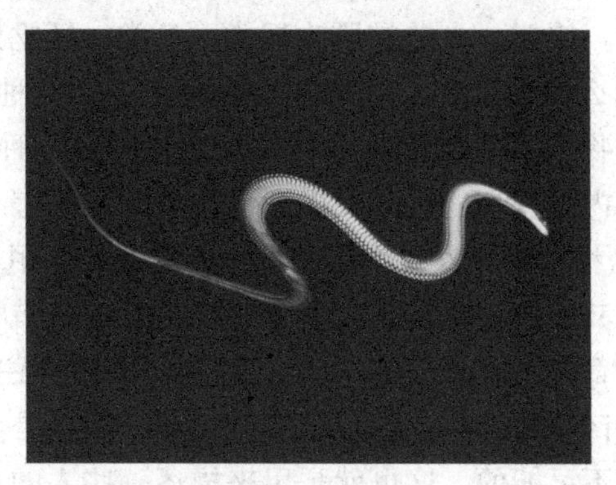

图 13　飞蛇

蛇类的生活是什么样的呢？我们来分别看一下蛇的各个阶段。首先是幼体（小蛇）。一般小蛇的体型与构造和大蛇差不多，大多数只是形态比例与身体颜色略有不同。其次，我们来看蛇的蜕皮。蛇的蜕皮一般是从头部开始的，基本上跟我们脱袜子的感觉是相像的，蛇体在不断长大，犹如旧的衣服穿不了了，就去换新的衣服。蛇蜕刚褪下来的时候是潮湿的，通过一定的时间会变得干燥，蛇蜕可以入药。一般蛇一生要蜕几次皮呢？一般大蛇的蜕皮频率比较低，一年可能超不过三四次；小蛇可能由于在不断成长，基本上每个星期都会蜕一次皮。再次，我们看蛇的成长。蛇蜕完皮以后会寻找食物，成长中的蛇类为了适应成长的需要，将食物转化为能量的能力很强，因此觅食的频率可能较低。通过觅食蛇不断成长。再接下来就到了繁殖期。蛇基本上都是卵生的，但是也有部分蛇是胎生的。卵生的蛇产完卵后就离开，基本上靠自然来孵化，经过2～3个月的时间，幼蛇就要破壳而出了。幼蛇以吻端的卵齿割破蛋壳再爬出来，刚孵化的小蛇，已经可以独立生活了。

蛇也不是像大家所认为的那样在自己的世界所向披靡，没有任何天敌，蛇类的天敌主要是鸟类中的猛禽类和肉食性的哺乳动物，如蛇雕和獴，但最可怕的天敌其实还是人类。下面讲讲蛇的食性及捕食方式。我想可能也有朋友提出类似的问题，疑惑蛇到底是以什么为食，它是不是只吃老鼠。其实，毫无例外，蛇都是肉食性动物，但是捕食的对象不太一样。根据蛇的食性可将其分为三类：①单食性的。也就是说只吃一种食物，比如，翠青蛇只吃蚯蚓，颈棱蛇只吃蟾蜍。②寡食性的。也就是说只吃几种动物，比如，眼镜王蛇只吃其他蛇类和蜥蜴。③广食性的。以多种动物为食，比如，赤链蛇既吃鼠类、鸟类，还吃蜥蜴、蛙、小鱼等动物。蛇是怎么捕食的呢？基本上有两种方式，一种是守株待兔式，坐等猎物，等猎物经过它的栖息地就发动攻击；另一种是主动出击式，去它的领地范围内寻找食物。蛇在抓到食物的时候是怎么做的呢？如图14所示，毒蛇是将毒液注入猎物体内，发挥毒液的作用，让猎物麻痹或猝死；还有一些其他的，尤其是大型的蟒类，其咬住猎物以后会采取一种我们称之为致命的拥抱的方式，其实就是将猎物缠住使其窒息而死，如图15所示。有句俗语叫“贪心不足蛇吞象”，意思是说蛇能把大象吞下去，这肯定是不可能的，这也就是用来描述一些人的贪欲罢了。但是蛇类的确可以吞下比它的头大很多的动物，在蛇的两片下颚骨间，以一具弹性的韧带连系，张口时韧带拉伸，上下颚间的关节松开，部分蛇类甚至可以达到130度，使蛇能吞进比自己粗大的东西。

图14　蛇将毒液注入猎物体内

图15　蛇缠住猎物

蛇除了捕食别的动物也会被捕食，那么它有什么防御措施呢？第一，威吓。眼镜蛇为什么叫眼镜蛇呢？因为它的颈背具有眼睛状的斑纹，但是在平时一般是看不出来的，只有在它发怒的时候，脖子变成扁平的时候才能看出来，这个证明它发怒了，变成眼镜蛇标准状态。第二，分泌毒液或刺激物。毒蛇的毒液同时具有觅食与御敌的功能，有些种类可将毒液射出攻击敌人。例如，非洲莫桑比克喷毒眼镜蛇会喷射毒液，遇到天敌后会将毒液直接喷到天敌的头部或者眼部。第三，最普遍的就是张口威吓。如果大家在野外看到这种现象，就说明蛇已经急了，这个时候需要撤退。第四，拟态。图16所示的蛇与图17所示的蛇有什么区别呢？

是一样的吗？图 16 所示的蛇是一条奶蛇，图 17 所示的蛇是一条珊瑚蛇，它们都来自北美，一般人会认为它们是同类，为什么呢？因为它们有着非常相似的体色，但是图 17 所示的蛇确实是条毒蛇，图 16 所示的奶蛇，是在长期进化过程中模仿珊瑚蛇的体色以让它的天敌不敢接近，所以仔细看会看得出来图 16 所示的蛇的纹路是红色接黑色，图 17 所示的蛇是红色接黄色。在美国有这样一个说法：红接黑或者红接白没有问题，红接黄就是杀人狂。由这个区别来鉴定它们是不同的种类。第五，装死。蛇遇到比它强大的天敌以后，躺下装死，有时会张嘴散发一种气味，这样有些想捕食活蛇的捕食者就对它不感兴趣了。第六，保护色。竹林里的竹叶青（图 18）是一身翠绿，图 19 所示的是一条角蝰，模仿沙漠的颜色，这也是最基本的一种防御方式。

图 16　奶蛇

图 17　珊瑚蛇

图 18　竹叶青

图 19　沙漠角蝰

下面我们来讲一下蛇类的繁殖。雌雄蛇怎么区分呢？专业的方法是用一种性别探针从它的泄殖腔插进去，如果深度不超过 3 个鳞片的一般是母蛇；相反，如果有一定阻碍或者插得很深的基本上就是雄蛇，这是判断雌雄蛇比较科学的方法。而依据其他形态，如尾部突然变细来区分，只是一些理论上的判定，最科学的还是要用性别探针法。到繁殖季节蛇是怎么互相找到对方的呢？蛇一般都是单条出现，很少能看到大群蛇在一起的情况。到了繁殖季节，雌蛇会散发出一种气味，雄蛇凭借这种气味追踪雌蛇。图 20 所示的两条蛇在做什么？有些人可能认为好像是在求爱，但实际上这是雄蛇的一种斗舞。它们在求偶的时候，两只雄蛇纠缠在一起，然后用头部去力压对手，这样谁的力气最大，缠得紧，把对方压制住才能获胜。

下面就是生产了。前面我们已经说过从蛇的一生中可以看到蛇的生产方式，大多数蛇都是产卵的，有些蛇也是直接生出小蛇，其实这类蛇多半是生活在一些环境温度比较低的地方，它其实是在体内形成卵，然后小蛇在体内孵化出来，直接生出来就是现成的小蛇了。蛇卵呈长椭圆形，卵壳坚硬，呈乳白色。卵多产在隐蔽良好，有一定温度、湿度的草地、落叶、肥堆中。图 21 所示的是蛇孵卵。一些大型的蛇类，如蟒类都有孵卵行为，就是趴在卵上靠自身的温度去孵化；其他大多数蛇产完卵即离开产卵处，让卵在自然条件下孵化。

图 20　两条雄蛇“斗舞”

图 21　蟒孵卵

下面讲一类比较重要的蛇，即毒蛇。根据毒蛇的毒牙形状及位置，将毒蛇分为三大类：管牙类毒蛇、前沟牙毒蛇和后沟牙毒蛇。图 22 所示的是管牙类毒蛇，被它咬到以后会呈什么样呢？图 23 所示的就是被咬后的手指。管牙类毒蛇头呈明显的三角形；毒牙长且大，呈中空的管状，位于上颌前方两侧，平时藏于肉鞘中，攻击时才会往前伸出，除平常使用的一对毒牙外，其后方常有 1～2 对备用牙。毒液多属出血性毒，被咬者会感觉剧痛，有皮下出血或内脏凝血的现象。前沟牙毒蛇，如眼镜蛇、银环蛇，它的毒牙不如管牙类毒蛇的长，有一个小勾，被咬到以后基本上都是致命性的，所以不会有那么明显的肿胀，而是使毒液直接进入神经系统，因呼吸麻痹而死亡。后沟牙毒蛇，我们目前称之为半毒蛇，就是说被这类蛇咬之后，只会发生明显的痛肿或胀痛，持续几个小时，一般没有生命危险。

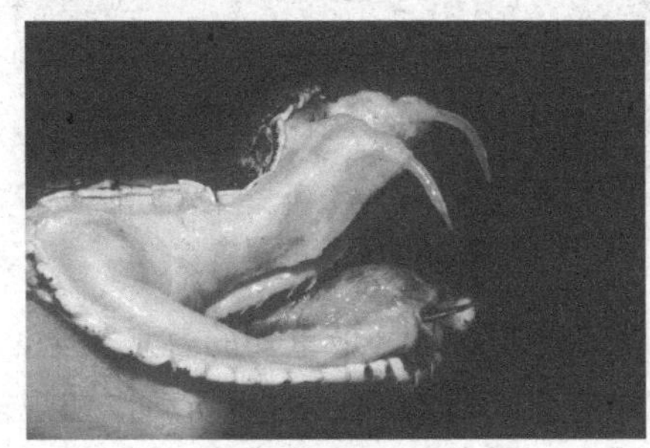

图 22　管牙类毒蛇

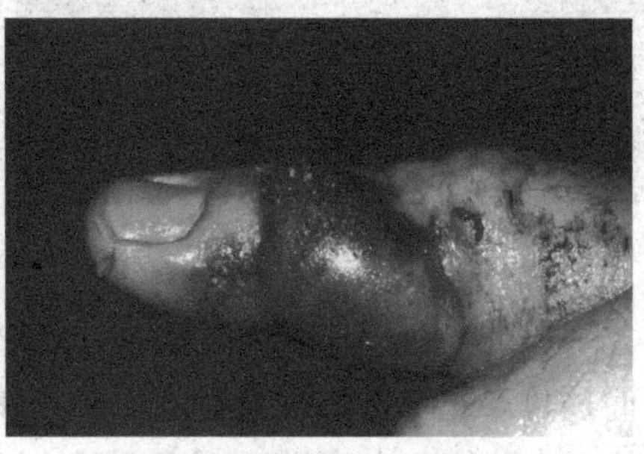

图 23　被管牙类毒蛇咬后的手指

那么，无毒蛇与有毒蛇怎么区分呢？一般人认为头呈三角形的是有毒蛇，呈椭圆形的是无毒蛇，其实这只是片面的认识。图 24 所示的蛇是颈棱蛇，头呈三角形，但它却是无毒蛇。我认为最好的判定方法还是要认识它们。从行为看，有毒蛇有恃无恐，天敌过来时趴在那里一动不动，不动声色；而无毒蛇基本上天敌来了很快就跑掉了。图 25 和图 26 所示的两条蛇都是绿色的，但图 25 所示的是竹叶青，是有毒的，图 26 所示的是翠青蛇，是无毒的，所以不能以颜色来判断有毒无毒。

图 24　颈棱蛇

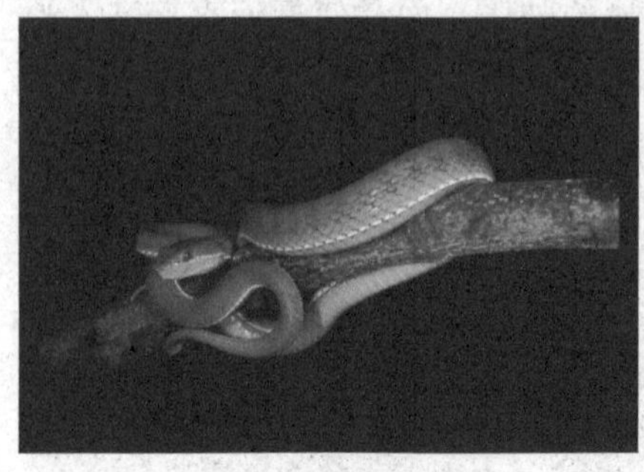

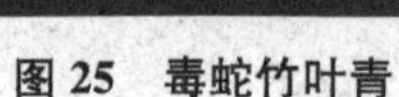

图 25　毒蛇竹叶青

图 26　无毒蛇翠青蛇

那么，在野外怎么防蛇呢？到户外郊游或露营，最重要的就是安全，而预防毒蛇咬伤更是重要，主要是在穿着上，以及自己的活动动作和规律上去防御：在穿着上尽量戴个帽子，穿长袖和长裤；翻石块的时候，由于蛇经常会躲在石块下面，所以不要朝自己的方向去翻；走路的时候要拿一个棍子，不断地敲打敲打，蛇对周围非常敏感，有了响声以后，在被发现之前就离开了；另外要带防蛇的一些药品及一些工具，这些都是很有用的。

万一被蛇咬了怎么办？马上送到的话医院可能有的地方不具备这样的条件。第一，被蛇咬了之后，如果看见蛇最好把那条蛇抓住，如果是毒蛇可以据此选择抗毒血清种类，所以被咬以后先确定什么蛇咬的你；第二，停止剧烈活动，首先不要害怕，不要紧张，减缓血液循环速率；第三，如果被蛇咬到腕部，在上一个关节处先结扎一下，防止毒素循环过快；第四，不要用嘴吮吸，这样毒液会通过血液循环来侵害我们，如果帮你吸毒的人有一些口腔疾病，那么先受到危害的可能是这个人，所以切记不要用嘴去吮吸毒液；第五，以最快的方式联系附近的医院。

现在讲一下蛇的变异。我认为蛇的体色还有变异度，这在所有动物里面可以说是首屈一指的，除了中国的金鱼之外，它的变异度也是很高的。通过人工饲养，可以培育不同颜色的蛇，就是同种蛇也会有不同的颜色，国外在这个方面做得比较好，在颜色突变的情况下把这种基因巩固下来，也是一种不可多得的资源。另外，蛇在形体上也有一些变异，像大家经常说的双头蛇，到底存不存在呢？首先肯定是存在的。那么双头蛇是不是一个独立的物种呢？肯定不是，可能是基因突变，也可能是本土污染造成它有两个头。一般这种双头蛇的寿命都是不长的。

蛇与人类历史文化。古今中外蛇的形象一直出现在人类的历史文化中。《白蛇传》讲的就是白蛇。中学有篇课文是柳宗元的《捕蛇者说》，这是很有名的一篇文言文。在欧洲《圣经》里面亚当和夏娃就是因为受蛇的引诱而受到上帝的惩罚。图 27 所示的是古埃及文化中法老王的帽沿中央有一条眼镜蛇。图 28 所示的是蛇发魔女梅杜莎，梅杜莎是希腊神话中可怕的女妖，头上长满了纠缠蠕动的蛇，任何人只要看她一眼，马上就会变成石头。另外，在印度有很多耍蛇人，耍蛇人吹笛子，然后让眼镜蛇闻乐起舞，那么眼镜蛇真的会闻乐起舞吗？答案是否定的，事实上蛇没有外耳，蛇就是一个聋子，它不会听着音乐而起舞，弄蛇人舞蛇前会先拍笼子激怒它，当盖子开启时，眼镜蛇自然会探头出来，随着笛子摆动而摇摆，并准备发动攻击。

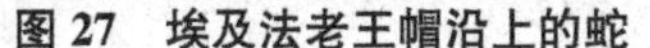

图 27　埃及法老王帽沿上的蛇

图 28　蛇发魔女梅杜莎

最后我们看一下蛇类面临的危机。蛇面临的危机和其他野生动物基本上一样，第一个就是栖息地丧失。现在经济发展得越来越快，楼盖得都很高，这样蛇原本的栖息地可能就会被破坏。在北京以前有记录的蛇有 13 种，但是现在很多可能都不存在了。第二个是错误的观念。传统观念中人们觉得蛇很让人感到害怕，看着蛇觉得它肯定会伤人，事实上只要不去惊扰它，它也不会攻击人，人们应该消除成见去了解它，相信它是愿意和人们共同拥有这个美丽的大自然的。第三个是滥捕滥杀。蛇有很多价值，如医药业和一些乐器，像二胡和三弦，但是基本上从一条小的蟒蛇养到能做二胡这么大的蟒蛇至少需要五年的时间，时间太长，结果人们就到野外去捕蛇，这样野外的大蛇越来越少。蛇皮还被用来制成人类使用的钱包、手袋，蛇肉在中国南方和东南亚一些国家更是重要的传统食品，甚至现在很多人把蛇作为宠物饲养，其实并不是所有的蛇都适合饲养，没有一定的饲养知识，还是不建议大家去饲养。另外，也不要去养外来的蛇，因为有些毒蛇运来后，如果一旦被咬伤或者蛇逃逸的话，对人类安全确实会造成危害。所以，我们应做到不去破坏环境、不用蛇的制品，也不去养外来的蛇，这样就算是对蛇的保护了。

今天就讲到这里，谢谢大家！

走进地球三极

高登义

中国科学院大气物理研究所研究员，博士生导师，现任中国科学探险协会主席，中国科学探险杂志社社长、主编，中国科普作家协会荣誉理事。长期从事高山极地和海洋气象的科学考察研究，开创了山地环境气象学研究领域，重点研究地球三极地区与全球气候变化的相互关系，是我国第一个完成地球三极科学考察的科学家。撰写了《中国山地环境气象学》等三部科学专著，在中外学报上发表论文60多篇，科普著作有《穿越雅鲁藏布大峡谷》等十余部。曾荣获中国科学院科技成果特等奖、国家自然科学一等奖等奖项，享受国务院政府特殊津贴。

Gao Dengyi

高登义

今天我跟大家一块聊的题目是“走进地球三极”。

我是1963年从中国科学技术大学地球物理系毕业的，毕业以后就分到当时的地球物理研究所。由于国家科研任务需要，我从1966年初到现在以来，基本上都在和大自然打交道。我曾经8次到过珠穆朗玛峰，5次到过雅鲁藏布大峡谷，3次到过南极，17次到过北极，1次到过亚马孙，1次到过东非大裂谷，5次到了西太平洋，还有几次是到了我们国家的其他山地，比如托木尔峰，等等，总之我的一生基本上都在和大自然打交道。我的孩子在写作文的时候说，“我的爸爸叫高登义，他经常满世界跑，我很少见到我的爸爸”。我年轻的时候，一年中有将近一半的时间是在野外工作，现在年纪大了，就去得少一些了。

今天我就和大家一起走进地球三极。

何谓地球三极呢？我想大家都知道是南极、北极和青藏高原。今天第一个问题要讲讲地球三极的由来，第二个想讲一讲我在走进地球三极中的故事和收获。由于时间关系，我今天重点要讲的是我在亲近北极和亲近雅鲁藏布大峡谷的故事和收获。最后一部分，我想用几十张美丽的照片和朋友们一道分享，去看看北极熊和北极燕鸥，它们在怎样生活，面临全球气候环境变化，它们如何适应这个变化求得生存，去看看南极的企鹅，在它们生活的过程当中，有什么值得我们人类学习的东西。

我今天主要分这三个部分讲。

图1这张照片是我从成都坐飞机到拉萨拍到的青藏高原的真面貌。大家知道，无论从成都到拉萨，还是从北京到拉萨，尤其是在中午以后，基本上你是看不到青藏高原的真面目的。要看到青藏高原的真面目，只有在一场冷空气侵袭我们国家之后，你赶紧坐飞机到拉萨去，这个时候，冷空气把青藏高原的云一扫而光，你就可能拍到它的真面貌了。由于工作的关系，我的一生三次拍到过青藏高原的真面貌，这是其中一次。大

家看，最上面这部分是喜马拉雅山脉，最高峰珠穆朗玛峰在这，整个青藏高原很显然地展现在我们面前。

“青藏高原是地球的第三极”是怎么来的呢？

1980年，经邓小平同志批准，中国科学院在北京友谊宾馆召开了一次“文化大革命”结束以来最大规模的国际科学讨论会，讨论会的题目叫做“北京国际青藏高原科学讨论会”。

图1 青藏高原

我们当时邀请了世界上非常知名的80名科学家，包括美国的12名科学院院士，同时也邀请了中国的一直从事青藏高原研究的科学家160名。在友谊宾馆开了8天的会，前7天是小组讨论，最后一天是大会发言。在前7天的小组讨论当中，中国的大气物理学家和地球物理学家在小组会议上以不同的形式用不同的资料提出一个共同的问题，青藏高原不仅以它的平均海拔高度成为世界上最高最大的高原，而且它在全球气候环境变化当中起着举足轻重的作用，因此中国科学家建议，我们应该把青藏高原作为地球的第三极和南极北极一样，共同来关注研究地球三极对于全球气候环境变化的影响。当时，我也和中国的一些地球物理学家用不同的资料来说明这个问题。

前7天，我们在小组发言当中已经得到了一些外国科学家的认可。但是由于我们中国科学家当时的英文水平非常差，与外国人交流比较困难。在当时参加会议的中国160名科学家当中，只有十多名中国的科学家，可以和外国人对答如流，包括我的老师叶笃正先生。我是什么水平呢？就是准备得非常好，讲得也很好，但是一旦外国人提问题的时候就听不懂，听不懂就无法交流。叶笃正先生把我们大气物理学组的二三十个人召集起来开了一个会，他说，“我教你们一个单词会帮你们应急”。什么单词呢？当外国人提问题，你听不懂的时候，你就说 pardon，pardon 什么意思呢？意思是请再说一遍，这可以缓解一下听不懂的尴尬，多讲几次也许你就听懂了。

第 8 天大会发言，当时我们整个大会的主席是谁呢？已故的钱三强先生，他当时是科学院的副院长。大会有 4 位科学家发言，中方两个，外方两个，我当时有幸作为中方的中青年科学家发言。那个时候发言不像现在我愿意讲什么就讲什么，“文化大革命”刚刚结束，我去请示大会主席钱三强先生，钱三强先生说，你们地球物理学家、大气物理学家不是提过青藏高原是地球的第三极吗，你把大家的意见综合一下讲一讲，另外你作为中青年科学家代表，讲一讲如何提高英文水平，加强国际学术交流。他给我的时间是 20 分钟。我当时发言的时候英文不行，写了一个中文稿，谁给我翻译的？就是后来的中国科学院的外事局的局长程尔晋。他当时是大会的翻译，我中文讲完了，他给我翻译一句。讲了两个内容，第一讲如何提高英语水平，第二个就讲一讲为什么青藏高原是地球第三极。我当时把大家的意见总结起来，举了两个例子。第一，我们知道，在北半球，沙漠分布的纬度是在北纬 20°～30°之间，到了青藏高原这个位置的时候，由于青藏高原的作用，沙漠跑到了青藏高原的北侧，就是北纬 40°以北，而在青藏高原的东侧，我们国家大片土地是肥美的平原，没有沙漠。我们通过流体力学实验和数值模拟实验，如果把青藏高原的海拔高度降低到 1000 米以下，甚至没有了青藏高原，那可就危险了，这个沙漠就会沿着西边的分布纬度一直往东延伸，我们国家大部分地区将变为沙漠，这说明青藏高原重要吗？重要。

第二个例子。我们都知道，影响我们中国气候的有两个系统，一个是东南季风，一个是西南季风，而东南季风和西南季风的气候平均交界线在哪呢？在青藏高原的南侧，东经 90°左右，但是如果没有了青藏高原，对不起，这个交界线跑到海上去了。那么我们中国整个的气候要发生翻天覆地的变化，就是说该下雨的时候不下雨，不该下雨的时候偏偏下雨，那就麻烦了。我是第二个发言，第一个发言的是当时中国科学院动物研究所的一个二级研究员郑作新先生，他是中国的鸟类学家院士。最后一个大会发言的是美国的一个地质学家，美国国家科学院院士，一个82岁的老先生，他在发言当中讲了两点，第一，他说，我没有想到在中国的特殊的年代里（指的是“文化大革命”），中国的科学家对青藏高原的研究还取得了如此大的成就。第二点，他说，我赞同中国科学家的观点，青藏高原由于它对全球气候环境有这么重要的作用，青藏高原应该是地球的第三极——最高极。他很权威，他讲了以后影响就比较大了。

后来，我们中国科学院出版的青藏高原考察专著当中，有5本都用不同的形式表达了这个观点，青藏高原是地球的第三极。现在，孩子们长大以后要出国交流的时候，世界上的地学家和生物学家，如果他对中国是比较友好的话，他会主动跟你讲地球有三极，这个第三极就是主要位于中国境内的青藏高原。因此，孩子们要知道，“青藏高原是地球的第三极”是由我们中国科学家在1980年提出来，逐渐为世界科学家所认可的。

第二，我讲讲我走进地球三极的故事和收获。重点讲两个，一个是北极气候环境变化，北极熊如何适应这个变化，一个是1998年中国科学家在中国科学院的领导下，如何完成人类首次徒步穿越雅鲁藏布大峡谷的故事和收获。

我们先说北极熊适应气候环境变化的故事。

从1979年以来，世界上就开始有了用卫星观测的各种各样的资料，其中也包括用卫星观测的全球的地表的资料，包括北极浮冰面积变化的资料，看图2，这是北极浮冰面积从1979年开始在夏天7月份的逐年的变化，一直到2013年的7月。

我们可以看到，确实从1979年以来，北极的浮冰面积是逐渐在减小，在最近10年是最小的，小到多少呢？相当于1979年比较高峰时期的85%左右，也就是说减少了15%左右。

这份资料告诉我们两点，第一，最近10年以来确实北极浮冰面积在减小，第二，这种减小不是像报纸上说的，北极浮冰快没了。

北极浮冰面积减少对北极生物影响最大的首先是北极熊。另外，我个人认为，影响北极熊生存最大的是人。人类在最近几十年，由于没有世界条约限制捕杀北极的海豹，因此西方的国家，包括加拿大和日本，还有俄罗斯、挪威等国，大量地捕杀北极海豹，干什么？炼油。这些国

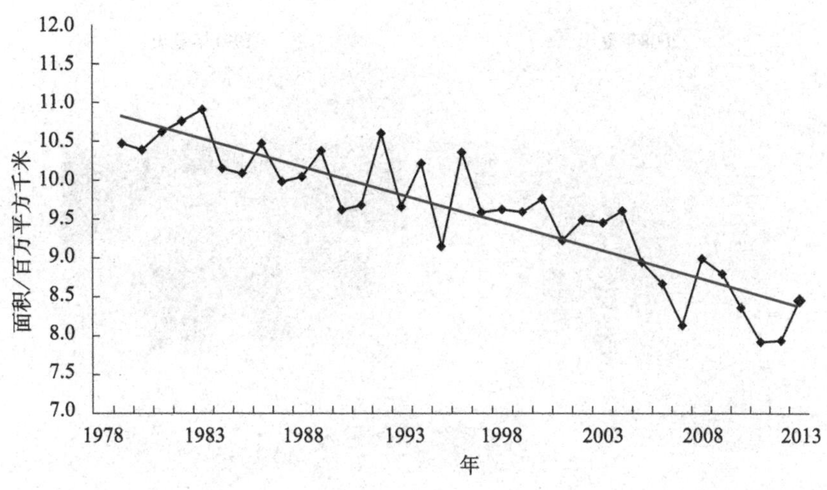

图 2　北极浮冰面积变化（1979—2013）

家大量地捕杀北极海豹，使得北极的海豹越来越少。

我从 2007 年以来，已经去了 9 次北极，发现一个什么现象？现在见北极熊很容易，见北极海豹非常困难。从 2007 年以来，我真正拍到海豹在浮冰上见人不走的就两张照片，可是我拍了北极熊的照片数以千计，这就说明人类大量地捕杀北极海豹，给北极熊带来了很大的困难，因此在一段时间里，北极熊受到了很大的影响，影响之一是北极熊的数量，大概在 10 年前的时候锐减了大概一两千头，这是根据北欧国家统计的。另外，根据我拍到的北极熊，明显瘦了。看图 3，这是 1991 年夏天我在北极浮冰上拍到的北极熊；这是 2008 年夏天拍到的北极熊，一个肥得屁股长圆，一个瘦得都瘪了。

北极熊减少以后，2004 年在北京召开了一次中国和挪威联合保护北极环境的一个科学讨论会，我应邀参加了，这是挪威外交部长在讨论会上给出的一幅宣传画，这个宣传画他在旁边用英文写了一段话，“一只孤独的北极熊趴在孤独的冰山上，向人类露出恳求的目光。”可怜不可怜啊？可怜！但是我告诉大家，这张照片不是真的，是合成的，合成的目的是为了宣传，让大家重视关爱北极的环境。

从 2007 年以来，我带着北京的高中生去北极考察，逐渐发现了北极熊的一些很有趣的故事。

这是 2010 年夏天我带着北京四中、101 中等 3 个中学的 30 名学生到了

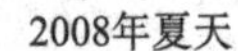

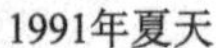

图 3　北极熊胖瘦对比

北极斯瓦尔巴群岛的西海岸北纬 79°的地方，这个地方是一个很深的海湾，海湾里面有很多的三文鱼。三文鱼大家都吃过，挺好吃的。一批聪明的北极熊在浮冰上找不到吃的，大概前后有 10 来头北极熊，迁徙来这海湾居住了。干什么？它们改行抓鱼了。那一天，我们有幸看到了 6 头北极熊出来抓鱼，其中有两头北极熊是母熊，一头母熊带着一个孩子，当然我们叫它熊妈妈，一头母熊没有带孩子，我们暂时叫它熊姐姐。每次熊姐姐捕鱼的时候可惨啦！没有任何熊帮助，海鸥拼命跟它抢，从它嘴里夺鱼，它抓到鱼就追它，所以它很不容易。但是，每次熊妈妈捕鱼的时候，可好了，熊姐姐大公无私地去帮助它，帮助它干什么？把海鸥轰走，然后保证熊妈妈吃饱，喂自己的孩子。不信大家跟我一道看看图 4 的照片。

图 4　北极熊捕鱼

你们看，熊姐姐下海捕鱼了，人家还没有开始捕到鱼，不得了，海鸥飞过来，把嘴伸到北极熊的嘴边，好像是在谈判，说什么呢？“抓住鱼大家都有份儿”。我为什么敢说这个话呢？我们看下面，你看熊姐姐刚刚抓到鱼，这只海鸥就来了，海鸥用它的嘴抢一点鱼肉就飞走，熊姐姐也聪明，你反正也抓不了多少，怎么办呢？我吃快一点，很快吃光了，你就抢不着了。可是，熊姐姐也要抓鱼到岸边去吃啊，这就麻烦了，你看，熊姐姐抓了一条鱼，在嘴里含着呢，然后往岸边走去，海鸥轮流飞过来跟它抢，好像在示威说“抢啊，抢啊”，那北极熊只有“逃啊逃啊”，它逃到安全的地方才能吃。熊姐姐抓鱼困难，但是熊妈妈就不一样了。你们看，熊姐姐吃饱了，你们看它的肚子，胀得圆圆的上岸了。奇怪，熊姐姐上岸不到几分钟，熊妈妈就带着它的宝贝孩子急匆匆地走过来了，我怀疑熊姐姐跟熊妈妈打了电话，不然它怎么来得这么快呢？

当熊妈妈带着宝贝孩子快要走到熊姐姐这儿的时候，不知道熊姐姐叽里咕噜跟它说了什么话，熊妈妈突然来了一个急刹车，不走了，跟在妈妈屁股后面的小宝宝不知道，一下钻到妈妈的屁股下面去了，它奇怪地问，“妈妈怎么了”。熊妈妈转过来对孩子说，“你阿姨说在这个地方下水不方便，我们要到前面去下水。”于是熊妈妈就把它的宝贝孩子放在岸边，然后按照熊姐姐的指示，在离它不远的地方，大概有10来米，在一个大石头的地方下海了。熊妈妈的任务比较繁重，除了自己吃饱以外，还要喂孩子，所以熊妈妈一下水，那真的是拿出自己最大的本事，一个倒栽葱就下去了。熊姐姐在旁边，看着熊妈妈捕鱼。过了几分钟以后，熊妈妈捕到鱼了，坏了，四只海鸥飞过来要跟它抢了，一旁看着的熊姐姐着急了，熊姐姐气急败坏地往上爬，并且嘴里好像在喊“滚开”，把海鸥轰走了。但是，总还有个别的海鸥不听话，还要抢，怎么办呢？熊姐姐更生气了，干脆爬上去用自己的身体横挡着不准海鸥来抢，这下熊妈妈就可以安然无恙地吃了，等熊妈妈吃饱以后，再含着鱼去喂它的孩子。

当我拍照到这儿的时候，我很为熊姐姐的行为所感动，过去我虽然去过北极很多次，也拍到过北极熊，但总的来说是害怕北极熊。1991年我应挪威卑尔根大学的邀请，参加了挪威、苏联、中国和冰岛四个国家的北极科学考察，我曾经在浮冰上工作了七天七夜，那是很有意思的，一般人不大容易碰到这个机会的，但是伴随而来的就是怕北极熊，因为我们在船上是不怕的，但一下浮冰就害怕了。所以，我们每一个帐篷发了一支步枪，五发子弹，轮流出去工作。第一天晚上大概零点钟的时候，该我工作了，我把步枪推上膛，跨上步枪，戴上我的仪器从帐篷出来，要去浮冰边缘观测我的仪器。当我刚刚从帐篷出来的时候，我就给自己提了一个问题，“如果今天晚上我碰到北极熊，我是先开枪还是先照相”。“先照相”，我这样想。

我穿的是登山鞋，在浮冰上走“咔嚓咔擦”特别响，一响不就把北极熊招来了嘛，所以我轻轻地走。等我走到我的工作站去工作的时候，我一方面抓紧工作，记录了观测仪器的数据，同时我的耳朵听着我的背后，是不是会有北极熊来，等到紧张工作完了以后，发现没有北极熊。在这七天七夜当中，我们一共26位科学家，13顶帐篷，没有哪一个科学家碰到过北极熊。

为什么在北极浮冰上七天七夜都没有碰到北极熊呢？我告诉大家，北极熊上冰的本事很大，什么原因让北极熊不敢到我们的浮冰上来呢？因为，在整个北极地区，在整个地球上，破坏世界动物的最厉害的还是人，因为人可以用工具，用枪，所以北极熊最害怕的是人，尤其是我们有26个人在浮冰上，它通过它的嗅觉都能闻出来，这就不敢来了。可见，世界上生物最怕的是人，而真正对世界生物破坏最厉害的还是人。这是我的第一点感受。第二个感受是，我过去害怕北极熊，但通过这一次以后，我对北极熊有了新的认识，无论这个熊姐姐是不是真的熊姐姐，但是它帮助熊妈妈捕鱼的大公无私精神，的确值得我们人类学习。

在2011年，北极熊吃什么了？吃海带了（图5）。这一天，我们的考察船到了一个大岛，船上的人都来到这个岛上去参观。这个岛是200年以前一些北极探险家们工作过的地方。我们刚刚上岸正在参观的时候，船上无线电话通知说，发现岛的边缘上有一头肥大的北极熊，大家赶紧回到自己的橡皮艇上，因为在陆地上碰到北极熊非常危险。我们赶紧回到各自的橡皮艇。回到橡皮艇后，大家紧张地寻找北极熊。后来我们发现，在这岸边有很多海带的地方，一头肥大的北极熊，把它肥大的嘴巴一半伸到水里去，一半在外边，“吧嗒吧嗒”地吃海带，吃得特别快。我们的橡皮艇就靠过去了，当它发现我们靠近以后，它不吃了，嘴里还叼着海带，抬起头，用它一双大大的眼睛直瞪瞪地、长时间地望着我们，好像要跟我们说话。我猜它是想说什么呢，它想说“亲爱的人类朋友，我现在穷得来吃海带了，你们就不要抓捕我吧”。

2012年，我们看看图6，这个小宝宝吃什么了？吃鸟蛋。吃鸟蛋也

图 5　北极熊捞食海带

有这么一个故事。一天，我们 12 艘橡皮艇围绕着一个小岛参观，据船员讲，这个岛上有 6 头北极熊，大家就围着寻找。忽然，我所坐的橡皮艇看见熊妈妈带着熊宝宝向我们走来了，大家特高兴，赶紧拿出相机拍照。我看到它来了，很高兴，我就对着它拍照，我拍照的时候发现这个熊妈妈不正常，什么叫做不正常呢？平常北极熊不饿的时候，走路是摇摇晃晃地走，没有什么危险，可是这个熊妈妈不对，它把它肥大的舌头长长地伸出来，在地面上到处舔，这表示它饿了。就在这个时候，熊妈妈突然把它的头伸到了一个石头缝里，两只大鸟嗖的一下就飞起来了，我知道它不是抓到小鸟就是抓到鸟蛋了。我赶紧拿着相机对着熊妈妈拍照，可是我怎么也没有拍到，什么原因呢？因为这个熊妈妈的屁股冲着我呢，它的屁股比它的脑袋大，我拍不到它的嘴巴。

图 6　北极熊宝宝吃鸟蛋

正在我着急的时候，这个小宝宝在它妈妈的指导下，抓到了一只鸟蛋，它抓到鸟蛋以后，还找了一个高的地方站起来吃，它站起来吃，我们就好拍照了。

2013年，我们看图7，北极熊吃什么呢？吃草了。这一天我们不是去参观北极熊，是参观北极最大的一个鸟岛。据船上的船员介绍，这个鸟岛上大概有12万只左右的鸟栖居在这个地方，我们一看这个鸟岛有什么特点呢？凡是鸟聚集的地方，都是非常壁陡的岩石表面。突然，一头肥大的北极熊从侧面的斜坡悄悄地爬进来，接近鸟居住的地方。一开始它用爪子伸过去想抓鸟，但是够不着，没办法了，于是它就很不情愿地走到草地上吃草，你看它吃草那个样子费很大的劲，但是等它抬起头来一看，嘴里面没有几根草，这说明什么呢？北极熊是刚刚在学吃草。家里养过牛的都知道，牛嘴巴一下就能吃一大把草，说明它不像牛会吃草，它是刚刚在学。

图7　北极熊学习吃草

2013年，我们的运气比较好，环岛10天中我们看到了19头北极熊，这是我们看到最多的一次。19头北极熊当中，可以说各个都长得比较肥，生活也比较安逸，19头北极熊当中，我们发现两头抓到了海豹了，但是他们吃海豹的方式跟以前不一样了。过去1991年、1995年和1997年的时候，北极熊抓到海豹，把肥肉吃了，头脚就不吃了，现在不行了，现在不容易抓到海豹，看图8，它把海豹的肉全吃光，只剩下骨头了，还要把肠子拽出来吃掉；你看这头北极熊就更细致了，连这根小小的骨头也要拿来咬一咬。现在生活好了，大家糖不能吃，肥肉不能吃，但经历过“困难时期”的都知道，那个时候要有糖、有肥肉多好啊！现在北极熊处于“困难时期”，它吃海豹就吃得很精细了。

图 8　北极熊吃海豹

另外一点，在 2013 年我们碰到的北极熊中，它们生活得都很愉快，它们常常在玩。有一天，我们碰见一头小北极熊，如图 9 所示，据动物学家讲，这个小北极熊不到两岁，在一块浮冰上趴着，在 12 点 37 分之前，它一直趴在这个地方，这个时候我们已经等了 10 多分钟了，它不理我们，睡觉。到 12 点 37 分钟的时候，把眼睁开看看我们，又过了两分钟站起来打哈欠，打了好半天，然后开始在浮冰上滚来滚去，滚了一分钟以后，在 12 点 41 分向我们走近来。人家走在什么上呢？走在浮冰的边缘上，正好我们在上面，可以照到它的倒影，12 点 41 分它过来接见我们两分钟，12 点 43 分钟就回去了，回到原处马上倒下又睡觉了。这个时候我们船上有几个学生，问教生物的张老师，“这个小北极熊是公的还是母的”，张老师巧妙地回答，“北极熊不到四岁之前不大好区别”。这下孩子们就争论起来了，有的说是公的，有的说是母的，在这个争论过程当中，也许我们的争论让小北极熊听见了，它说，“别争论了！我告诉你们吧！”它一翻身，我们就看见了这是一头母的北极熊。

图 9　潇洒的北极熊生活

从上面我们可以看出，近几十年来北极浮冰面积的变化以及人类大量捕杀海豹，使得北极熊的生活一度受到了危机。一位挪威北极研究中心的北极熊专家说，到 2013 年为止，北极熊又恢复了将近 1000 头。显然，北极熊适应环境变化也是很快的。

下面讲一讲走进雅鲁藏布大峡谷的故事和收获。

大家知道，雅鲁藏布大峡谷现在是世界上公认的世界第一大峡谷。这儿我来介绍一位老先生，就是杨逸畴教授。他去雅鲁藏布大峡谷的次数比我多得多，我去了 5 次，他大概去了 8 次，他是从 1973 年就开始去了。图 10 是我们在穿越大峡谷中我们合影的照片。当时他 63 岁，我是 58 岁。

图 10　我和杨逸畴教授

这是雅鲁藏布大峡谷最北端的拐弯地方，雅鲁藏布江自西向东流到这以后，突然拐弯流到印度洋去。通过中国科学院前后 8 次在这个地方考察，我们对雅鲁藏布大峡谷已经有了一些了解了。

第一，我们了解到大峡谷里面旱季、雨季非常分明。如果你们将来要去雅鲁藏布大峡谷，什么时候去比较好呢？一定是旱季，因为这个地方在雨季降水量是 5000 到 10 000 毫米，这么大的降水量会带来塌方、翻车等危险，所以最好在旱季进去，春天 4 月份最好，秋天是 9 月中旬以后到 12 月初。这段时间你去，风景很美丽，基本上没有下雨，很安全。

第二，这是我们三位科学家，中间一位是我们大家都知道的很有名的刘东生院士，他是我们中国科学探险协会的第一届、第二届主席，是我们国家2003年国家科技成果最高奖的获得者，2005年世界天文学会命名一颗星叫“刘东生星”，刘先生已经离开我们了。这个是杨逸畴教授，他也是在前年离开我们了。另外一位是我。我们在新华社的帮助下，认证了雅鲁藏布大峡谷是世界第一大峡谷。1994年4月17号，新华社公布了这个消息。公布这个消息以后，我国政府很快就承认了。如果你们现在到《世纪坛》去看看，《世纪坛》的正面，在中华民族的大事记中，1994年写了一条“中国科学家确认雅鲁藏布大峡谷为世界第一大峡谷”，在中华民族大事记中，自然科学被列为大事记的不到50条，但是雅鲁藏布大峡谷的发现认证被列为1994年的一条。1994年我们认证以后，中国政府承认了，但是科学的认证只有中国政府承认还不够，要得到世界科学家认可。美国科学家不同意我们的观点，他们讲了一些理由，但其中有一个理由有道理，那就是我们1994年公布的数据，不是我们国家测绘总局公布的数据，而是我们中国科学院的科学家自己通过仪器测绘来分析的，所以他们不相信。

因此，我们在1998年穿越的过程当中，专门请了国家测绘总局两个高级工程师测量，1999年国家测绘总局公布了新的测绘数据，更进一步证明我们1994年的结论。

2003年，在美国召开了《中美关系：过去现在与未来》的讨论会，为我们提供了直接与美国科学家交流的机会。当时，双方代表团都有100人左右的代表，中国科学院只去了十来位科学家，我是其中一位。中方的代表团团长是副总理钱其琛，美方代表团的团长是老布什。开会的地方在老布什的家乡——得克萨斯州的得克萨斯州立大学，会议一共是4天，前两天是大会发言、政治讨论。

开幕式在得克萨斯州立大学的大礼堂，由于有国务卿鲍威尔等重要领导人参加，所以也跟中国一样，不准带相机，不准带书包。在大礼堂门口，用英文书写“禁止携带相机和书包入场”。我知道大相机带不进去，带了一个卡西欧的很薄的卡片机，走到门口，态度和蔼地跟警卫说，“我这个卡片机很小，藏不了什么东西”，他没有马上说“NO”，还笑笑看着我。我看有戏，就继续跟他聊天了，我热情地自我介绍，1981年到

1982年受科罗拉多大学 Reiter 教授的邀请，在大气科学系工作过两年，后来又跟你们美国合作过西太平洋科学考察，说得有鼻子有眼的。于是他笑笑说“OK”，让我把卡片机带进去了。我照了将近100张照片，后来都跟我们团里分享了，这是我照的这两张，见图11。

图11　中美关系：过去、现在与未来

出席开幕式的有当时的国务卿鲍威尔，有过去的国务卿基辛格，有我们的副总理钱其琛和他的秘书，当时是中国驻美国大使馆的大使，也就是现在的国务委员杨洁篪。我们几名科学家坐在第一排，请美国的科学家给我们几个人照了一张照片，这是大会的情况。他们这个大厅是两层楼，一共有3000多人出席开幕式，开幕式完了以后，正好看到老布什出来了，我们科学院的同仁和他合影留念，等我给他们照完，我想和老布什合影的时候，老布什走了，合影没有我。

第三天是小组讨论，我们这个小组全是科学家，一共是 43 个人，43 个人当中有 3 名是美国科罗拉多国家公园的科学家。小组讨论会给了我了 30 分钟发言时间，我讲的题目是《雅鲁藏布江下游水汽通过作用考察研究》，实际上我分三个内容，第一部分是世界第一大峡谷雅鲁藏布大峡谷的论证，大概讲了三分之一的时间，图 12 是我发言的时候美国科学家给我拍的一张照片。我讲完以后，一位美国科学家走过来和我握手说，对我的报告很感兴趣。他说他想要我的 PPT，我说当然可以，就复制给他了。等他发言之前，他讲了短短的一句话，“今天听了中国科学家高登义教授的发言，他所公布的是中国测绘局的数据，现在看来，世界第一大峡谷应该是雅鲁藏布大峡谷。”

图 12　我在会议上发言时

从 2003 年以后，世界上才不再争论了。讨论会后，我们和美国有关方面签订了合作协议，美国科学家在陪同我们中国科学家的时候，可以到雅鲁藏布大峡谷去考察。图 13 就是我们当时在签合同的一个镜头。雅鲁藏布大峡谷的长度 504.64 公里，它的核心河段是 250.04 公里，它的平均深度 2268 米，核心河段的平均深度 2673 米，最深深度 6009 米，雅鲁藏布大峡谷的平均宽度 113 米，最窄的地方 35 米，35 米是什么概念？我从这边扔一个石头，就可以扔到那边去，然后用这些数据再和世界上的其他有名大峡谷对比，雅鲁藏布大峡谷比科罗拉多大峡谷以及秘鲁的科尔卡大峡谷都要长，比他们的深，比他们的窄，当然是当今世界第一大峡谷了，也就不再争论了

图 13　中美签署合作协议

第三，讲一讲我们 1998 年徒步穿越雅鲁藏布大峡谷的故事和收获。

中国科学院的科学家从 1973 年以来，先后 5 次进入了这个地方，但在它大拐弯前后的将近 200 公里的地方，我们科学家是绕着走的。为什么呢？太陡了下不去，我们就想在我们这批科学家的有生之年能不能把这 200 公里走通，我们要下去看看，有什么科学奥秘。但是我们这些人当时的年龄最老的杨逸畴教授 63 岁，我 58 岁，最年轻的一位科学家 52 岁，都是老头子了。年轻的时候都走不过去，现在老了怎么办呢？知道我们自己不行，我们就到西藏，求助于西藏登山队，请他们来带我们穿

越。西藏自治区政府很支持，挑了四名最优秀的登山家，年龄在22～32岁，他们登过珠穆朗玛峰，登过8000米以上的高峰3～5座，可以说他们在世界上无高不可攀。为了保障在徒步穿越过程中的安全，决定在穿越过程当中，登山家是分队长，科学家是副分队长，就是登山家说哪里可以走就走，他说不能走就不走，这就保证了穿越过程当中登山家的领导地位，保证了我们安全圆满地穿越了雅鲁藏布大峡谷。

这是我代表考察队宣布这个决定。

我们在穿越过程中有的时候攀藤而上，这个有意思，坡太陡，怎么办呢？看见这个藤，你先拽两下，拽不动，好，你就可以拽着它上去了。我们要过一个峡谷，怎么办呢？咱们过溜索，大家在电视上看到过，溜索有两种，一种是高处往低处溜，那很舒服，只要没有恐高症，它是滑篮，每个篮子坐两个人，嗖的一下就过去了，一点儿都不费劲。这是从低处往高处爬，这比较困难。有一天，我们要爬一根长400米、离水面200米高的一条钢缆，我们每个人的脖子上有一根又宽又粗的绳子扣在钢缆上，腰上有一根又粗又圆的绳子扣在钢缆上，双保险，每个人靠两只手两只脚来爬。前面是两位民工，他们有经验，第三个、第四个是中央电视台的人，他们要拍录像，第五个是我，我们前面五个都顺利地过去了。第六个是杜泽泉，人民画报社的记者，他去过西藏很多次，年龄和我同岁，不幸在途中他的脖子上的粗绳断了，头朝下，脚朝上，吓得我们赶紧派一名民工把他拽过来。当把他拽到岸边我去搀扶他的时候，我一看，好惨啊！一副手套磨破了，一双球鞋磨破了，他使劲爬，脸上全是冷汗，脸刷白，气都喘不过来，我去搀扶他，中央电视台的两位记者，他有他的任务，马上把摄像机架起来，采访杜泽泉先生"有什么感想"，他话都说不出来了。

我所在的分队有13位科学家、26位记者、75位民工，也是浩浩荡荡100多人。第一天很顺利，第二天也很顺利，第三天刚刚走出去不到3个小时，100多个人的队伍，拉出来也很长的。民工走在最前面，突然前面传过来说"没路"了，我当时听到这句话就浑身起鸡皮疙瘩了，为什么呢？出发之前，51岁的民工队长央金给我保证说，他爷爷给他画了路线图，保证能够把我们带过去，但这才第三天就没有路了，怎么行呢？我把民工队长和分队长张文敬教授请过来，把两位登山家丹增和平措请过来，我们5个人开会。我没办法，张文敬教授也没办法，民工队长也没办法，丹增是四位登山家里面最年轻的，但是最聪明，我们讨论他不说话，他到处看，看完以后他说，“高队长，我建议从右侧走，可能能开出一条路来”。我们75位民工有75把砍刀，把他们分成四个组，轮流砍开一条路，一共砍了两个半钟头，最后砍出一条100多米长的山道，中间只能容纳一个人。当两位登山家带着我往上走到山脊的时候，他们笑了，我也笑了，为什么？下面是个缓坡，缓坡上主要是草地，草地上有的地方还有一些树叶。两位登山家，特别是丹增，很得意，为什么呢？他的建议是正确的。他和平措对我说，“高队长我们要下了”，我还没弄明白怎么回事，两个人屁股一坐就滑下去了，在草地上滑出了两条长长的道。我觉得这是一个办法，一看这两位登山家安全滑下去了，我也高兴了，我就跟着滑下去了。我当时58岁，人家20多岁，人家是登山家，我是科学家，我身体条件、技术条件不如人家，我是想按照他们那个道滑下去，坏了，结果往左边歪了，左边的树叶比较多，弄得树叶满天飞舞，我看不见前面的路，心里很不踏实，我急了，赶忙用我的两根雪杖拼命减缓下降的速度。还好，一根树杈横过来，把我给挡住了，等我停下来一看，下面是悬崖。我立刻告诉张文敬分队长，后面不能再滑了。怎么办呢？我们队里有三根登山结组绳，每根长50米，接起来100多米长，一头拴在一根大树上，其他队员就这么拽着绳安全地下了坡。

登山家帮了我们很大的忙。这就是登山英雄丹增，我们要爬这个陡坡上不去，他自告奋勇，自己捆上登山结组绳，拿上岩石锥，边走边打，打上岩石锥以后，还给我们砍了一根树，让我们搭着就过去了。我们要过这个小的峡谷，过不去，他们砍了一棵树，每棵树上还砍了一些印儿，我们好搭脚，就这样我们也过去了。

我们瀑布分队个发现了第一个大瀑布，命名绒扎瀑布。我们事先经过国家民政部的同意，当场就命名了。这个地方用门巴族的话叫绒扎，绒扎什么意思呢？峡谷之底。我们觉得这个名字挺好，当时就命名为绒扎瀑布。图14就是我们发现的这个瀑布，经过我的学生周立波用GPS测量了瀑布的各种数据，就在这个瀑布边，通过中央电视台，我代表我们考察队向世界宣布，中国科学家发现了大峡谷里面的第一个大瀑布叫绒扎瀑布。这是中央电视台唯一一个女记者，叫牟正蓬。

过了几天以后，我们另外一个分队又发现了第二个大瀑布，比我们发现的还大，叫藏布巴东瀑布，这个瀑布的高差比绒扎瀑布高三米，有

图 14　绒扎瀑布

125 米宽。我们全队一共发现了四组大瀑布群，这四个大瀑布群的发现，在当时世界上引起了轰动，为什么轰动？在我们没有进去之前，中国的地理学家和美国的地理学家认为，在雅鲁藏布大峡谷里面没有瀑布，为什么？他们认为，河水在河床上流动，首先冲毁河床上的泥沙形成一个小跌水，这个小跌水增高并后退，再冲毁泥沙，跌水逐渐加高最后形成瀑布。但是在大峡谷里的地质是花岗岩，根本不可能把它冲坏，所以他们不相信有瀑布。当我们发现了四个瀑布群以后，他们哑口无言了。从这个例子可以看出，科学家不是万能，科学家说的话照样有错的时候。第二年，地理学家杨逸畴教授写了一篇论文《论雅鲁藏布大峡谷瀑布形成的原因》，他是这样说的，瀑布形成还有一个新的原因，就是地球的板块挤压，也能够形成新的瀑布，这就是关于瀑布形成的一个新理论。

当时请了国家测绘局的两位高级工程师，他们在里面建了三个地球物理基准点，最后精确地测量了数据，我在美国公布的数据就是根据国家测绘总局公布的。

完成穿越以后，我们自己建立了一个纪念碑，这个纪念碑上刻的是“人类首次徒步穿越雅鲁藏布大峡谷纪念”。2005 年我们又组织一批科学家进去的时候，我们发现这个纪念碑和这个上面的地球物理观测点依然安全地存在，但是有问题了，在我们这个纪念碑上有人刻字了，某某，某年某月，到此一游。时间一长，我们的纪念碑可能就麻烦了。

我还要最后说几句，可能朋友们在十几年以前曾经看到网上说过，说有科学家建议把雅鲁藏布大峡谷的口子炸宽来缓解我们西北的干旱问题。现在我可以告诉你们，这两位科学家是我们中国顶尖的两位科学家钱学森和钱伟长先生，他们因为关心我们国家西部干旱问题，给中央打了一个报告，中央基本上同意他们的观点，于是这个报告就转到科学院，科学院转到叶笃正先生，叶笃正先生转到我这儿。因为，关于雅鲁藏布大峡谷水汽通道作用对藏东南气候环境的影响是杨逸畴教授、我和李渤生教授在《中国科学》上发表的论文中提出的。

两位科学老前辈提了这个建议，我的老师叶笃正先生要我先招一个学生老老实实进行数值模拟，根据模拟结果再说可不可行。我的学生算了 3 年，根据这两位先生提的建议，假定把雅鲁藏布大峡谷的口子炸开 10 公里、炸开 50 公里、炸开 100 公里，不同的尺度，然后假定从雅鲁藏布大峡谷口子到青海三江源，就是青海的玉树地区有了一个斜坡，还假定在非常有利于水汽输送的多种条件下，算的结果确实可以。在三江源增加 20%～30%的降水可以缓解一下干旱，但是如果考虑真实的情况，就是说有涡旋运动，而且考虑到有西风，我挑了一个历史上最强的季风年 1986 年，即使这么强的季风年，水汽输送还没到三江源，沿途降水就把水汽消耗完了。这就说明，两位科学老前辈好心的建议不可行。后来把这篇文章转到两位钱老先生，他们一看文章，也不再提了。

最后一部分，我们一起走进南北极。

第一，讲一讲神奇的北极燕鸥故事。

北极燕鸥之所以神奇，首先，它是世界上飞得最远的候鸟，其次，北极燕鸥展翅飞翔时就像苗条的体操运动员，身材非常好，我非常喜欢北极燕鸥。我更佩服它们，每年往返于南极北极之间，要飞 6 个月。图 15 是我拍到的它们空中对歌的照片。你们看，图 16 是北极燕鸥往返于南北极之间的示意图，是从谷歌网站下载的。每年 6～8 月，北极燕鸥生活在北极，到 8 月底，它们会沿着这条黄线分两条路线飞 3 个月，到 12 月初飞到南极，12 月、1 月、2 月是南极夏天，它们生活在南极。到 2 月末，它们又沿着白线飞 3 个月，回到北极。它们一年有 6 个月在飞，我也是经常在南极北极之间跑，但是我是坐飞机、坐船，要我走路，我真没这个本事。

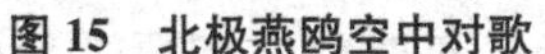

图 15　北极燕鸥空中对歌

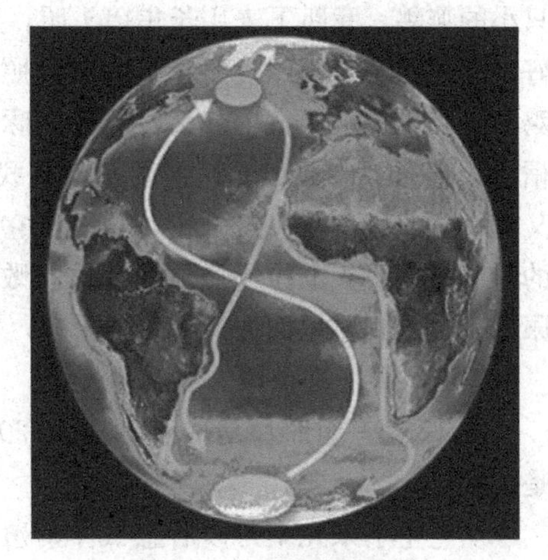

图 16　北极燕鸥迁徙图

北极燕鸥繁殖的神奇故事。每年 6～7 月是它们的繁殖季节，就是它们生儿育女的时候。按照过去的科普书上讲，每到繁殖季节的时候，雄北极燕鸥要含一条很大的鱼，去向雌北极燕鸥求婚，雌北极燕鸥根据雄北极燕鸥含的鱼的大小来决定它愿不愿意，如果含的鱼小了那说明你没什么本事，不行。我去了北极 17 次，没有拍到这个照片，2011 年夏天，无意中我拍摄到了北极燕鸥繁殖季节的故事。一天，我们去参观一个北极炼油站的遗址，但这个遗址什么东西都没有，我没有去参观。我仰望天空，发现一群北极燕鸥追来追去玩，我拿出 300 毫米的镜头拍照，拍照时我看不到它们在干什么，拍完了回看，我才发现是北极燕鸥与时俱进、对歌求偶繁殖的过程。首先它们要互相追逐，对歌，上边一只鸟，下面一只鸟唱歌，然后它们要拥抱（后来问生物学家，鸟的拥抱是靠翅膀摩擦），这是它们的亲吻，它们做爱的照片这里没有给出。这就是北极燕鸥新的繁殖过程。

北极燕鸥不喜欢我们人靠近它的家园。为什么呢？因为它怕我们伤它的孩子。那怎么办呢？当学生们靠近它们家园的时候，我让学生把雪杖高高地举起来，北极燕鸥不太聪明，哪个地方高它就啄哪个地方，这样它就啄不到我们头了。你正要对着它照相的时候，它就要冲着你来扑你的镜头，你不要怕，这个时候你对着它照，不然你是照不着的。1991 年，我第一次到北极考察，不知道北极燕鸥有这个脾气，有一天下午，我一个人到海边，看见一个北极燕鸥的家园，里面有两只大的燕鸥，两只小的燕鸥，我趴下来用长焦镜头照，当时是胶卷，我要卷胶卷对光圈，好半天才照了三张照片，正当我刚刚照第三张照片的时候，一群北极燕鸥冲着我飞过来了，干什么呢？轮流啄我的脑袋，但我当时戴着一个皮帽子，它啄了也不疼。我继续拍，等我刚刚把小北极燕鸥拍完，坏了，又有一群北极燕鸥飞过来了，这一次它们改变战术了，它们冲过我头顶的时候，在我头上拉屎撒尿，我被打败了，帽子上、脸上都是它们拉的屎尿，我跑到屋里面去，把脸洗干净，但是我帽子上的东西就留下了。

第二，讲一讲企鹅的故事。

图 17 这一组照片是从 1984 年到 2005 年才拍到的，什么照片呢？就是企鹅

从它生下来几个月以后怎么样繁殖后代的过程。话说企鹅长到三四个月的时候就进入了企鹅的青少年时代，青少年时代它们要干什么呢？它们要对歌求偶，它们要找对象，对歌求偶成功了以后，它们会跑到一个偏僻的地方说悄悄话，商量怎么建立家庭，首先要劳动，要含石头做自已的窝，然后企鹅爸爸会在寒风凛冽中孵蛋 3 个月，这个时候，企鹅妈妈到海边疗养去了，等到小企鹅诞生的时候，绝大部分企鹅妈妈就从海边疗养回来，共同关照家庭，但是也有极少数的企鹅妈妈在海边疗养的时候可能会被豹海豹吃掉，如果被豹海豹吃掉，这个家庭就解体了。当小企鹅诞生 20 天左右的时候，它的爸爸妈妈把小企鹅送到“企鹅幼儿园”生活。这就是企鹅幼儿园，在这个幼儿园里面，有两三只大企鹅带着几十只小企鹅。

1985 年 1 月份，我在日本南极站考察的时候，考察队安排一架直升机把我们 5 位科学家送到一个企鹅岛上去参观。这个岛上有企鹅幼儿园，大多是小企鹅。我们的直升机离这个岛一公里就停下来了，为什么？不要干扰小企鹅生活。这是我当时参观幼儿园的照片，这是我在和一些企鹅对话，对话的时候我的兜里放了一个微型的录音机，我打开录音机以后，故意逗小企鹅说话，然后把它录音下来，我一共录了两盘。

2005 年，当我再去南极考察的时候，我找出我的录音带回放，我发现一个特点，当我说话的声音大时，小企鹅的声音也叫得大；我说话的声音小，小企鹅说话的声音也小。但是它讲的什么我听不懂。

中午，我们在这个地方吃午饭，我们带了很多好吃的。这三个穿红衣服的是生物学家，这一个是地质学家，我在拍照的时候，我发现，当

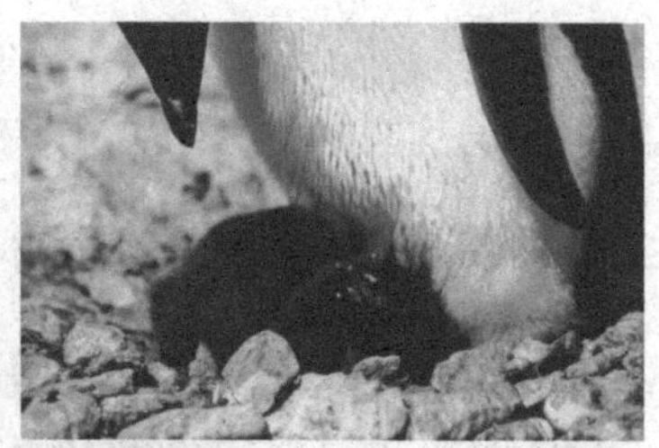
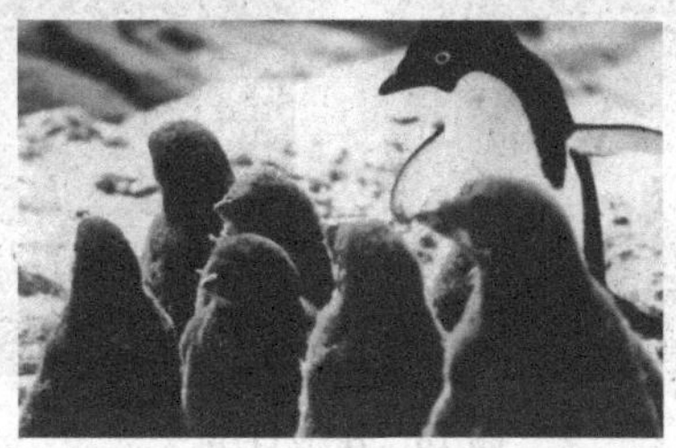

图 17　小企鹅成长过程

我们在吃饭的时候，你看这两个企鹅阿姨馋得很，望着我们，口水都快掉出来了。但根据南极守则，不允许投放任何食品，原因就是会破坏企鹅的生态平衡，比如说，我们大家都喜欢企鹅，你长期给它吃，它就不自己去捕食了，它就等着你喂食，最后它就慢慢会被这个环境淘汰掉，所以不允许喂食。

第三，奇特的南极日出日落。

看图 18，其一，太阳快要从海平线下升起的时候，我们看到天边上有淡淡的微明；其二，当太阳升出海平线三分之一的时候，天空慢慢地有点暗了，但是周边出来一个红色圆；其三，当太阳升出海平线四分之三的时候，天空慢慢地黑了；其四，当太阳刚刚全部升出海平线的一瞬间，只有太阳周边是亮的，天空全都是黑的。

再说南极的日落，太阳刚刚落到海平线的时候，天空比较黑暗；当太阳逐渐往下去的时候，你们看，天空黑暗的程度慢慢减弱；当太阳刚刚落下海平线的时候，天空却变得淡淡的微明了。

显然，南极的日出和日落正好相反。当南极的太阳快要离开海平线上来的时候，我们看到天空是微明的，随着太阳慢慢升起，在它刚刚离开海平线的时候，只有太阳是亮的，周边都是黑的。日落过程相反。

1985 年 4 月底，我回到大气物理所，曾庆存所长把老科学家都请来听我的南极考察报告。当我汇报到南极日出日落时，叶笃正先生问我，

图 18　南极日出

你这照片我怀疑是拍错了。我说“不可能”。我把我冲洗好的整卷胶卷拿出来给老师们看，大家一看是真的。于是，叶笃正先生、陶诗言先生，还有曾庆承、周晓平、周秀骥等几个老同志一起，商量了半天，最后对南极日出日落现象得出这么一个解释。

我们知道，南极 95%到 97%是冰雪表面，当太阳还在海平线之下的时候，我们看到的天空微明光是太阳照到冰面上的反射和折射光；当太阳刚刚升出海平线那一瞬间的时候，由于反射光我们看不见了，由于南极空气非常干净，基本上没有杂质，所以我们看不到太阳的折射光，也看不到太阳的散射光和反射光，我们只能看到太阳的直射光，这就是太阳本身是亮的，周边是黑的。

后来，我写了一篇日出日落的科普文章，放在我的《极地探险》科普书中。

拍南极的日出日落不是容易的事情，我在深夜起来拍照了 3 次才成功。第一次凌晨我去考察船甲板拍照，风吹得好冷好冷。我把我小的时候学的歌全唱完了，太阳还是没出来，为什么？因为那天东边有云，看不见日出。第二次，日出时间没计算对，我去拍照时太阳已经出来了。第 3 次我等了 4 个钟头才拍到日出。可以说，那 4 个钟头是我一生最孤独的时候，在寒风凛冽中，在海浪不断拍打船弦的撞击声中，我把自己从小学、中学、大学所有唱过的歌，清理出来唱一遍再唱一遍，唱一遍再唱一遍，太阳还是不出来……我在南纬 70 度附近拍照南极日出过程的时间大约45分钟。原来，日出过程的时间随着纬度的增加而加长，在赤道最短，大概在两分钟左右，越到高纬度它出来的时间越长。我拍照南极的日出是在71°N，日出约45分钟。

第四，诚实是科学家们的根本。

在我展示的照片当中，有心的人会看到，凡是不是我照的，我都注明这是谁照的，凡是没有注明的都是我拍的。我提倡，不是你的照片一定要说明，就像我们写论文一样，不是你的工作一定要在参考文献中注明。这个南极昭和站的极光，是我拍的，中山站的南极光也是我拍的，但是，这个北极光不是我拍的，我从谷歌网上搜下来的，我必须要注明。从这四组照片，我要说什么呢？第一，如果你们在写论文的时候，用到了别人的结论，用到了别人的图片，用到了别人的资料，在参考文献上一定要列出来，这是可以的，但是你要是忘了或者有意不列出来，在我们科技界叫剽窃他人成果，这是要受处分的。韩国一位科学家的芯片，还有我们中国有几位科学家，在这方面都是受到过很严重的处分的，所以大家要记住诚实是科学家的根本。

第五，失败不灰心。

2005年，我带领一批科学家到南乔治亚岛考察，这个地方有16万对王企鹅。它们生活在海边，经常往返于海里和沙滩之间，很好玩。我们知道，一个人，当你照标准像的时候，是照不到什么美丽的姿势的，而在跳舞、做体操的时候，那你可以照出很多美丽的姿势。王企鹅也是这样的，它在海上跑来跑去的时候，你就能照到漂亮的姿势。这一天，我在海边上，一直拍照了将近10个小时，饭也没吃，就在那拍照。上天不负有心人，我真拍到了一组我认为是王企鹅在水上进行芭蕾舞比赛的照片。这个队伍要下水去比赛了，队长在岸边喊“预备-跳”，这两只王企鹅入水姿势很标准，我给了一个特写镜头；这支队伍表演的是什么呢？是一字上蛇式阵，它们得了第三名；这支队伍很聪明，它们懂得三角形，它们表演的是等腰三角形，有智慧，所以它们得了一个亚军；下面这个队伍更牛，它们懂得踢足球，它们表演的是三四三的阵形，三个前锋、四个中锋、三个后卫，它们得了冠军。

然而，无论是奥运会还是校运会，得奖的总是少数，不得奖的总是大多数。这个队伍没有得奖，它们在开总结会，这位队员由于他多次犯错误，影响全队评分，在做自我检讨，它说“队长，对不起，我连续几次犯错误，影响全队评分”。水平很高的队长亲切地转过来对它说，“没关系，明年再来吧”。

第六，人人要感恩。

图19这组照片是2005年我在英国的科学考察站拍到的，大概前后将近20分钟。拍这组照片不像前面我拍得很高兴，这一组照片拍到后面我都流眼泪了。为什么？真实的故事是这样：两只小企鹅追着妈妈要吃的，第一次妈妈下海了，大概三五分钟就上来了，抓到吃的以后妈妈反刍来喂它的孩子，当我拍到这儿的时候，我眼泪就快掉出来了。为什么？我是四川人，我们老家是吃大米的，小的时候我妈妈没有奶，妈妈把大

图19　企鹅妈妈喂企鹅宝宝

米饭嚼碎，对着我的嘴巴喂的，当我拍到这个照片的时候，想到我已经去世的妈妈，我眼泪就快流出来了。企鹅妈妈连续喂了小企鹅两次。第三次，小企鹅还没有吃饱，又把嘴伸到妈妈的嘴边，好像在说“妈妈我还要吃”，为了孩子，妈妈又下海捕食了。这次企鹅妈妈下海捕食让我有点着急了，前面两次三五分钟妈妈就上来了，这一次，5分钟没有上来，8分钟没有上来，到了快10分钟的时候，我看见企鹅妈妈嗖地一下，从水里面钻出来了。我估计憋的时间太长了，够呛。如果企鹅妈妈抓到了吃的，应该上岸去喂它的孩子，但这次没有，企鹅妈妈站到了岸边的一个礁石上，不敢上岸，用它凄凉的目光望着遥远的孩子……看到这里，我流泪了。为什么？这是妈妈没有找到吃的，不敢去见自己的孩子啊！

同学们，我们都是父母所生所养，今天，学校提倡“感恩”，首先要感恩于我们的父母，感恩于我们的老师，感恩于所有帮助过我们的人！

最后一部分，我们讲讲和谐社会中的不和谐音符，我们讲的是南极，讲南极人与生物之间的和谐与不和谐，但是我比喻的是我们的社会当中也同样有和谐的音符和不和谐的音符。今天，我们的政府一直提倡人与自然和谐、人与人和谐，而且我们的政府大量地让利于民，为什么？因为要创造一个真正和谐的社会，这是我们从正面理解。反过来讲，正因为我们社会当中还存在很多不和谐，因此我们要去努力达到和谐。

看看南极，这是我和企鹅照相很和谐，这是豹海豹吃王企鹅那就不和谐了。

1989 年 1 月份，中山站建站快要完成的时候，我们正忙着打地基，工地上突然来了两只阿德利企鹅。队友们一看企鹅来了，蜂拥而上要去照相。我提议大家一个个去拍照，不能耽误工作。我请队友先为我和企鹅拍照。我确实不知道怎么跟企鹅合影，我大摇大摆地走过去，当我离企鹅只有三米远左右的时候，坏了，我往前走，它往后退，我再往前走，它再往后退，它总跟我保持 3 米远的距离。我想，这没法合影啊，我灵机一动，趴下了，匍匐前进，走得很近很近，队友给我拍照成功了。我拍完照片后，仔细思考，“这两只企鹅真怪，我站着你不愿意，我趴着你愿意，为什么呢”？如果我们换位思考，假如说我现在是一只企鹅，在我面前走来那么高大的动物，我肯定害怕它。我举一个例子，假如说我们现在的小学生或者是中学生，特别是女生，晚上你们出来办事情的时候，你们面前突然站一个两米多高的汉子，你们害不害怕？你们肯定害怕，所以，我觉得企鹅也跟人有很相像的地方。

这张照片也很有意思，我们一个队员躺在地上全心全意地为这只王企鹅照相，你看王企鹅照相的姿势比我们人还棒呢！你看它像不像一个绅士穿一件燕尾服。旁边还有四只王企鹅，你们知道它们在干吗？在排队等着照相呢！

前面我讲的都是比较和谐的，我们讲讲不和谐的音符。有一天，我拍到一组照片，大概前后三分多钟。两只海豹为了争夺地盘打架了。海豹打架用牙齿咬，在我拍照片的时候，听到它们牙齿咬得嘎嘎地响，我心里就说，“你们别咬了，咬掉牙齿很疼的”，可是我心里说它们听不见，还继续咬，我就不高兴了，我心里又说，“咬吧，咬掉了牙齿我才高兴”。为什么？可以捡一个标本。可是它们咬一会不咬了。小个儿海豹觉得打不过，它就往后一撤，嘴里嘟嘟囔囔好像在说，“我服了你行不行，我们不打了好不好”，大个儿海豹水平也很高，说，“好吧，咱们走，咱们到海里面游泳去吧”。它们的问题解决了，我归类起来这叫“人民内部矛盾”。但是，豹海豹吃王企鹅，那就不是人民内部矛盾了，这就是达尔文说的“物竞天择，适者生存”。

图 20 这张照片是一位外国朋友提供的。

图 20 海豹捕食企鹅

图 21 是最后一组照片，拍摄于 1989 年 2 月份，在建南极中山站中。一天傍晚，我到海边上去拍照片，突然间，我发现在一条狭长的浮冰中央躺着一头比较大的海豹，我估计这头海豹至少是 5 岁到 6 岁，在浮冰狭窄部分的两侧有两只虎鲸（虎鲸是专门吃海豹的），轮流露出水面，大概相隔两三分钟，冲着海豹“唧唧唧唧”地叫，想把海豹引诱下水吃掉，前后坚持了 20 多分钟，聪明的海豹躺在浮冰中央岿然不动，两只虎鲸很不高兴地离开了。他们之间有什么故事呢？一开始的时候，虎鲸很骄傲地命令海豹说，“下来”，聪明的海豹躺在浮冰中央懒洋洋地说，“你—上来”，这样坚持了 20 来分钟以后，虎鲸发现这个方法不行了，于是它改用激将法说，“你敢下来吗”？聪明的海豹躺在中央说，“你敢上来吗”？当然，这都是我演绎的。真实的情况是怎么样的？一头五六岁的南极海豹躺在浮冰中央，面临两侧两只虎鲸挑逗它下水，要吃它，这个时候它灵机一动，做出决定，“我现在不能下去，我下去了，两只虎鲸夹击我肯定完蛋了，我躺在浮冰中央，看你有什么办法，我惹不起你，我可以躲得起”，“惹不起可以躲得起”，你们也说，我小的时候也说，好像觉得这句话很通俗，但是我告诉大家，这个话是很有科学的，谁说的？伟大的科学家达尔文说的。

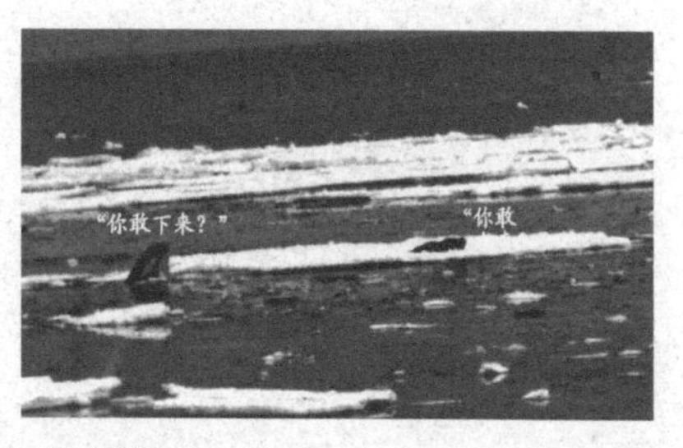

图 21　海豹智斗虎鲸

达尔文说，“能够生存下来的物种，并不是那些最强壮的，也不是那些最聪明的，而是那些对变化做出快速反应的”。我今天前面讲的北极熊面临北极气候环境变化，浮冰减少，面临人类大量地捕杀海豹，它们没有吊在一棵树上只吃海豹，它们改行吃鱼、吃海带、吃鸟蛋，北京电视台还拍到过它们吃山果，总之它们改变了它们的生活方式，求得生存，另外它们对现在抓到的海豹很细心、很节约地吃，这样它们适应了环境求得生存；今天我在后面讲到的南极海豹，面对两头大虎鲸引诱下水捕食它，它很快做出决定“不小水”，它求得了生存。

同学们，你们毕业后，工作后，也可能会面临气候环境和社会环境的变化，怎么办呢？你们要学习北极熊，学习这头南极海豹，尽快做出决定，去适应环境变化，求得生存和发展，成为对人类有用的人。

谢谢大家！

纳米科技——从科幻到现实

刘忠范

1962 年生，现任北京大学纳米科学与技术研究中心主任，物理化学研究所所长，北京市低维碳材料科学与工程技术研究中心主任。教授，博士生导师。中国科学院院士，长江学者特聘教授。长期从事纳米科技研究，在纳米碳材料领域取得突出成就，发表学术论文 400 余篇，获授权发明专利 24 项，获国家自然科学二等奖等奖励。

1993 年至今历任北京大学化学学院副教授、教授、科技部“攀登计划 B”首席科学家，现代物理化学研究中心主任，纳米科学与技术研究中心副主任、主任，物理化学研究所所长，科技部“973 项目”首席科学家，国家自然科学基金委创新研究群体学术带头人，科技部纳米重大研究计划项目首席科学家，北京市低维碳材料科学与工程技术研究中心主任等职。第十二届全国人民代表大会代表，九三学社第十三届中央委员，北京市人民政府专家咨询委员会委员。英国皇家化学学会会士，英国物理学学会会士。

Liu Zhongfan

刘忠范

很高兴有机会到科技馆，跟大家交流纳米科技的一些情况。也感谢各位今天冒雨来听我的报告。其实我本人应该说也不年轻了，我在国内是最早从事纳米科技的那批人之一。现在回想起来，我喜欢纳米科技跟什么有关系呢？或许跟我喜欢科幻有关系，喜欢看科幻大片，喜欢看科幻小说，等等。在国外的时候经常看科幻大片。今天我就先从科幻开始。我看在座的有小朋友，估计有不少小朋友肯定喜欢看电影。图1是1987年的一部科幻大片的截图，叫《惊异大奇航》。这个讲述的是什么呢？是主人公Tuck，他发明了一个技术：微缩技术。这个微缩技术可以把飞行器和人本身连同驾驶员缩到非常非常小的一个量级，然后钻到血管里面去，在里面畅游，做各种事情。

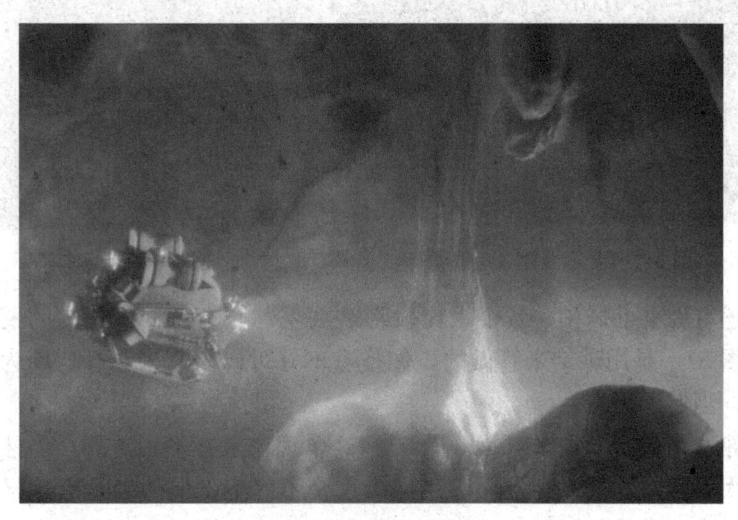

图1 《惊异大奇航》

当然，美国片的一个共同特点，就是与邪恶势力做斗争，最后取得胜利。那么，我们可以想象一下，这个东西缩小到能够在血管里跑，肯定需要的是一种非常非常小的技术，这个肯定是纳米技术。在当年那个时候，纳米那个词还没有出现，这肯定是不可能实现的。那现在可不可能呢？应该说现在还是不可能的，还是一种科幻，但是现在的纳米技术，应该说让它越来越变得现实起来。

图 2 应该是 2009 年的《变形金刚 2》，小朋友们肯定喜欢。这个里面的主人公：一个纳米机器人，叫 Reed Man，这个人可以做到什么样子呢？根据需要他可以变身——变身无数的纳米虫，钻到他想钻的地方去，根据需要可以再回来。另外，在你面前他可以瞬间隐身，就像隐身人一样。这个东西其实也是科幻，暂时还做不到。但是，你可以想象，假如能够做到的话，用的肯定是纳米技术。

这个是在欧洲市场上卖的，它是什么东西呢？纳米增白剂（图 3）。这个写着 nano，纳米的英文名字叫 nano。纳米增白剂、防晒霜。这样的东西，已经在市场上卖了。还有这个 shampoo——洗发香波，这里面写着 nano-tech（图 4），据说也用上纳米了。在国外的市场上都能买到。

图 2　《变形金刚 2》截图

图 3　纳米增白剂

还有像羽毛球拍，我个人比较喜欢羽毛球，有一种最先进的羽毛球拍（图 5），是用碳纳米管做的，你技术不好可以用它来弥补，因为它非常好，当然还很贵。

像这个衬衫，纳米衬衫（图 6），这个现在也有不用洗的，当然听起来不太舒服，这个人穿衣服不用洗，这个不好吧。但的确是有这样的东西，我就有几件，国外的，国内也有。这里我是举的一些大家在日常生活中，已经碰到的，可能你还不知道的纳米技术。

图 4　纳米洗发香波

图 5　纳米羽毛球拍

图 6　纳米衬衫

像 2008 年奥运会的时候，可能有的人注意到奥运会的锦旗（图 7），有点不太一样：首先它很饱满，下雨的时候它也不打蔫儿；还有一个特点，它特别干净，特别鲜艳——其实旗上面涂了一层纳米的涂层，可以自清洁；另外，它是防水的，所以看起来的样子是这样的，不像一般情况下就那么耷拉下去的。

图 7　北京奥运会的纳米国旗

像纳米衬衣、纳米领带，它具有自清洁、除菌、抗菌、防皱的作用。我因为比较早做纳米，所以有很多这方面的厂家，经常把产品送给我，比如纳米羽绒服，等等。当然我很少穿这个东西。还有像纳米空调、纳米冰箱、纳米洗衣机，等等。那么它们的特点是啥呢？它们都有一个纳米涂层。纳米涂层可以抗菌、抗垢、杀菌，有这样的作用。当然，大家可能没太注意，因为一般情况下，比如冰箱，你很难想象到，打开冰箱后特别臭，但其实里面有各种菌都会让你生病。纳米技术其实默默地起到这样的作用，等等。

说起来纳米其实也不是什么新生事物。早在中世纪的时候，像公元 4 世纪，1600 年前，古罗马有个“莱克格斯杯”（图 8）非常有名，这个杯子花花绿绿的颜色比较奇怪，其实就是用金属的纳米颗粒做的，涂上去之后就形成各种各样的颜色。

图 8　莱克格斯杯

还有特别著名的古罗马中世纪的圆花窗（图 9），你看它这个颜色。

图 9　圆花窗

欧洲教堂，你去的时候，你会看到一些彩绘（图 10），这样的东西其实都是纳米颗粒，有的就是氧化铁。一些矿物的纳米颗粒，不同的种类、不同的尺度的时候，颜色就不一样。

更有趣的是什么呢，有一个特别有名的，中世纪的大马士革刀，在不到 10 年前，2006 年，有人曾经在 *Nature* 发表文章。我们做科研的人要是能在 *Nature* 上发表文章，是很厉害的。那么这篇文章讲的是什么呢？它从大马士革刀的刀刃上面稍稍刮下来一点物质，然后用分辨率特别高的透射电镜去看，你会注意到，边缘上面都是一种纳米碳材料，就是我现在做的东西。很早很早以前，中世纪的时候，那个时候人们已经不自觉地用到了纳米技术，它锋利无比而且防锈，这些东西其实很早很早以前，上千年前就有，其实它就是纳米。

中国有没有纳米呢？有。举两个例子，比如说墨，大书法家王羲之，就是纳米专家，因为他用油墨研墨，其实那也是碳的纳米颗粒构成的。磨得特别细的时候写的字也漂亮，跟这个技术有一定的关系。据说在长

图 10　教堂彩绘

沙马王堆出土的，西汉时期的文物里面有铜镜（图 11），那个铜镜上面也有纳米涂层，氧化锡的纳米涂层，如果把它稍稍磨一下之后，还是光亮如初，尽管是上千年的东西。这些东西其实都是古代的纳米技术。

图 11　铜镜

我想说的是什么呢？作为引子，我想说的是，其实这个纳米技术，它已经不是科学幻想了，已经走向现实。就像微米技术。我们现在生活的，其实是微米技术时代，我们用的绝大部分技术，在过去100年来用的都是微米技术，我们一般不说而已。

像微米技术一样，纳米技术也慢慢会取代微米技术，走向现实生活。其实这些东西并不是新生事物，在古代就有。但是古代的纳米技术，应该这么讲，跟现在大家关心的纳米技术是不一样的。那个时候应该是无心栽柳的行为，现在重新提起纳米技术，不论是去设计去制造纳米材料也好，制造纳米器件也好，去发明纳米技术，都是科学家更有意识地制作你所需要的事情，所以这两个的意思还是不完全一样。这个作为引子，先跟大家感受一下：纳米有点像科幻，但实际上现实生活当中已经有了，另外还有古代其实也有一些，不知不觉也使用了纳米技术，只是还不清楚而已。

大家很关心，纳米究竟神奇在什么地方，下面我来简单地介绍一下纳米科技的神奇奥秘所在。通常说纳米的时候，其实只是一个简单的说法，一般说纳米指的是纳米技术，或者说纳米科技。

习惯上说，纳米本身只是一个长度的单位，1纳米是多少呢？十亿分之一米，非常非常小的一个长度单位。那我们形象地看它有多小，纳米技术的特征就是特别小，小到什么程度呢？假如我用1纳米，来做一个小球的话，把它和乒乓球比——乒乓球，我们知道，以前是小球38毫米，现在是大球，是40毫米——是什么概念呢？乒乓球跟纳米小球相比，简单做算术题的话，这是多少倍呢？是4000万倍，也就是说，把它放到这个上面是4000万倍。地球是多大呢？那当然非常非常大，地球是多少呢？我们说坐地日行8万里，地球直径是1万2800公里。它是多少纳米呢？1.28×10^{16}纳米，就是10的后面16个零。地球直径与乒乓球直径除一下是多少呢？3.2亿倍，那个就是4000万倍，乒乓球与纳米小球之比与地球与乒乓球之比差8倍而已，那什么意思呢？基本上就相当于，你把纳米小球放到乒乓球上面，就相当于把乒乓球放到地球上面，差距就这么大，所以它非常小。

我们可以简单地看一下纳米的尺度。大家知道万物是由原子构成的，原子的个头一般情况下是0.1纳米到0.2～0.3纳米。铜原子是多少呢？铜原子是0.25纳米，4个铜原子排成一串将近是1纳米多一点而已。还有像血红蛋白，大约是7纳米；还有病毒。像烟草花叶病毒是300纳米——300纳米是什么概念，其实就是0.3微米这个样子；还有像大肠杆菌，这就比较大了，2000 纳米，就是 2 微米，已经不是纳米级的东西了；像干细胞比较大，是 2 万纳米，就是 20 微米。所以你看纳米的概念，人工制造的集成电路，后面也会涉及，现在最小的线宽，市场上能买到的已经是 22 纳米了——非常非常小的东西，这就是纳米的小的概念。

所谓的纳米技术、纳米科技，说的是什么东西呢？这就用比较稍稍学究一点的说法是其关心的对象就是纳米尺度的东西。在纳米尺度上面有很多新奇的性质。从科学的角度说，纳米科技就是研究这些新奇的性质。从技术的角度来讲，如何利用这些新奇的性质去发展一些新的技术：一些探测技术、材料技术和器件技术。这其实就是纳米科技的一个一般性的理解、定义。

纳米科技从什么时候开始的，一般大家都愿意讲这个。无意识地使用 2000 年前就有，有意识地开始其实时间并不长。有意识使用一般来讲是理查德·费曼，这个人叫纳米科技的预言家。1959 年 12 月 29 号，在美国的物理学年会上，他发表了一个报告，《在底部有广阔的空间》，底部是什么概念？就是小的领域有很大的空间可以去探索。

他讲了这么几条，一个就是物理学的规律，它并不排除一个原子一个原子地制造物质这种可能性。做事情是不能违反科学规律的。科学有物理学的规律，有化学规律，违反了它们肯定不行。物理学的规律它不违反，如果你能做到的话，一个原子一个原子地去做是没有问题的；还有一个从化学角度讲，能不能说把两个原子放到一起，变成一个新的东西，这个在高中课本上就有，要成化学键。只要是满足这样的物理学规律和化学规律的话，你这么去做是没有问题的，想做什么都可以。

当然这需要慢工夫，像我刚才给大家看的电影，一个星期都做不完。如果用那种办法去做物质的话，会累死你，肯定是不成的。但一般情况下，大家愿意把理查德·费曼作为第一次讲纳米科技的。

他的这个报告在大约 20 年前，人们就用纳米技术给写出来了（图 12）。这里每个字符是多少？是 60 纳米，非常非常小，0.06 微米。

实际上当初在他讲到一个原子一个原子地去操纵、制造物质的时候，大家对原子长成什么样还不知道，甚至也有人怀疑，原子究竟存在不存在。其实原子的概念是道尔顿 19 世纪初提出来的。之后尽管有很多间接

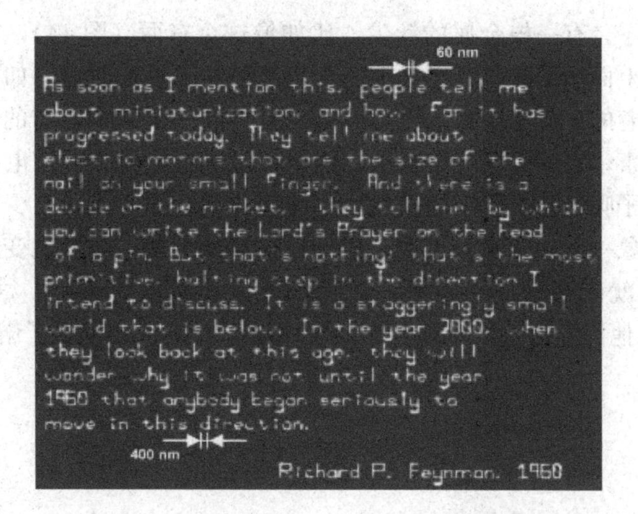

图 12　采用 DPN 技术“写”出的费曼讲话

的证据，证明原子肯定存在，但是还有一些人不相信，因为没有人直接看见过。

到后来，在 1981 年左右的时候，这两位科学家，一个叫G. Binbing，另一个叫 H. Rohrer，是苏黎世 IBM 研究所的科学家，发明了一台仪器，这个仪器叫扫描隧道显微镜（图 13）。

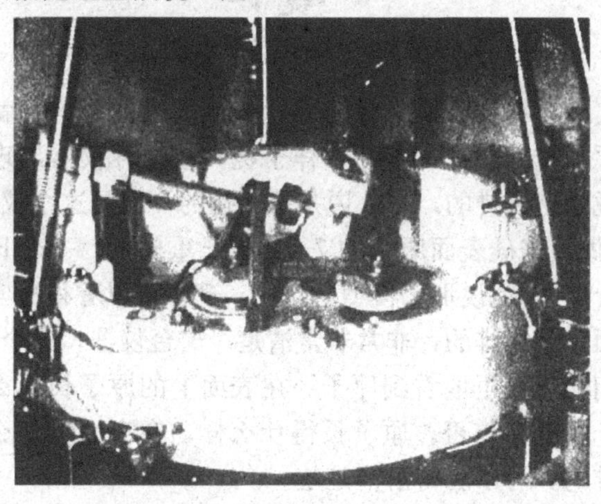

图 13　扫描隧道显微镜

最初的版本看样子很简陋，但是它能看到原子，看到分子。其实这个东西也特别简单，尽管简单但很神奇。后面我会提到，它可以操纵原子操纵分子。有一根金属的针尖，比如像这个东西（图 14），在一个导电的表面上面往下放，旁边连上一个电路。往下放的时候，如果没有挨上，是断着的，肯定没有电流，但是一旦走到一个纳米左右的时候，不挨上也没事，它就有电流出来了，这个叫做隧道电流。隧道电流的特点是什么样子呢？原子量级的变化，电流变化就会非常大，至少变 10 倍。你可以想象一下，在表面上看，碰到原子高低起伏，电流就变了，你只要看电流就能知道原子在哪，长什么样。其实特别简单。尽管如此，1978 年底他们开始做，1981 年正式发明出来，1986 年就拿了诺贝尔奖。

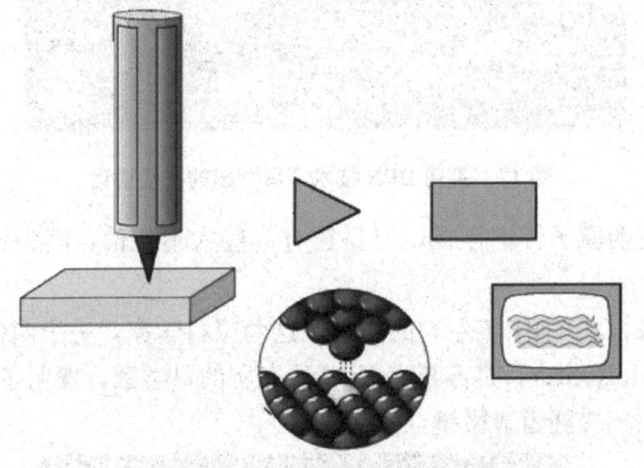

图 14　扫描隧道原理图

有了它之后，看到了集成电路芯片的硅表面的重构，就是原子在上面重排。硅原子排列的方式是什么样子呢？在这种仪器出现之前有几种模型，有人说是这么排的，有人说是那么排的，但是这个仪器出现之后，在 1983 年就做出来硅表面原子的 7×7 原子重构图。一个日本人，叫高柳（たかやなぎ），他说那个模型是对的。现在可以看得非常清楚，一个个原子在上面是怎么排的，非常非常清楚。这台仪器，这个技术的发明，的确是让人们能够真正地看到原子。在表面上的原子长什么样，大家也不敢怀疑原子的存在与否。原子长得什么样，在表面上怎么排的，分子在表面怎么排的，可以看得清清楚楚。

所以说你会看到，从 1959 年到 1981 年这个时间跨度之内，人们发明这个技术之后，使得人们真正能够看到原子。有的同志已经注意到，如果是测电流的话，是绝缘体表面的原子就看不到，完全正确。1986 年人们又发明了另外一类东西，叫原子力显微镜（图 15），就看原子之间的相互作用，通过这个去做。

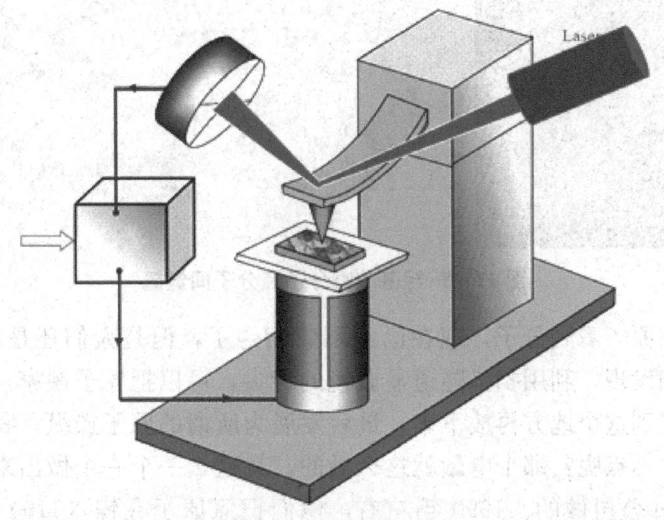

图 15　原子力显微镜

有了它之后，就可以看各种各样的表面，大家可能知道苯环，6 个碳原子构成一个平面上的东西，5 个苯环连起来叫并五苯，现在一个很时髦的分子，用原子力显微镜可以看得清清楚楚，5 个苯环排列(图 16)。

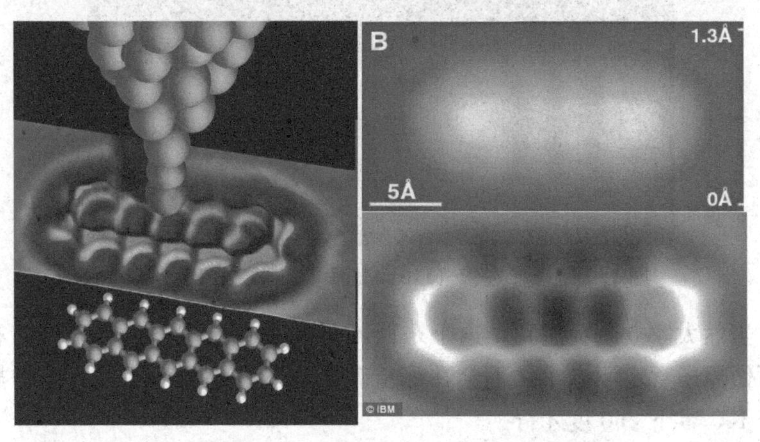

图 16　并五苯分子在铜（111）表面的 STM（上）和 AFM（下）图像

最近我们中国的科学家，国家纳米中心的裘晓辉研究员，他们又进一步直接利用原子力显微镜技术，看到氢键（图 17)，就冰里的氢键那样，可以看得清清楚楚氢键是什么模样。

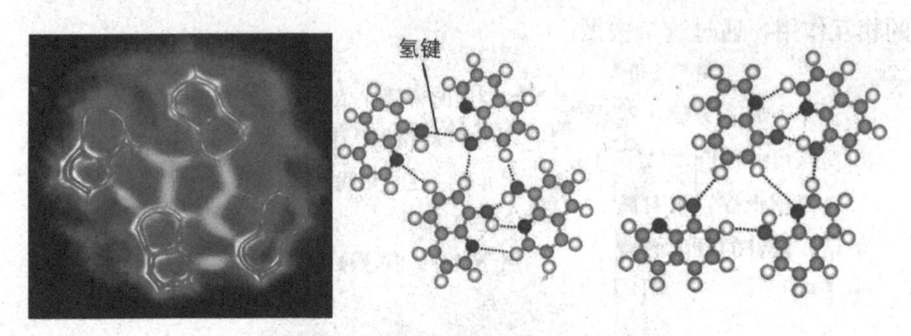

图 17 8-羟基喹啉分子及分子间氢键

看到原子看到分子，现在已经不成问题了，但是人们还是不满足。后来人们发现，利用扫描隧道显微镜的针尖，可以把原子搬家，把它移过来，搬到这个地方再放下来，最后发展为所谓的原子操纵。我为什么专门讲这一点呢？那个电影就这么做的，就这么一个一个做出来的，这也是IBM公司做的。1990 年左右，他们把氙原子在镍（110）表面上（图 18）一个一个地排，排成世界上最小的——肯定是最小的——用原子构成的商标。

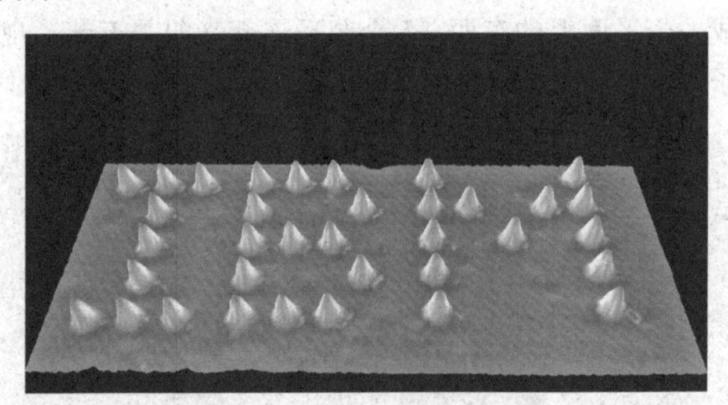

图 18 氙原子在镍（110）表面排成的最小 IBM 商标

当然大家立刻会想到，这个东西不可能是在常温下做的，因为在室温下做原子肯定不老实，不会在那待着，一般在超低温下才行，一般要几个 K，零下 260 度才行。

我 1993 年回国之后，有一段时期我们也做相关的东西（图 19），北大的校徽用原子力显微镜刻出来，写上唐诗，等等。右下方那个是 2008 年奥运会的时候，用纳米技术写的最小的奥运的会徽，现在应该说已经不是什么难事。

图 19　纳米产品

很多人误解，说是纳米科技似乎是突然冒出来的，一夜之间冒出来的。其实这个“始作俑者”，现在回想起来应该是这个人（图 20），克林顿，美国的前总统。

图 20　克林顿像

2000年，他在加州理工学院做了一个报告，其实是关于纳米技术的一个预算。美国国会有预算制度，预算报告要通过才行。这个报告是一个价值5亿美元的国家纳米技术启动计划，现在行话叫NNI计划，就是美国国家纳米技术启动计划。他讲什么东西呢？他说我这个计划要制造出强度是钢的10倍而重量只有几分之一的材料，现在这个已经能做到了。还有，他说可以把美国国会图书馆的全部资料存在一个方糖大小的盒子内，这个现在其实还做不到，其实慢慢也会做到，不是什么问题。还有像癌症，它的可怕在于，你一发现通常都是晚了。如果说你能够在最初只有几个细胞水平的时候，就能看到它，都能治，这就需要检测。那么，这个也需要纳米技术。假如这些能够做到的话，其实就是纳米技术的几大方面。这个计划掀起了人们对纳米的关注和对纳米研究的全世界范围内的热潮，这是他计划写的东西（图21）。

这是2000年我所在的北京大学（图22）。其实我们比他们还早，我们在1997年就成立了纳米科技中心。北京大学有跨院系、跨学科的纳米科技中心，2012年正好是15周年，我还特地组织了一个庆典，庆祝北大纳米科技中心15年来做出的工作。从某种意义上说，北大也是纳米技术、纳米科技研究的先行者。

这部分我想说的是，纳米科技其实并不是一夜之间冒出来的，是人类认识世界与改造世界的伟大征途当中的一个发展阶段，是科学与技术发展的必然结果。原来大家关心的是微米级的东西，技术水平达到了之后，慢慢就关心纳米水平的东西、纳米尺度的东西。纳米科技其实是微米科技往下走的一个必然的结果、必然的产物。大家对它的重视，关键不仅仅是尺寸。小会带来很多新奇的现象、新的东西，新的东西会带来新技术，带来新的产业。所以说人们对纳米的关心，其实更多是来自这里面。

在这里稍稍学究一点，很多人问我，纳米究竟是物理还是化学？在座的大家都知道，有物理、化学、数学，等等。其实我可以告诉大家，纳米它不是物理也不是化学，纳米也是物理也是化学。什么意思呢？其实哪个学科里面都可以有纳米的问题，因为纳米是个尺寸而已。纳米跟物理学结合，就可以产生一门新的学科，叫纳米物理学，当然传统上大家叫介观物理学。还有纳米化学，就是研究纳米尺度的各种化学问题，我本人是做纳米化学研究的。还有纳米材料学、纳米电子学，等等。所

THE WHITE HOUSE Page 1 of 9

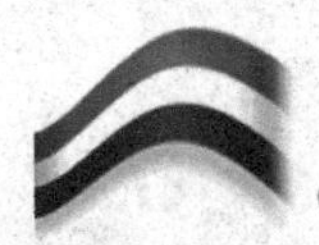

PRESIDENT CLINTON'S ADDRESS TO CALTECH ON SCIENCE AND TECHNOLOGY

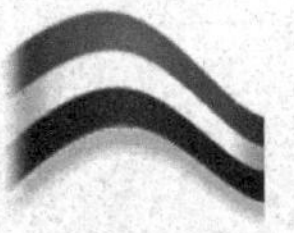

THE WHITE HOUSE
Office of the Press Secretary
(Los Angeles, California)

For Immediate Release January 21, 2000
REMARKS BY THE PRESIDENT
AT SCIENCE AND TECHNOLOGY EVENT
California Institute of Technology
Pasadena, California

11:00 A.M. PST

THE PRESIDENT: Thank you so much. Dr. Moore, President Baltimore; to the faculty and students at Caltech, and to people involved in NASA's JPL out here. I want to thank Representatives Dreier, Baca and Millender-McDonald for coming with me today, and for the work they do in your behalf back in Washington. I want to thank three members of our Science and Technology team for being here -- my Science Advisor Neal Lane; Dr. Rita Colwell, the NSF Director; and my good friend, the Secretary of Energy, Bill Richardson, who has done a great job with our national labs to keep them being innovators in fields from computational science to environmental technology.

One person who would have liked to have been here today and I can tell you thinks that he would be a better representative of our administration on this topic is the Vice President. When we took office together, the fact that I was challenged scientifically and technologically was standing joke. (Laughter.) And he wants all of you to know that he's campaigning all over the country with a Palm 7 on his hip. (Laughter.)

He wants you to know that he loves science and technology so much, he's not even angry that Caltech beat out Harvard for top spot in the U.S. News rankings this year. (Laughter.) I think it has something to do with the relative electoral votes of California and Massachusetts. (Laughter.)

But before I came out here I told Dr. Moore and Dr. Baltimore that it was a real thrill for me to meet Dr. Moore, that even I knew what Moore's Law was; and that before the Vice President became otherwise occupied, we used to have weekly lunches and I'd talked to him about politics and he'd give me lectures about climate change.(Laughter.)

But we once got into this hilarious conversation about the practical applications of Moore's Law, like it explains why every cable network can double the number of talk shows every year that no one wants to listen to. (Laughter.) And so it's a real thrill for me to be here. (Laughter.)

图 21　纳米科技的推手：NNI 计划

以说，大家记住，纳米它其实在哪个行当里面都有。现在还有做纳米伦理学的，因为纳米尺度涉及伦理学的问题，所以做纳米伦理学的研究，等等。为什么纳米小就带来神奇呢？我特意画了这么一张图（图 23）。

这张图想说明什么东西？“小”会从量变到质变。我们大家都知道铁块如果不生锈的话，其实是银白色的，是导电的，是导体，而且有铁磁性，就是拿吸铁石能把它吸起来，这个是我们传统意义上的铁。比方说 1 立方厘米的铁块，假如说你把它切碎，切到 1 微米的时候它变不变呢？我可以告诉大家，除了碎了以外它什么都不变，一堆亮晶晶的东西。是

图 22　北京大学纳米科学与技术研究中心成员合影

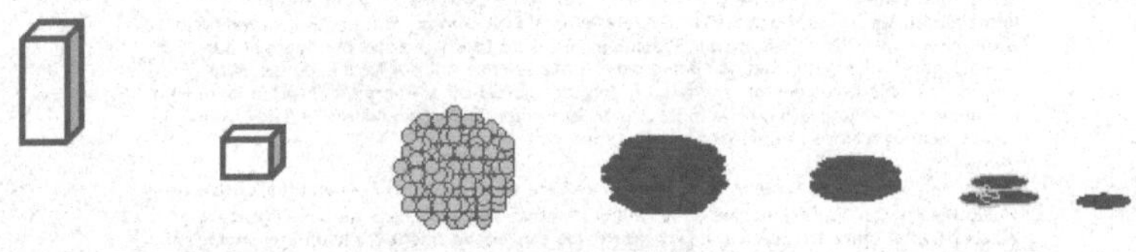

图 23　“纳米”的神奇之处

不是再往下也一样呢？比方说切到 100 纳米的时候？其实这个时候你会看到，逐渐变黑了，再往下走会变得更黑，没有什么金属光泽了。变黑的意思就是它吸光了，光进去之后出不来了，吸收了。另外，如果说用吸铁石去吸它的话，磁性会变强，导电性会变差，就是电阻会变大。如果进一步往下走，走到 10 纳米，甚至到几纳米的时候，就吸不起来，没有磁性了。电阻特别大，甚至变成绝缘体。那这是什么意思呢？也就是说，这个材料尺寸的减小，元素并没有变，但是性质会发生从量变到质变的过程——原来是导电的，后来变成不导电了；原来是白色的，后来变成黑色的；原来是有铁磁性的，后来铁磁性消失了，等等。

这说明什么问题呢？尺寸决定一切。不仅仅是元素尺寸。从这个意义上讲，我们大家在初中就看到周期表。我们学的时候都说，周期表元素的位置决定它的性质。但实际上有了纳米的概念之后，你会注意到，像铁在这个位置，不仅仅是它的位置，还跟它的尺寸有关。如果尺寸不一样的时候，这个时候它的性质也不一样。所以说你这么看的话，周期表就不是这么大，会变得非常大。你把尺寸加进去，会发生革命性的膨胀，从意义上讲是这个样子的。

前面其实还是没有说为什么它会变化，会变成那个样子。下面的内容稍稍有点不太容易理解，我试图简单地去说三个基本的效应。

一个是所谓尺寸的效应——表界面效应。这个表界面效应其实理解起来也特别容易。比方说我们还是有一个 1 立方厘米的小方块，我算表面积，小方块有 6 个面，每个面是 1 平方厘米，6 个面是 6 平方厘米，简单一算就知道，那么它的表面积是 6 平方厘米；假如我把它切成 1 毫米的小立方块，把它堆起来，这个时候表面积多大呢？其实你简单一算就能算出来，也不难，你会注意到它是 60 平方厘米，差 10 倍；进一步往下考虑，如果是 1 纳米的立方块，你把它堆成一个厘米一个厘米的立方块，是什么样子呢？表面积是多少呢？6000 万立方厘米，那从 6 平方厘米到 6000 万平方厘米，差 1000 万倍，也就是说表界面积差了 1000 万倍，非常大。

那么它增加了之后会有什么变化呢？假如我看其中的一个，大家简单地理解，你就会注意到，里面的原子和边上的原子，是不一样的。里面原子四面八方都有所谓的成键，边上的原子有的地方是空的，它表面上不稳定，就是很活泼，可以来回晃，容易与别的东西反应，比如跟空气中的氧反应。所以说，这种所谓的表界面效应，表面这些原子占的比例越大，带来的效果就越大。

所以说纳米尺度上，有所谓的表界面效应，它带来的结果是什么呢？比如铁粉，是不能拿出来放到空气当中的，会爆炸。这些金属粉由于表面积特别大，所以表面能很大，你必须得用惰性气体，像氮气、氩气去保护它才行。还有像粉尘车间，为什么有时候发生粉尘爆炸，就是表面积大的缘故。

还有大家知道所谓的熔点，说这个东西熔了。金是多少呢？1063 度，两纳米的金的熔点你知道是多少吗？不到 30 度就可以熔，差别非常非常地大，半导体也是一样。

还有大家知道壁虎可以爬墙。我们人除了喝醉酒之外，你去爬墙是很奇怪的。为什么壁虎爬墙不掉下来呢？其实这也是一种表界面效应，你会看到壁虎的爪子是这个模样的（图 24），跟我们的手是不一样的。这个里面如果你再细看，用电镜去看，你会看到很多小枝杈，都是纳米尺度的，它带来的结果是什么呢？里面有很多空气，粘上去之后，接触的面积特别大，有所谓的范德华作用，就会导致这个劲是比较大的，所以能粘住，支撑它的体重。人就不行，这么小的面积支撑这么大的体重是受不了的，所以他会掉下来，这也是一种所谓的表界面效应。

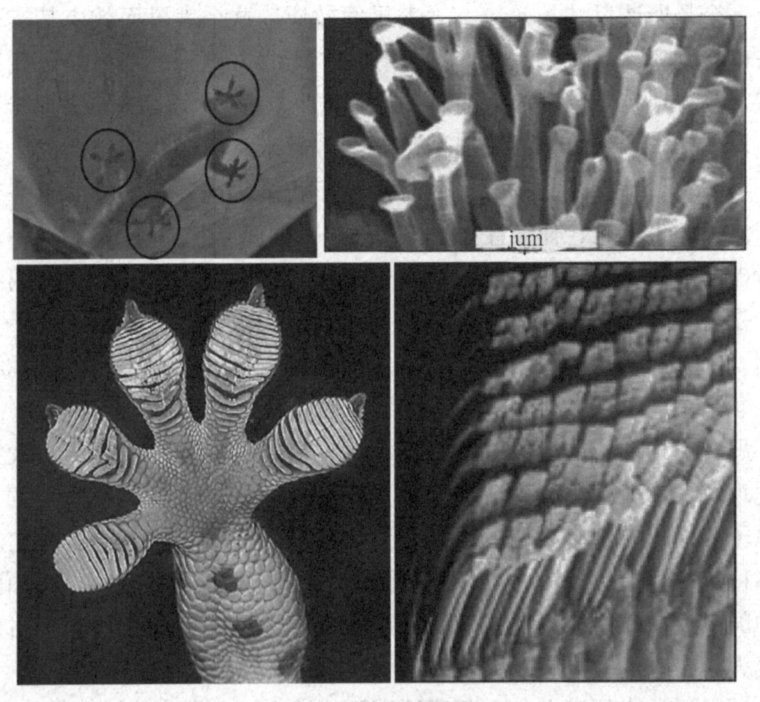

图 24　壁虎的爪子

另一个更难一点，叫量子尺寸效应。量子尺寸效应是个什么概念呢？我先说结果。比方说有一种半导体纳米颗粒，叫硫化镉、硫化镉。它在几纳米的时候，比如 5 纳米、3 纳米、2 纳米，打上一束光的时候它会发光，发荧光，颜色完全不一样（图 25）。

你看到没有，从大到小，它的颜色逐渐是从红橙黄绿青蓝紫，按照这个方向去走，这就是所谓的量子尺寸效应。因为这个东西尺寸很小的时候，能带结构发生了变化，所以说带来的结果就是五颜六色的东西。不同尺寸颜色就不一样。你不觉得很好玩吗？其实有不少公司去做这个东西，做各种荧光标签，非常漂亮。

还有一种叫所谓的小尺寸效应。我刚才讲到，像铁、镍，尺寸特别小的时候，磁性就不一样。为什么呢？这就是所谓的小尺寸效应。你会注意到，尺寸变小的时候，刚开始的时候磁性是增加的，然后它会降下

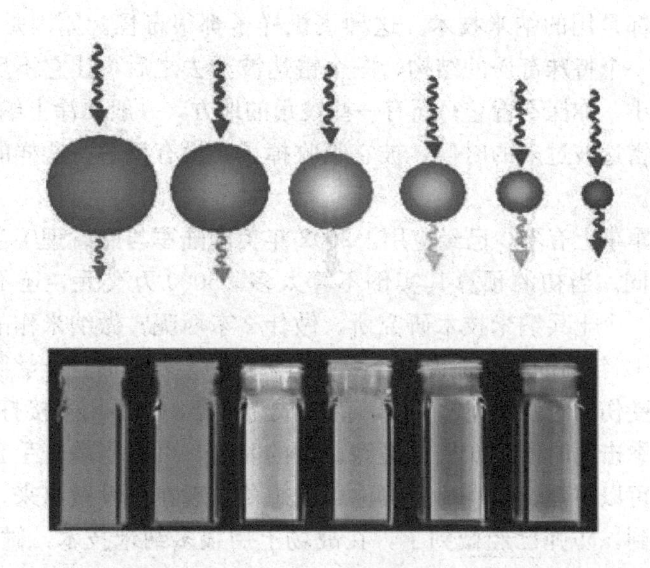

图 25 半导体量子点（CdTe，CdS）的发光现象及其尺寸效应

来。先增后降，最后就没了，这就是所谓的小尺寸效应，不同尺寸带来的结果，说起来稍稍复杂了一点。其实形象地说，我们知道小磁针、指南针，指南北的。这个指南针，一般情况下你只要放那待一会儿，就可以自动指南北。但如果个头非常小的时候会出现什么问题呢？我们知道热会导致热振动，就这么来回晃，如果个头特别小的时候晃得厉害，这个时候就固定不住南北了。其实这个时候，它就出现所谓的小尺寸效应了，意思差不多。正是因为这些效应，带来了前面我讲到的纳米的神奇性质。当然还有其他的一些效应，但最基本的是这些东西。

从某种意义上说，纳米技术的出现也代表着人类思维方式的一个变革，是从追求完美、避免缺陷，到无限增加缺陷的一个过程，这是我的理解。纳米是个什么概念呢？刚才我说表面积大就好，那就是说无限增加缺陷的时候，表面积就大。从这个意义上讲，这是两个极端。纳米尺度的时候，越碎越好；传统的东西是越完整越好。所以是思维方式的变化，从关心这头到关心那头。

下面我们来看一下纳米科技现在的发展情况。大家或许还有印象。1991 年海湾战争，那个时候最出风头的是 F-117A 隐形战机，简直是如入无人之境，雷达探不着它，等你眼睛看到的时候已经晚了，已经过来了。这个其实你会注意到，像 F-22 战斗机，像咱们中国的歼-20 隐形机，其实上面都是用的纳米技术。这种飞机样子都很奇怪。原因是什么呢？它要设计一个特殊奇怪的结构，一个雷达波上去之后，让它不反射或者反射尽量小，你探不着它；还有一些棱角的地方，一般要涂上纳米涂层。这样的话雷达波过来的时候，被它吸收掉了，没有反射。这样的话你就看不着它。

现在军事上有不少已经应用。2002 年美国陆军与麻省理工学院签订了一个合同。当初的预算其实倒不算太多，5000 万美元，还不到 1 个亿，成立一个士兵纳米技术研究所。做什么东西呢？做纳米作战服。他的要求是 12 年前的事。他说这个要做出来一种柔软，而且能够隐身的布料，士兵受伤的时候还能够变硬，直接成为石膏，就不用直接打绷带了，还可以在拳击的时候，如果说碰到血拼的时候，可以当拳击手套用，等等。它也可以防弹、隐身，当然你可以想象，现在还没做出来。隐身这种还做不到，防弹已经做到了，在战场上用很多纳米技术，做防弹衣，等等。还有两个版本，一个 2010 未来部队勇士，一个 2020 未来勇士，有一部分已经实现。

这些东西能不能成为现实呢？这要看材料科学领域的发展。在过去 30 年的时间里，其实在材料科学领域发生了非常大的变化，产生了很多很多好玩的纳米材料。这张图（图 26）简单地列了一些特别著名的明星级的材料。

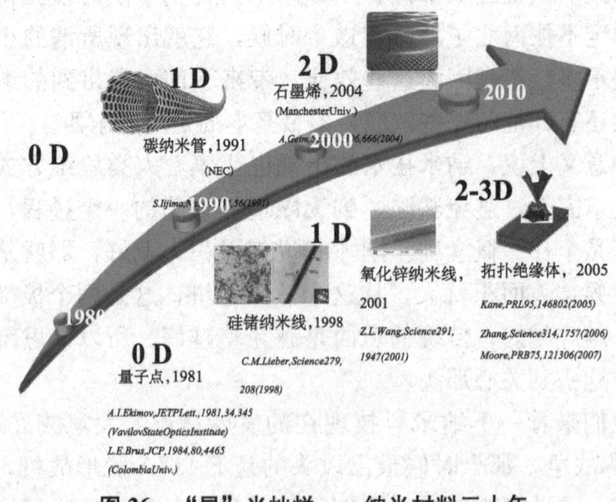

图 26 “星”光灿烂——纳米材料三十年

早年，20 世纪 80 年代初的明星材料是量子点。这些可以发五颜六色光的东西，就是所谓的量子点。去年还是前年差一点拿到诺贝尔奖，这个人叫 Louis Brus，是哥伦比亚大学的一个教授。到 1985 年的时候，人们又发现了富勒烯。后面我也说富勒烯这种材料，不到一个纳米的东西，特别神奇，11 年之后三位科学家拿了诺贝尔奖。1991 年人们又发现了碳纳米管，后面我也会专门讲。20 世纪 90 年代，人们又发现了纳米线，几纳米到几十纳米粗，可以很长，这样的纳米线特别神奇。到 2000 年之后又发现了石墨烯，这是我特别喜欢的东西，最薄的就一个原子层，超强。我也一直在做超薄材料，还有像碳化硼拓扑绝缘体，等等。由于时间关系我不详细讲。

举几个例子，由于在材料科学领域的一些发明发现，有很多给纳米技术带来很多革命性的变化。

比方说，纳米材料可以用到疾病检测上去。英国的帝国理工学院发明了一种什么东西呢？快速检测艾滋病的办法。其实就是用金属的纳米颗粒，上面放上一些东西之后就可以检测艾滋病。血液往上一滴的话，如果是蓝色就麻烦了，是阳性；如果是红色是没有问题的。原因是什么呢？这些纳米颗粒可以抓住艾滋病的病毒，然后聚沉到一起去，最后颜色就发生变化了；否则的话，颜色还是原来的红色，非常简洁。

大家可能听过什么样的故事呢？曾经有人家里养宠物狗，这个狗经常去舔、去闻他腿上的某个部位。后来这个人就到医院看病，就发现那个地方就发生了癌变。其实常常会出现这种情况：某些地方发生病变的时候会释放出非常非常微量的气体，狗鼻子特别灵敏，可以闻出来，它觉得好奇怪，其实是它对你警告呢，它只不过不会说而已。现在这种纳米狗鼻子就能做出来，它也是用一种纳米颗粒，这种纳米颗粒经过化学处理之后就可以高灵敏度地检测释放出来的气味，然后通过这个来检测你是不是发生了病变，在什么地方发生了病变，等等。这个在临床上一直在尝试，当然还没有大规模地去用。

我们吃药，比如感冒药，感冒之后一般一天吃两次，6 个小时一次或者 12 个小时一次。有一种纳米缓释技术，吃一次药能管一个星期，甚至是几个星期。这种东西可以一点一点地把药物释放出来，这样的话就可以不用天天吃药，尤其像一些糖尿病之类的疾病。如果能用这种办法就好了，当然现在这个还在研究。我们现在吃药的时候，通常都是吃进去之后沿着血液到处在走，有病没病都在跑。有一种靶向输运，靶向输送药物，它的设计就像机器人一样，根据它的特殊性质，到处走的时候只在某个特殊地方停。什么地方呢？有病变的地方。通过分子的设计就可以做到这一点，靶向输送和缓释是现在纳米生物学领域、纳米医学领域非常时髦的东西。

如果我们环顾四周，其实我们到公园里去你会注意到，自然界当中有很多纳米技术。如果把这些纳米技术拿过来，模仿它做出东西，这叫所谓的纳米仿真技术。

我们知道荷叶、荷花是出淤泥而不染，下了雨之后水滴在那个上面，它是不粘的，它会形成小球掉下去，一掉下去就把表面的脏东西带走了，这是它出淤泥而不染，一个很重要的原因是：如果仔细看它的结构的话，你会注意到，全是一些微米、纳米级的结构，这些东西导致它有这种效应（图 27）。

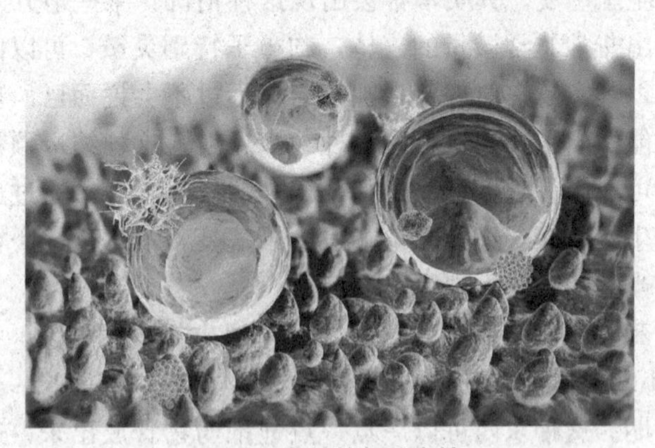

图 27　荷叶的超疏水性

如果说你去模仿它，在表面上也做这样的处理的话，你就可以做这种不用洗的纳米衣服、纳米领带。我特意带了一个，给大家演示一下。这个东西我已经演示了无数次了，已经抽抽巴巴的了，但是还是很干净。我们可以试一下好吧？来，小朋友，小朋友过来一下，那个小朋友过来一下。大家看到，这不是玩魔术，这个东西我希望不失败。小朋友你拿着这个，好不好？这是茶，我还没喝呢，看到没有？带颜色的，我往上倒，大家看会出现什么现象。往这来，小朋友你拿着这个，瞅着，你看是不是假的，看到没有？哪位带酱油了，我也敢倒，没问题。因为前不久，我在一个中学做报告的时候，他带了什么东西呢？咖啡。我刚开始不敢，我说咱们假如失败的话，不算我的。一试，一点事儿都没有，它是不粘的。这个就跟荷叶差不多的意思。纳米西服也有，我这儿有两套，别人送给我的。其实差不多的原理，就是它不粘，而且有可能——如果处理好的话——可以杀菌、除臭，原理上可以不用洗，擦一擦就行了。

还有我们的国家大剧院。那个大剧院你注意到它不是玻璃（图 28），它表面上其实是一层二氧化钛，它也是一种纳米自清洁技术。

图 28　国家大剧院

也比较巧，其实我在日本东京大学留学的时候，我的导师叫藤岛昭，他是最早发明这种技术的人。日本到处都是这种自清洁的材料，在我 20 世纪 80 年代留学的时候，他家就是涂上了这样的东西。那的的确确跟这个周围的环境相比，他那特别干净，也不用清洗，是个特别偷懒的技术，很好玩。这个东西的特点是，涂上这种自清洁材料之后，一束光上来，只要是有水，只要是下了雨，表面只要湿润的话，它就可以自动地把表面的脏东西分解掉，理想情况下，还可以把有机物分解成二氧化碳和水，所以说不用洗（图 29）。当然如果一点雨水没有，这就难办了。如果像北京这样风沙极大的话，也很麻烦，来不及，处理不过来。但是一般情况下，只要雨水比较充足，它基本上问题不大，它有自清洁的性质。

图 29 纳米自清洁材料化学原理

再给大家看一个特别神奇的，叫纳米发电机（图 30）。这是我的一个朋友在做的东西——大家听不到声音——它这个一拍，你注意到一拍什么地方发生变化，看到没有，那是 LED 灯，一个个小灯，一拍的时候就会发电，然后就把灯泡点亮了。现在他能做到什么程度，可以达到 10～50 伏，500 毫瓦每立方厘米。

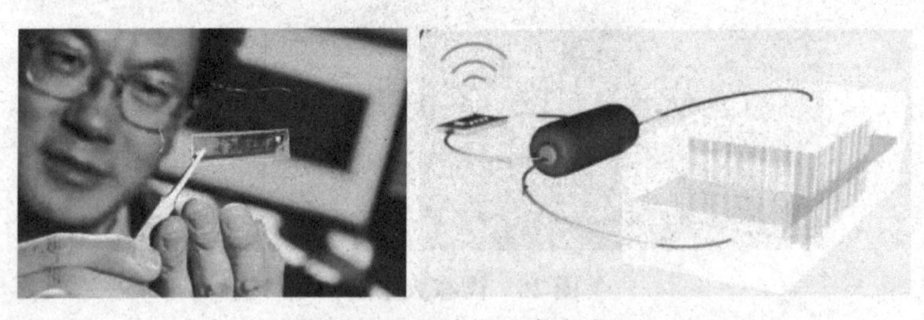

图 30 王中林与纳米发电机

王中林老师现在在北京成立了一个纳米能源技术研究所，在专门做这件事情。其实它的原理特别简单，有一种压电材料，也就是说它只要一形变的时候就会产生电压。我们的电池产生电压，就可以去发电。一拍的时候它就发生形变了，尤其对于一根一根的纳米线，一形变的时候就可以产生电压，如果是量很多的时候，就可以把灯泡点亮，当然现在驱动灯泡，还是有一定的困难的。这个有什么用呢？非常有用。它可以把机械能转化成电能。像我这么来回走的时候，只要用它这种东西，道理上，我走路的机械能就可以变成电能，给我的手机充电，将来肯定是可以实现的。

其实还有更重要的，我刚才讲到科幻——微缩技术把这个人和这个机器，直接钻到血管里面去。大家说，那个电从哪来呢？这是一个非常大的问题。一般电池都个头很大，一般在身体里面植入某个东西的时候，通电是个很大的问题，你不能拿根线拉进去，那怎么走路啊！没办法。用这个就好办了。我们知道，我们有心跳，每分钟六七十下，如果说你能够将那个心脏的跳动——那个机械能变成电能的话，就不用充电了。这个自发电其实是非常有用的东西。其实，他们已经做了这个实验。这是老鼠的心跳（图 31）。这个跳动可以变成电脉冲，可以给你的手机、给身体里面的纳米机器人充电。其实将来这些东西都完全可以变成现实。也就是说，有很多东西现在已经有了，有很多东西是未来可期待的，特别多。

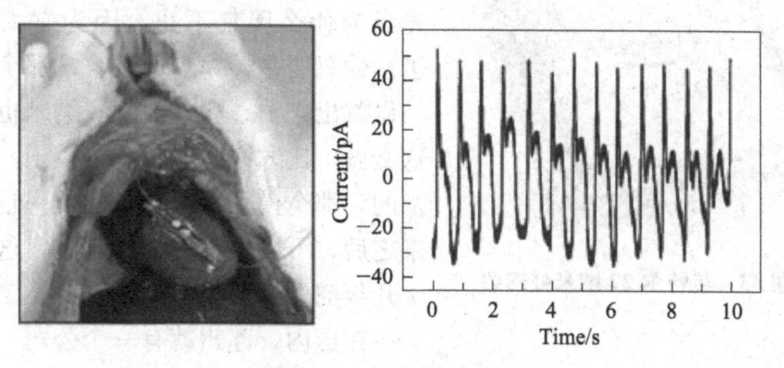

图 31　老鼠心脏跳动图

现在其实有些东西，我们在用的，大家可能不注意，其实也是纳米技术。我们知道，这是个芯片（图 32），硅柱把它切成片，然后上面按照这个方法划成道道，就变成芯片。

你看这个芯片是 2012 年英特尔推出的 22 纳米工艺的处理器（图 33）。2012 年四月份推出来的。一个芯片 160 平方毫米。你知道有多少亿个晶体管吗？14 亿，14 亿个晶体管。其实那个里面的技术——22 纳米技术，它最小的线宽可以到 10 纳米，其实已经是纳米技术了。所以

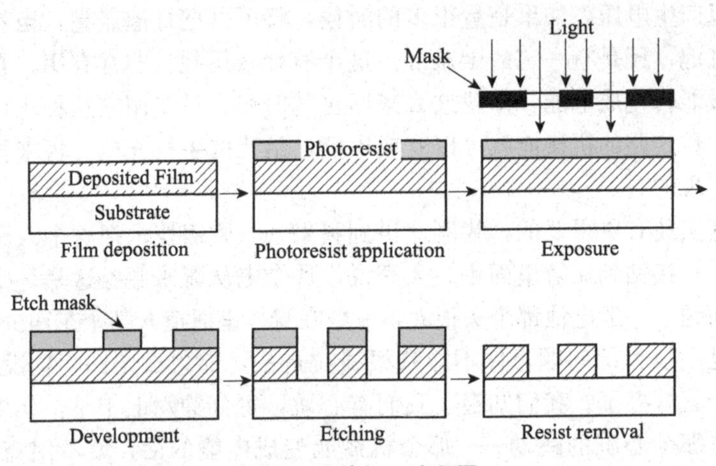

图 32　芯片加工流程图

说，其实现在有些在用的，我们的手机也好，iPad 也好，其实已经用到纳米技术。广义地说，这都是纳米技术，只是大家没太在意而已。

图 33　英特尔 22 纳米处理器

现在有一种叫纳米压印技术，我常常管它叫盗版光盘技术。大家知道盗版光盘为什么屡禁不止，因为它太便宜了。你只要是弄一个母盘，拿那个东西一做就出来了，非常便宜。纳米也可以这么做。比方说，你刻一个模子，是纳米的，那个模子都很贵，但是一旦刻出来之后，可以一批一批地复制，这也是十几年前发明的技术。

在国内，苏州就有一个公司，专门做这件事情，像一些名酒的商标。据说二代身份证也是要用这种技术，包括未来钱的防伪。因为这个技术很难做，所以说很难去模仿它作假，所以，其实已经在用。我刚才讲到那个小电影，未来的确完全有可能。一个原子一个原子地操纵，只要它速度能够提高足够快的话，你就可以做各种各样的非常小的东西。像这个，这是 10 微米长、50 纳米的硅线做成的一个纳米吉他（图 34）；这是一个纳米算盘（图 35）。

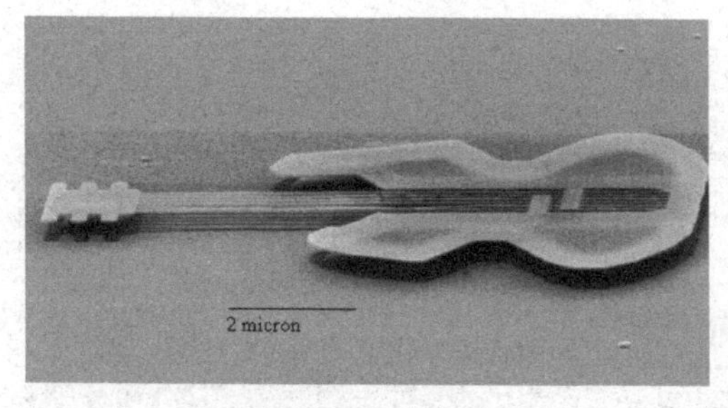
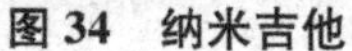

图 34　纳米吉他

图 35　纳米算盘

当然，这些东西现在还只是演示性的。原因是什么呢？因为还特别慢，效率还特别低。你想用它做，会急死你，肯定是不成。从某种意义上说，纳米科技也带来思维方式的变革。一般传统的制造方式，像我们现在做集成电路，现在好不容易长成单晶，然后把它切成片，上面划成道道，非常麻烦。那么未来有可能是怎么做呢？用纳米技术，就从原子、分子出发，设计好了之后一搅和，直接就出来了，根本就不用做大，再往小切。这也会是一个革命性的变化。

下面我会稍稍讲一下纳米碳材料。因为我在做这方面的工作，一定要利用这个机会宣传一下。纳米碳材料应该说是纳米材料领域里面的一个非常耀眼的明星。

我特别愿意看周期表，我们看这个周期表（图 36）。如果说对现代人最关键的元素是哪几种的话，大家想一想，应该是什么？不用说氧。氧，古代人也需要，没有氧的话活不下去。那么对于现代人，其实碳和硅非常重要。我一般愿意说什么呢，碳和硅是现代人类赖以生存的两大核心元素。硅是什么呢？是我们的精神食粮，碳是我们的物质食粮。我们穿的衣服，没有碳行吗？我们吃的东西都是碳水化合物。但是光有物质食粮不行，我们的精神食粮是什么呢？比方说，我用的计算机，我的手机，现在我想离开手机很多人玩不转的，不知道怎么办，是不是？iPad、手机、计算机，等等，都是用芯片做的，都是硅做的。所以说，碳和硅非常重要。

那么，人们常常就在想，将来有没有可能给它一元化，就是一个。肯定不是硅，我们不能吃硅。沙子没法吃，碳是可以的。如果用碳做成计算机，做成手机的话，肯定没问题，是可以的。所以人们现在就在研究这样的东西。

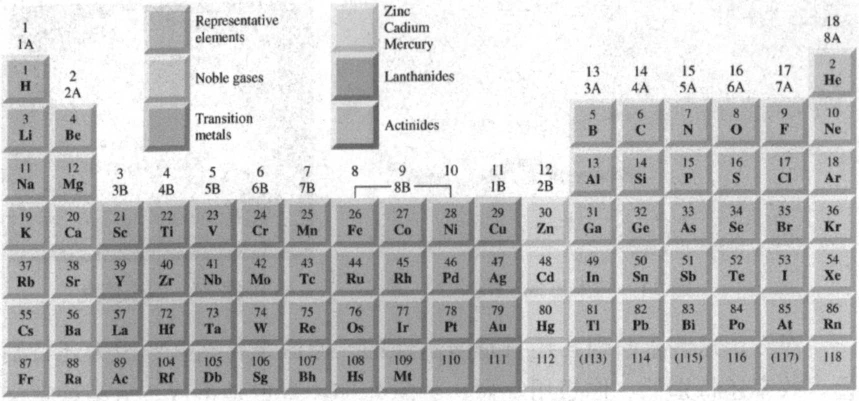

Representative elements
Noble gases
Transition metals
Zinc Cadium Mercury
Lanthanides
Actinides

1 1A	2 2A	3 3B	4 4B	5 5B	6 6B	7 7B	8 8B	9 8B	10 8B	11 1B	12 2B	13 3A	14 4A	15 5A	16 6A	17 7A	18 8A
1 H																	2 He
3 Li	4 Be											5 B	6 C	7 N	8 O	9 F	10 Ne
11 Na	12 Mg											13 Al	14 Si	15 P	16 S	17 Cl	18 Ar
19 K	20 Ca	21 Sc	22 Ti	23 V	24 Cr	25 Mn	26 Fe	27 Co	28 Ni	29 Cu	30 Zn	31 Ga	32 Ge	33 As	34 Se	35 Br	36 Kr
37 Rb	38 Sr	39 Y	40 Zr	41 Nb	42 Mo	43 Tc	44 Ru	45 Rh	46 Pd	47 Ag	48 Cd	49 In	50 Sn	51 Sb	52 Te	53 I	54 Xe
55 Cs	56 Ba	57 La	72 Hf	73 Ta	74 W	75 Re	76 Os	77 Ir	78 Pt	79 Au	80 Hg	81 Tl	82 Pb	83 Bi	84 Po	85 At	86 Rn
87 Fr	88 Ra	89 Ac	104 Rf	105 Db	106 Sg	107 Bh	108 Hs	109 Mt	110	111	112	(113)	114	(115)	116	(117)	118

图 36 元素周期表

其实如果我们再回顾一下历史，你就会发现，碳非常非常奇特。我们大家最熟悉的是金刚石。天然的金刚石是 6000 年前在印度发现的。还有一种石墨。黑糊糊的那种石墨。天然石墨其实大约在 450 年前，在英格兰发现的。到了 1985 年的时候，其实我刚才讲到了，人们发现了碳 60，不到 1 纳米，1996 年拿了诺贝尔奖。1991 年日本的科学家发现了碳纳米管，1 纳米左右粗，长可以长到近微米量级的。还有 2004 年人们做出来石墨烯，就一层碳原子构成的东西，这是 2010 年的诺贝尔物理学奖，发现 6 年之后拿了诺贝尔奖。

最近，2010 年，中国科学家又发现了另外一类材料，叫做石墨炔。石墨炔现在还在研究当中，很多人还不知道。这些碳材料非常神奇。那么大家可能说，这可能还是科学上实验室里的东西，其实不然。像碳 60 富勒烯这个东西，其实在防晒霜里面，在化妆品里面有的已经有了。它有什么功能呢？它有去自由基、抗氧化的功能。其他还有可以做癌症治疗。

我特别指出这个东西（图 37），是因为我注意到下一讲，就是这个报告之后的下周，5 月 31 号是赵宇亮研究员，这个是他的工作。我简单地透露一下，他们用碳 82 的笼子里面放上钆这种金属，然后这个东西可以做癌症治疗。我给它起个名字，是我起的名字，叫肿瘤细胞的“监狱”。因为它的特点是什么？放到这个上面之后，它就隔绝了所有的营养，把肿瘤细胞给饿死了，而且对于非癌症细胞——正常细胞没事。用它就可以做到这一点。

下面是我关心的事情——碳纳米管和石墨烯。我会稍稍强调讲一下。我管它叫神奇的碳纳米管，这是一个准一维的材料。当然，比较学术性的说法是，这种碳纳米管有所谓的单壁管和多壁管，一圈套一圈，最细一般能做到 0.5 纳米左右。现在最长的是清华大学做出的 50 厘米长的，非常强！它好在什么地方？你看，这是理想的轻质高强材料（图 38），它的抗拉强度是 800GPa 左右，跟钢相比，这是 800Gpa，这是 1.2Gpa，一除的话是六七百倍（图 39）。也就是说，同等的钢跟它去拉的话，绝对拉不过它，比它强几百倍。

图 37　Gd@C_{82}

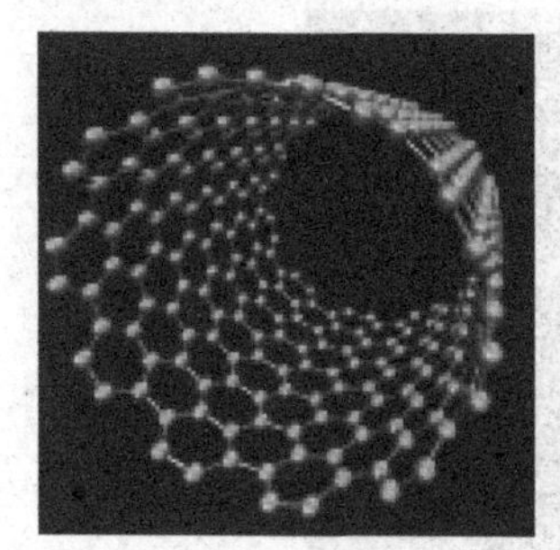

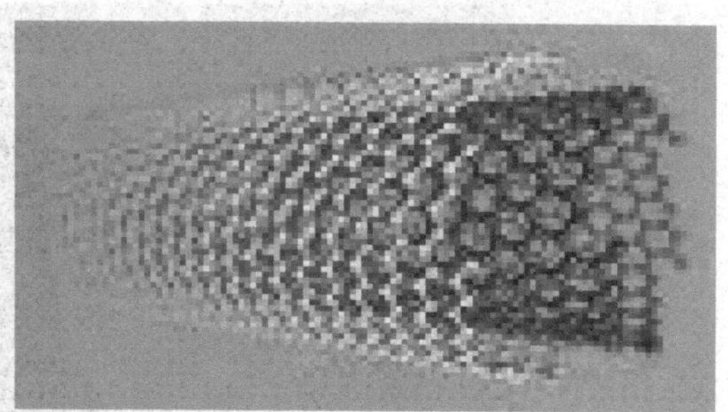

图 38　单壁管与多壁管

还有，它是理想的导电材料。它的导电性质要比金属高，比铜高得多。它还有导热性。导热性最好的是金刚石，它比金刚石还高好几倍，非常非常强，等等。

这种材料可以做什么事呢？下面是美国人设计的一个艺术想象图——天梯（图 40）。做电梯一般用钢铁，做天梯用钢铁是肯定不行的，因为你做一公里两公里长的时候，自身重量就把它压垮了。只有这种材料，又轻又结实才有可能。他们真是做。现在做多少了，据说做了几十米长。当然离十万里还真差十万八千里，但是将来真是难说有没有可能。

像是在 2003 年的伊拉克战场上，美国人已经用了纳米管的防弹衣，因为它太结实了，特别地轻，又特别结实。据说最初的时候是两万美金一件，后来减到 8000 美元左右一件，也真够贵的！但是真是好使。还有

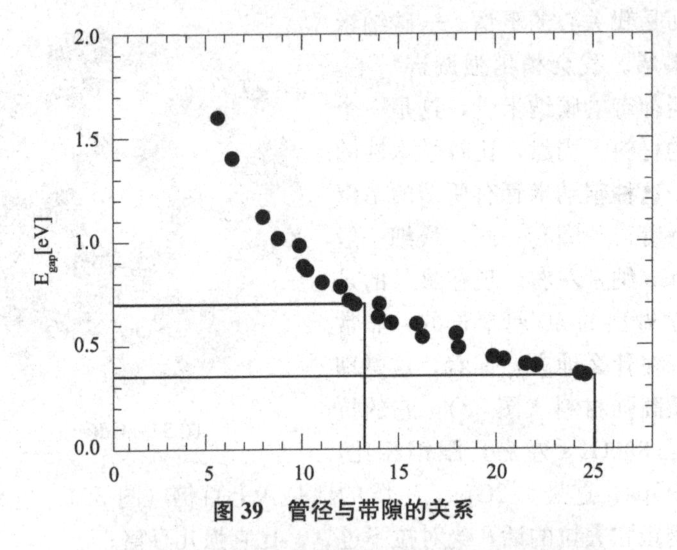

图 39 管径与带隙的关系

图 40 碳纳米管天梯

现在大家做得特别多——用碳纳米管做锂电池，做超级电容器，等等。这些都跟电动汽车有关系，很多人在做这方面的事情。

其实未来最有可能的是做集成电路的互连材料。互连是什么意思呢？14亿个晶体管要连到一起去，要求它有导电性，散热要好。碳纳米管是最理想的，现在很多公司在做这方面的事情。这个还可以做光源（图41），将来完全有可能路灯是用它做的。它的特点是什么？耗电量特别小，因为一根一根管是导电的，加上一点电压的话就可以发射电子，就可以做成像一个荧光灯这样的东西，将来完全有可能成为现实。

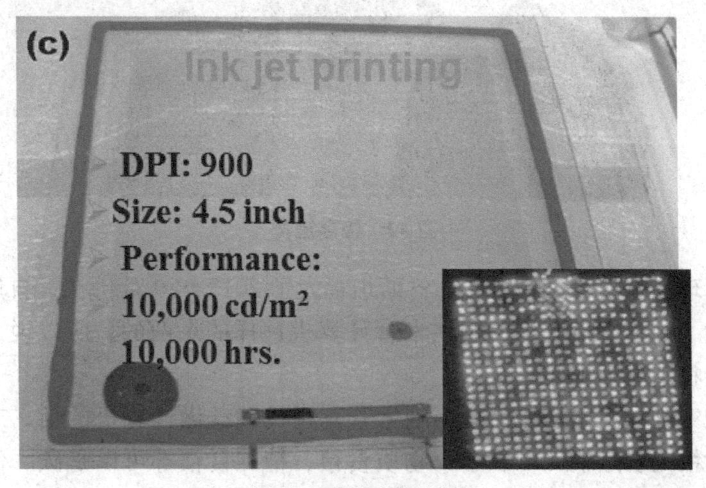

图41　碳纳米管光源

这已经是演示的成品，尤其是它作为透明导电薄膜，可以做手机，可以做计算机。我特意带了一个，这是清华大学范守善院士他们做的。我不是替他做广告，我是自愿的。这是他们做的，碳纳米管的手机上的触摸屏很漂亮。这是他们跟富士康合作，做的东西。这是他送给我的，每次我都拎出来给大家演示。这个是充电器，也是碳纳米管做的。这是一些碳纳米管的粉体材料，现在市场上有的已经有了，能找到。因此并不是说还在实验室里待着，这个还是比较时髦的。

这就是碳纳米管的手机。这是日本发现碳纳米管的人，叫饭岛澄男。他是为了向日本政府鼓吹，争取权利，说中国人已经做出这个东西，拿着这个手机给日本人看（图42）。

尤其是将来，用碳纳米管有可能代替硅做集成电路。它的最大的好处是什么呢？刚才我说导电性特别好，电子在里面跑得非常快，假如用它去做开关的话，比硅要好得多。它的概念是什么呢？硅一般情况下跑1000左右，它能到10万以上，比硅快得多得多！将来就可能做超快计

图 42　饭岛澄男

算机，现在有没有这种可能性？斯坦福大学 2013 年 9 月份在《自然》杂志上发了一篇文章，是关于纳米管计算机这样的东西的。所以说，完全有可能将来成为现实。

大家可以想象，如果是用纳米管真正代替硅做计算机的话，未来的精神食粮完全是碳就可以了，物质食粮、精神食粮都可以是碳。你带着手机到深山老林去，迷路了，最后没得吃了，实在不行就把手机吃了，因为它是碳。

我再简单介绍一下另一个更神奇的材料，叫石墨烯——纸状的东西。我们都非常清楚，石墨是片状的材料。薄到什么程度呢？如果一层层往下剥，剥到最后那层就叫石墨烯。有没有人做这种傻事呢？真有，就是这两个人（图 43）。前两天在深圳，我是和他一起开会。他们两个，一个是另一个的导师，在他的指导下，他去剥石墨，最后人家剥出了一个诺贝尔奖。用一个胶带剥，拿了诺贝尔奖。2004 年做出来，2010 年拿的诺贝尔奖。

这种材料的一个非常大的特点是什么呢？我也简单举个例子，简单列在这里：它非常非常薄，单层的碳原子，不到一个纳米。它薄到什么程度呢？它的导电性比铜强百万倍，力学性质比钢也强 100 倍以上，导热率是现在最好的。刚才我说碳纳米管好，简单地说，铜是 400，碳纳米管是 3000 多，石墨烯是 5000 多。这是到现在为止导热率最高的东西，热量过去一下就散开。还有因为是一层，所以说是透明的。另外，碳可

图 43　2010 年度诺贝尔物理学奖获得者 A. K. Geim 和 K. S. Novoselov

以卷起来，是柔性的东西。这是三星公司做的概念手机（图 44）。用石墨烯做的手机可以来回掰。当然我就不知道为什么要掰这种玩意。但是，总之原理上可以做到这一点。这是一个形象的图。

图 44　三星概念手机

石墨烯强到什么程度呢？如果说你有足够的力量把一根单层的石墨烯抓起来的话，大象站上都没事，非常非常强！这样的东西能干什么用呢？举几个例子。

首先是做触摸屏。现在其实已经有这样的东西了，市场上还没有卖。但是三星公司的概念手机已经出来了。另外还可以做各种超级电容器和锂离子电池。

我们的电动汽车现在的电池其实是一个大问题。最大的问题是什么呢？充电。它一充电，如果花一天时间的话，好比你去天津，中间停住了，休息一天充电，显然是不现实的。现在用这种材料，完全有可能。一分钟之内就可以充满。美国人做出来了，当然这个还有待验证，有待进一步去做。总之，原理上，是可能做快速充电、做大容量电池的。原理上是这个样子，将来也可以用它做集成电路。

这个散热薄膜（图 45）刚才说了，这个东西散热特别好。散热性好可以干什么呢？比方说，你怕某个地方局域过热，贴上一层，热量立刻就散开了，所以可以做散热薄膜。可以做电子皮肤、视频标签，一系列的东西。其实人们也在尝试，用它做集成电路，像碳管那样。

图 45　柔性散热薄膜

当然它有它的问题。IBM 公司和韩国三星公司一直在竞争做这方面的事情。实际上这种碳材料，人们已经用它制作出未来 20 年的应用路线图。石墨烯、碳纳米管最初的都是一些比较简单的应用，做储能、复合材料、显示器件，做触摸屏，未来可以做柔性电路。像硅、晶体管这样的东西不能来回掰，但是这种电路是可以来回掰的，可以做到塑料上去，这完全是有可能的。

其实，中国碳纳米管和石墨烯这种碳材料的研究队伍是最庞大的，在国际上应该说也有一定的地位。我举几个例子。清华大学现在年产可以达到 500 吨的碳材料，在往国外销售，成筐的，但这个其实很轻的，这么大一块，手就可以拎起来（图 46）；还有像北京化工大学做的碳纳米管的轮胎，就是把轮胎里面缠上碳纳米管，早前缠碳很一般，那么缠碳纳米管之后呢，它可以耐磨，可以节能。耐磨的意思是它不产生粉体，可以减少 PM2.5，等等。还有，给大家看，这也是清华、富士康他们做的这个东西。这是个手机（图 47）。

图 46　批量生产的碳纳米管

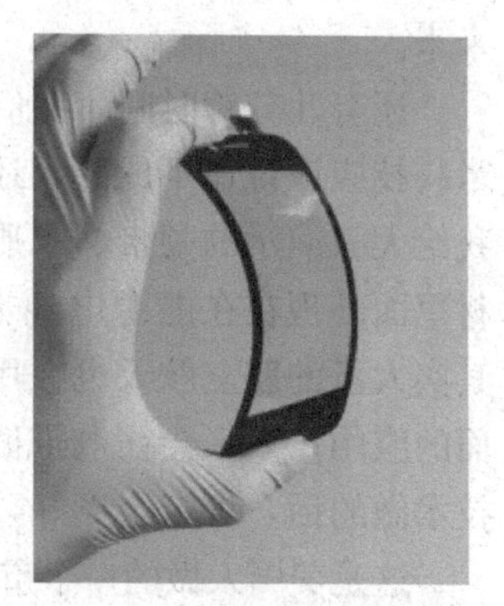

图 47　石墨烯手机触摸屏

再给大家举几个例子。他们用碳做什么呢？做碳纳米管的扬声器。能听到吗？它可以做这种智能的机械手这样的东西，这是可以转的（图 48）。把它拉成丝之后，就可以做各种各样的东西。其实有些已经成为现实了，这个不详细讲了。

我自己做了十几年的碳材料：我们从 1998 年开始做碳管，从 2008 年开始做石墨烯。我们现在挑战新的碳材料——叫石墨炔。我们十几年一直在做这方面，现在我们可以做石墨烯的批量，我们每小时一个炉子可以产 1 平方米。当然现在还比较贵，现在一般外面卖的石墨烯，1 平方厘米的话几百美金。所以说，假如我们想去赚钱的话很容易，不详细说。

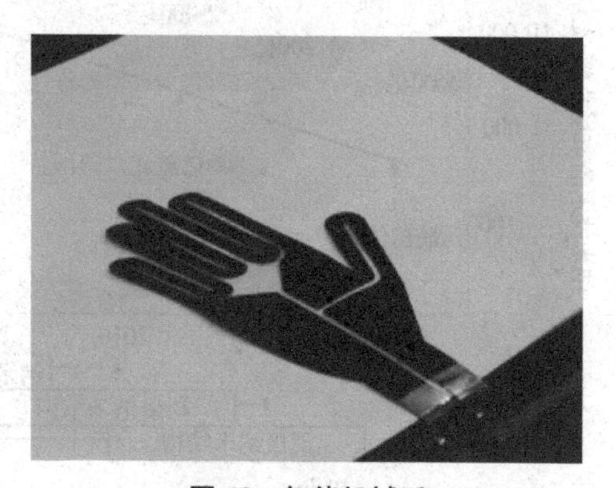

图 48　智能机械手

大家可能说，这些东西都是在实验室里的。碳材料其实早在 2008 年的时候，有一个市场统计，那个时候就已经达到将近 200 亿美元的市场份额，只是大家不太知道而已。一些东西已经用上了这种材料。我相信，这里面肯定包括美国人做的碳纳米管防弹衣这样的东西。所以说，碳就是钱，碳代表了钱。

大家知道有硅谷，加州有个硅谷。我的中国梦是什么呢？将来在中关村，咱们搞个碳谷，从硅时代就有可能进入到碳时代，最后是走向未来。

还有几分钟时间，我们再简单地看一下未来。其实我们现在这个纳米科技应该说还不成熟，还谈不上成熟。最初的时候，像织物，像刚才我给大家演示的领带、衣服，等等；还有这一类的化妆品里面、运动器材里面。现在在能源电池方面已经有所突破；传感器有些已经用上了；其实大量的航空航天也在用；还有像电子信息，甚至生物技术与农业方面的应用；未来会往电子信息领域进发，将来的计算机如果都是用纳米技术做的话，肯定会更好，肯定会更快，而且更节能。

这是美国人做的一个市场统计（图 49），其实 2008 年的时候，大约是 200 亿美金的市场规模，这其实已经是个比较保守的说法，预计在 2015 年到 1 万亿美金。其实这个市场在当时看来很大，现在看来谈不上，我相信是不止 1 万亿的。纳米技术的世界市场规模绝对不止 1 万亿美金。

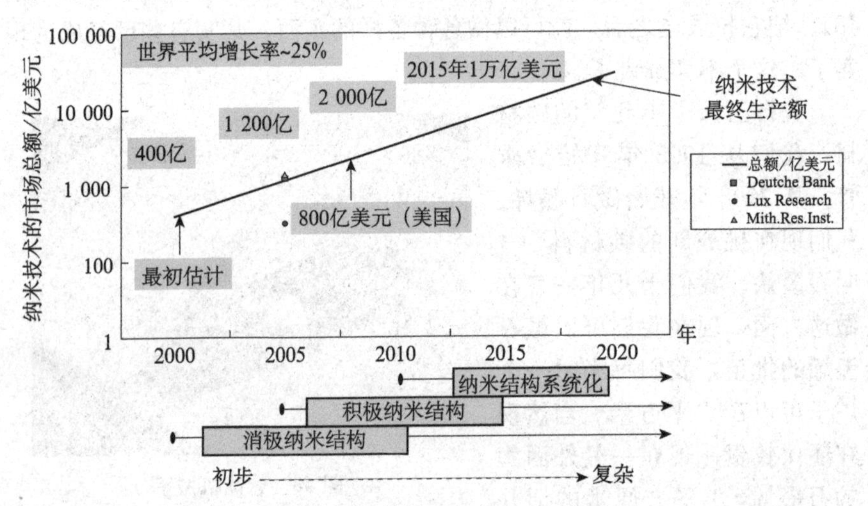

资料来源：*Roco and Bainbridge, Springer*, 2001
（2000年在对20多个国家调查研究的基础上的预测结果）

图 49　纳米技术的世界市场占有规模

正是因为这样，在国际上，应该说竞争非常非常激烈。美国人牵头，他们提出所谓的纳米技术国家发展计划之后，全世界都在做这样的东西。比方说，我比较熟悉的领域，像石墨烯，单纯一个特定的纳米材料，欧盟启动一个旗舰计划，未来十年投资 10 个亿，他们有一个非常详细的路线图——要做成什么样的东西。韩国人这方面也做得特别出色，因为三星公司已经是世界性的大公司，非常有名了，以它为中心形成了一系列的大学研究所构成的研究网络，他们也制定了非常详细的发展计划。

咱们单纯从碳材料去看，在国际上这方面的投入特别大。可喜的是，中国在碳材料研究方面，从两年多以前开始，我们发表文章，在国际上已经排第一了。我们这个研究队伍其实很大，至少在国内有上千家的实验室在做这方面的研究，有很多像规模化的生产已经做到了。北京大学这边，其实北京市支持我们成立了一个工程技术研究中心，也是希望能够做工程化、产业化。

常常我被问到，纳米安全不安全？所以，我最后简单地说几句关于纳米安全性的问题。纳米安全不安全？这个东西是不能一概而论的，看你怎么用，有毒的东西用好了的话也可以当药用。其实大家不知不觉当中已在使用纳米。口红里面就有纳米，只是你不知道早就在用，而且也不是刻意放的；还有防晒霜里面常常添加纳米二氧化钛，或者氧化锌的纳米颗粒。

关于纳米的安全性，大家为什么感兴趣？为什么关心？因为它太小了，小到什么样子呢？它比你的毛孔还小。这样的话，你涂上去之后，或者你接触到之后它可以钻进去，钻进去如果吸收不了的话，有可能就沉积，积累之后就很可能出现问题，是有这方面的原因。所以，大家考虑它的安全是因为它很小，钻到身体里面与身体相互作用，就可能产生一些问题。

其实，很多人已经在研究。的确，像碳纳米管，还有一些碳材料，的确有可能它是有毒的，但是你不吃它的话问题不大。只要你有防护，问题就不大。像美国人，从2008年左右就开始关注这个问题，到了2010年，美国参议院修订《有毒物质控制法》，已经开始规范纳米材料的商业应用，而且明确规定，你用的时候，必须标出来用了什么东西，让大家去判断做还是不做。英国也是做同样的事情，中国也是在2009年左右开始关注这方面的研究。现在像基金委他们有专门的项目，在支持纳米安全性这方面的研究工作，差不多接近尾声了。

其实纳米技术从什么时候开始，这个不好说。但是时髦起来的确是2000年前后，美国人提出的这个所谓的NNI计划之后，现在已经过了十多年，第一阶段已经过去了，现在进入第二阶段。第一阶段基本上还是实验室里的基础研究，尽管有一部分已经成为现实在应用；第二阶段是工程化、产业化，这方面也在大刀阔斧地做。

我们国家也是这个样子，真正纳米技术的广泛应用至少还得10年、20年以后。真正说从微米时代走向纳米时代，我相信这个怎么也得三五十年，暂时还不能这么去说。我们再看过去一百多年来技术发展的历史，你会注意到，一个科技的进步，根本性的科技进步，它都会带来新的产业革命，从这个意义上讲，纳米是特别重要的。我们知道在19世纪初的时候纺织业，那个时候的技术进步是什么？是蒸汽机的发明。从手工业变成纺织业，英国人第一个做的，所以它率先进入发达国家。之后像铁路，19世纪末20世纪初的铁路，其实是炼钢炼铁加蒸汽机，铁路就发达起来了；之后像汽车、特种钢，等等，一些高技术的特种金属的冶炼，汽车技术是在1869年之后；1947年发明晶体管之后有了计算机。

现在是计算机时代，信息化社会。未来是什么呢？未来大家一致认为是纳米时代。也就是说，纳米技术会带来新的产业革命，这点我是坚信不疑的。所以，我可以这么去说，纳米技术与信息技术、还有生物技术一样，将对21世纪的经济、国防和社会产生重大影响，这里不是可能，它必定会引导下一场工业革命。如果说20世纪是微米科技的世纪的话，21世纪肯定是纳米科技的世纪。套用毛主席当年在苏联接见留学生的一句话，纳米技术就像早晨八九点钟的太阳，充满着无限的希望！